动画交互技术

Animate CC 2020+CreateJS

黎　红　宋宇翔　主　编
肖　何　张艳梅　副主编

清华大学出版社
北　京

内 容 简 介

本书是一本HTML5 Canvas交互动画的制作教程，使用中文版Animate CC 2020和CreateJS。Animate CC 2020是Adobe公司最新推出的专业化动画制作软件；CreateJS是基于HTML5开发的一套模块化的库和工具。基于这些，可以非常快捷地开发出基于HTML5的游戏、动画和交互应用。

本书从教学实际需求出发，合理安排知识结构：将Animate CC 2020分解成工具使用和动画制作，完成动画实现；从零开始、由浅入深、循序渐进地讲解CreateJS，实现动画的交互。本书将基本概念、技巧集成在每章的实例中，便于深化理解，所用实例全面而实用。

全书共分为10章：第1、2章介绍Animate CC 2020，可快速掌握平台工具的使用和动画制作；第3～8章从使用代码片断让平台为用户写代码开始学习CreateJS，逐渐到系统学习CreateJS，再到应用CreateJS；第9、10章介绍两个综合应用，一个是游戏，另一个是网页短片。

本书可以作为高等院校计算机专业、非计算机专业本科生的教材，也可以作为对动画制作感兴趣的读者的参考书。

图书在版编目（CIP）数据

动画交互技术 : Animate CC 2020+CreateJS / 黎红，宋宇翔主编 . —北京：清华大学出版社，2021.3
ISBN 978-7-302-57513-9

Ⅰ . ①动…　Ⅱ . ①黎… ②宋…　Ⅲ . ①超文本标记语言－程序设计－教材　Ⅳ . ① TP312

中国版本图书馆 CIP 数据核字 (2021) 第 026849 号

责任编辑：刘向威　常晓敏
封面设计：文　静
版式设计：方加青
责任校对：胡伟民
责任印制：沈　露

出版发行：清华大学出版社
　　网　　址：http：//www.tup.com.cn，http：//www.wqbook.com
　　地　　址：北京清华大学学研大厦 A 座　　**邮　　编：**100084
　　社 总 机：010-62770175　　**邮　　购：**010-83470235
　　投稿与读者服务：010-62776969，c-service@tup.tsinghua.edu.cn
　　质 量 反 馈：010-62772015，zhiliang@tup.tsinghua.edu.cn
印 装 者：三河市君旺印务有限公司
经　　销：全国新华书店
开　　本：185mm×260mm　　**印　　张：**17　　**字　　数：**425 千字
版　　次：2021 年 5 月第 1 版　　**印　　次：**2021 年 5 月第 1 次印刷
印　　数：1 ～ 3000
定　　价：79.00 元

产品编号：089634-01

前　　言

本书是一本HTML5 Canvas交互动画的制作教程，使用的软件平台是中文版Animate CC 2020和CreateJS。

Animate CC 2020是由Flash发展而来的，它拥有非常成熟的矢量动画制作功能，且能支持和丰富VR、摄像机等的使用。同时，采用CreateJS作为交互开发工具，在交互领域对HTML5 Canvas也能提供支持。这种完美的结合使开发人员事半功倍。

本书从教学实际需求出发，合理安排知识结构。本书将Animate CC 2020分解成工具使用和动画制作，并完成动画实现；从零开始、由浅入深、循序渐进地讲解CreateJS，实现动画的交互。本书共分为10章，主要内容如下。

第1章：介绍Animate CC 2020入门基础、软件的绘图工具和关键性概念的理解，如元件、对象等。

第2章：介绍Animate CC 2020制作常用动画的方法，如补间动画、变形动画、遮罩动画等。

第3章：介绍Animate CC 2020的交互动画代码片断。

第4章：介绍JavaScript基础。

第5章：介绍CreateJS的绘图和文本功能。

第6章：介绍CreateJS的图片处理功能。

第7章：介绍CreateJS的事件处理功能。

第8章：介绍CreateJS的多文件和声音导入功能。

第9章：介绍交互动画游戏实例。

第10章：介绍交互动画短片实例。

本书图文并茂，条理清晰，通俗易懂，内容丰富，在讲解每个知识点时都配有相应的实例，方便读者上机实践，让读者在不断实际操作中更加牢固地掌握书中的内容。

本书第1章由宋宇翔编写，第2章由张艳梅编写，第3章由肖何编写，第4～10章由黎红编写。全书由黎红担任主编，完成全书的修改及统稿。本书在编写过程中得到广东培正学院的大力支持，在此表示衷心的感谢。

为了方便老师教学，本书免费提供对应的电子课件、实例源文件和习题答案，可以到清华大学出版社官方网站的相关页面进行下载。

由于作者水平有限，书中难免有不妥之处，欢迎广大读者批评指正。

黎　红

2020年7月1日

目　录

第1章 Animate CC 2020基础

本章涵盖如下内容：

- Animate CC 2020系统要求
- Animate CC 2020工作环境
- Animate CC 2020常用工具
- Animate CC 2020基本术语

本书从一个软件成长的故事开始。

接下来我们将与这个软件相处一阵子，一段时间后我们或者会爱上它，或者会抛弃它，但不管怎么说，首先我们要了解它，它就是Animate CC。

Animate CC不是一个新鲜事物，它的前身是Flash，是由Macromedia公司推出的交互式矢量图和Web动画的标准。一些开发人员用Flash做出了非常精美的作品，人们称他们为“闪客”，这些作品既漂亮又拥有可改变尺寸的导航界面以及其他效果。Flash的前身是Future Wave公司的Future Splash，是世界上第一个商用的二维矢量动画软件，用于设计和编辑Flash文档。1996年11月，美国Macromedia公司收购了Future Wave，并将其改名为Flash。也许因为Flash在网页制作三剑客中占据动画界的首位，2005年12月Adobe公司收购Macromedia公司。2015年，Adobe公司宣布将Flash Professional更名为Animate CC。其在支持Flash SWF文件的基础上，加入了对HTML5的支持，并于2016年1月份发布新版本时正式更名为Adobe Animate CC，缩写为An。

现在，我们用最快的速度来正式了解和熟悉它。

1.1 Animate CC 2020的最低系统要求

1.1.1 Windows操作系统最低要求

1. 处理器

Intel Pentium 4、Intel Centrino、Intel Xeon、Intel Core Duo（或兼容）处理器（2GHz或更快的处理器）。

2. 操作系统

Windows 10 1803 版、1809 版及更高版本。

3. RAM

2 GB RAM（建议 8 GB）。

4. 硬盘空间

4 GB。软件安装过程中需要较大的可用空间（无法安装在可移动闪存设备上），因此需要充足的硬盘空间。

5. 显示器分辨率

1024×900像素（建议 1280×1024像素）。

6. GPU

OpenGL为3.3版本，或更高版本（建议使用功能级别12_0 的 DirectX 12）。

7. Internet

必须具备网络连接，并完成注册才能激活软件、验证订阅及访问在线服务。

1.1.2 Mac OS操作系统最低要求

1. 处理器

Intel 多核处理器。

2. 操作系统

Mac OS X 10.13 版（64 位）、10.14 版（64 位）或 10.15 版（64 位）。

3. RAM

2 GB RAM（建议 8 GB）。

4. 硬盘空间

4 GB。可使用硬盘空间用于安装，软件安装过程中需要更多较大的可用空间（无法安装在可移动闪存设备上），因此需要充足的硬盘空间。

5. 显示器分辨率

1024×900像素（建议1280×1024像素）。

6. GPU

OpenGL为3.3版本，或更高版本（建议支持Metal）。

7. Internet

必须具备网络连接，并完成注册才能激活软件、验证订阅及访问在线服务。

8. 软件

建议使用 QuickTime 10.x 软件。

1.2 Animate CC 2020的基本工作环境

如果要使用An，首先需要了解软件的界面，熟悉软件的布局和每个部分的作用，以及工具栏和浮动面板的基本使用方法，为后续进一步的操作做准备。

1.2.1 启动Animate CC 2020

图1.1　Animate快捷方式

An软件安装完成后，在桌面找到快捷方式（如图1.1），双击快捷方式图标启动软件。也可单击Windows任务栏上的“开始”按钮（如图1.2），在弹出的菜单中选择Adobe Animate 2020

启动软件，软件启动界面如图1.3所示。

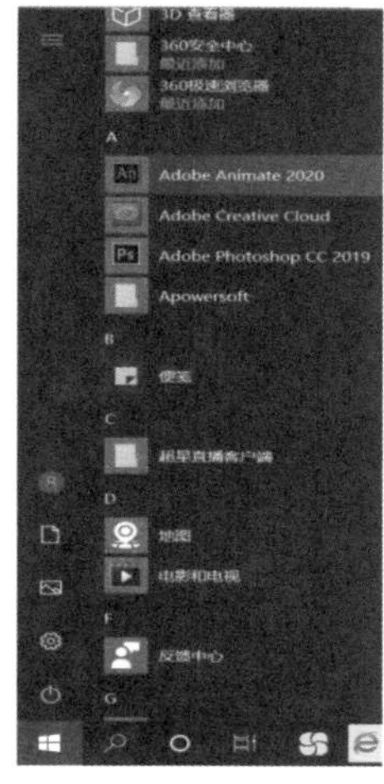

图1.2 开始菜单

图1.3 Animate CC 2020启动界面

1.2.2 新建文档

新建文档时弹出的对话框如图1.4所示，您可以有多种选择。

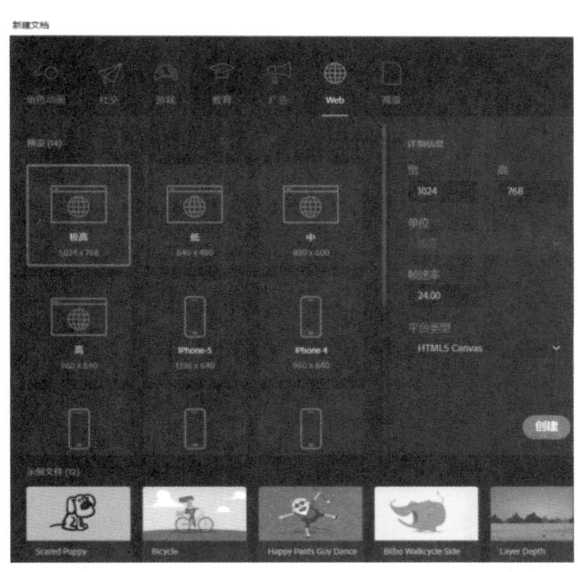

图1.4 “新建文档”对话框

Adobe Animate CC是一个动画和多媒体制作的工具，可为多种平台和播放技术创建多媒体素材。动画最终可在多种平台播放，例如，在浏览器的Flash Player中播放，在支持HTML5和JavaScript的浏览器中播放，或者在移动设备上作为应用程序播放。在保存文件时，源文件的文档类型是FLA。

1. 选择HTML5 Canvas

这里已创建了在HTML5和Java脚本的浏览器中播放的动画素材资源，可以通过在

Animate CC中或者在最终发布的文件中插入Java脚本的方式来添加交互性；也可以对纯动画素材选择WebGL方式，以充分利用图形硬件加速支持。

2. 选择 ActionScript 3.0

可创建在浏览器的Flash Player中播放的动画和交互应用。ActionScript 3.0是Animate脚本语言的最新版本，类似于JavaScript。选择ActionScript 3.0文档并不意味着必须包括ActionScript代码，而只是意味着播放目标是Flash Player。

3. 选择AIR

可创建在Windows或Mac系统的桌面上作为应用程序播放的动画，而无须使用浏览器。可以使用ActionScript 3.0在AIR文档中添加交互性。

4. 选择AIR for Android或AIR for iOS

可发布Android或iOS移动设备的应用程序。可以使用ActionScript 3.0为移动应用程序添加交互性。

我们选择Web，平台类型为HTML5 Canvas。

1.2.3 工作区

通过上述步骤，Animate CC 2020就准备好了，可以开始工作啦！

默认情况下，Animate会显示“菜单栏”“时间轴”“舞台”，还包括“工具”面板、“属性”面板及其他面板，如图1.5所示。在Animate中工作时，可以打开和关闭面板，分组和取消面板分组，停放和取消停放面板，以及在屏幕上移动面板，以适应个人的工作风格或屏幕分辨率。

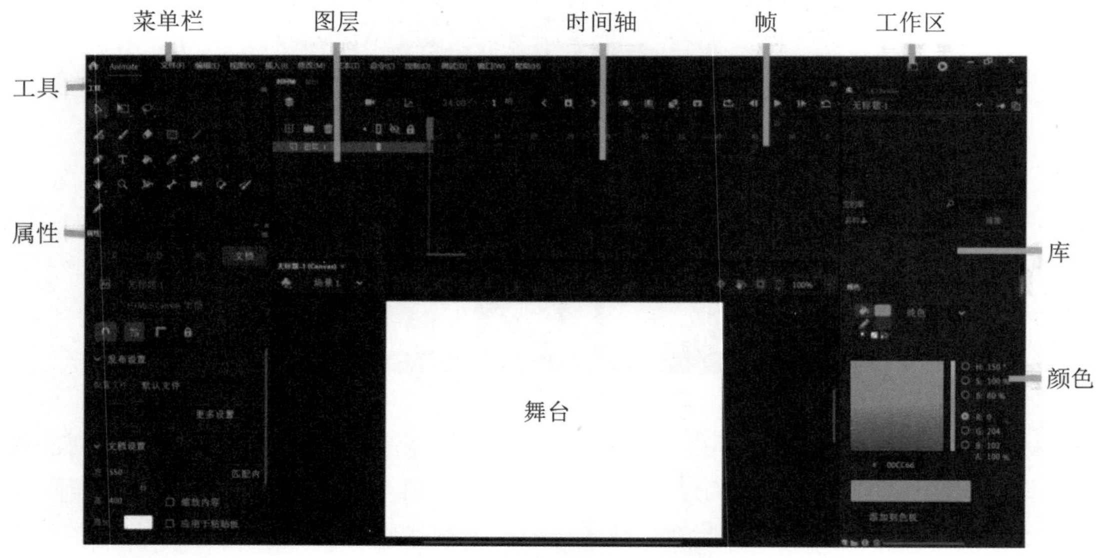

图1.5 Animate CC 2020界面

1. 舞台

屏幕中间的白色矩形称为“舞台”。与剧院的舞台一样，Animate 中的“舞台”是用户播放、查看影片的区域，包括出现在屏幕上的文本、图像和视频。默认情况下，将看到“舞台”外面的灰色区域，可以在其中放置不需要用户看到的元素。

2. “库”面板

可以从“属性”面板右侧的选项卡中访问“库”面板。“库”面板用于存储和组织在Animate中创建的符号以及导入的文件，包括位图、图形、声音文件和视频剪辑。

3. 时间轴

像电影一样，Animate 文档以帧为单位度量时间。在影片播放时，播放头（如蓝色垂直线）在“时间轴”中向前移动，可以为不同的帧更改“舞台”上的内容。要在“舞台”上显示帧的内容，可以在“时间轴”中把播放头移到此帧上。

在“时间轴”的顶部，Animate 会指示所选的帧编号、当前帧频（每秒播放多少帧），以及当前在影片中流逝的时间。

“时间轴”还包含图层，它有助于在文档中组织作品。图层按互相重叠的顺序堆叠在一起，使得位于“时间轴”下方图层上的对象在“舞台”上显示时也出现在底部。单击“图层”选项图标上方每个图层的控制按钮，可以进行隐藏、锁定或只显示图层内容轮廓的操作。

4. “属性”面板

通过“属性”面板可以快速访问用户最可能需要的属性。“属性”面板中显示的内容取决于选取的内容。如果没有选取任何内容，“属性”面板中将包括用于常规Animate文档的选项，如更改“舞台”颜色和尺寸等；如果选取“舞台”上的某个对象，“属性”面板将会显示它的x坐标和y坐标，以及它的高度和宽度，还包括其他一些信息。还可使用“属性”面板移动舞台上的图片。

5. “工具”面板

“工具”面板包含选择工具、绘图和文字工具、着色和编辑工具、导航工具及其他工具选项。用户将频繁使用“工具”面板来切换各种工具，最常用的是“选择”工具，即“工具”面板顶部的黑色箭头工具，用来选择“时间轴”或“舞台”上的项目。

当选择一种工具时，“属性”面板将会发生变化。当选择“矩形”工具时，将会出现“对象绘制”模式选项；当选择“缩放”工具时，将会出现“放大”和“缩小”选项。“工具”面板中包含许多工具，以至于不能同时显示。有些工具在“工具”面板中被分成组，在一个组中只会显示上一次选择的工具。工具按钮右下角的小三角表示在这个组中还有其他工具，单击小三角下拉按钮并按住可见工具的图标，即可查看其他可用的工具，然后从中选择一种工具。

6. 预览影片

制作过程中需要经常预览当前影片，以确保实现想要的效果。要快速查看动画或影片效果，可以选择“控制”→“测试影片”→“在 Animate中”，也可以按Ctrl+Enter（Windows系统）快捷键/Command+Return（Mac系统）快捷键预览影片。

7. 保存影片

应用程序、操作系统和硬件的崩溃随时有可能发生，而且总是在意想不到并且特别不合适的时候。因此，应经常保存影片来保证当崩溃发生时不会损失太多。

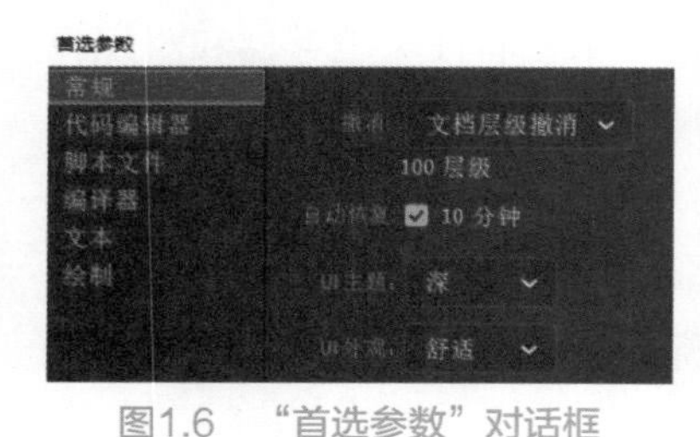

图1.6　“首选参数”对话框

“自动恢复”功能（如图1.6）所保存的备份文件可以在崩溃时有另外一个可选的恢复文件。具体操作如下所示。

（1）选择“编辑”→“首选参数”，弹出“首选参数”对话框。

（2）从左侧边栏选择“常规”选项卡。

（3）选中“自动恢复”选项，并且输入一个Animate创建备份文件的间隔时间（分钟）。

保存XFL格式文档。虽然已经将Animate影片保存为FLA文件，但是也可以选择以一种未压缩的格式来保存影片，这种格式称为XFL格式。XFL格式实际上是文件夹，而不是单个文档。XFL文件格式将展示Animate影片的内容，使得其他开发人员或动画师可以轻松地编辑文件或资源，而无须在Animate应用程序中打开影片。例如，“库”面板中所有导入的图片都会出现在XFL格式内的一个LIBRARY文件夹中。可以编辑库图片或使用新图片来替换它们，Animate 将自动在影片中进行这些替换操作。

选择“文件”→“另存为”，并且选择“Animate 未压缩文档（*.xfl）”，然后单击“保存”按钮。

1.3 Animate CC 2020的常用工具

中国有句古话：工欲善其事，必先利其器。对Animate常用工具的熟练掌握，是完成作品的必要条件，现在我们来一个一个地解析它们。Animate常用工具大部分是排列在工具箱里的，但有的是隐藏的，需要点开右下角的小三角才会展开隐藏的工具。

1.3.1 绘图工具

1. 铅笔

绘图工具箱里的■就是铅笔工具，使用铅笔工具可以绘制和编辑自由线段。

2. 钢笔

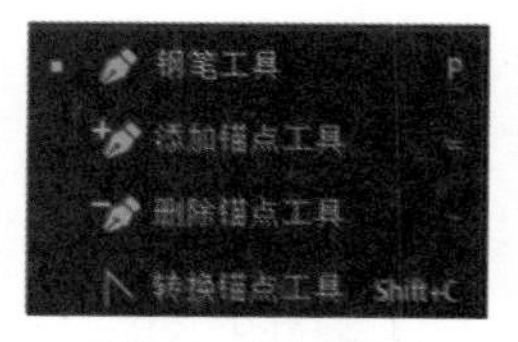

图1.7　钢笔工具

工具箱里的■代表钢笔工具，点开右下角的小三角，会出现钢笔工具、添加锚点工具、删除锚点工具和转换锚点工具，如图1.7所示。可以绘制直线和曲线，从而创建对象。

3. 画笔

工具箱里的■■■都是画笔工具，使用画笔工具可以通过设置笔刷的形状和角度等参数来自定义画笔。通过定制画笔工具来满足用户的绘图需要，可以在项目中创建更为自然的作品。选中工具箱中的画笔工具后，便可通过属性监视器在 Animate 中选择、编辑及创建一个自定义画笔。

4. 图形工具

工具箱里的■代表图形工具，点开右下角的小三角，会出现矩形工具、基本矩形工具、椭圆工具、基本椭圆工具和多角星形工具，如图1.8所示。使用椭圆工具可以绘制圆和椭圆。使用矩形工具可以绘制正方形和矩形。使用多角星形工具可以绘制多边形。

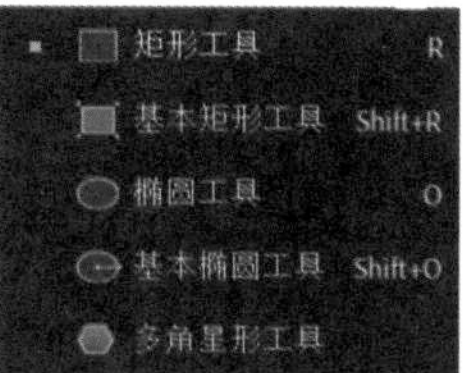

图1.8 图形工具

1.3.2 其他工具

1. 骨骼

工具箱里的■图标代表的就是骨骼工具，使用骨骼工具可以实现反向运动（IK），这是一种通过骨骼为对象添加动画效果的方式，这些骨骼按父级子级关系连接成线性或枝状的骨架。当一个骨骼移动时，与其连接的骨骼也发生相应的移动。可以向影片剪辑、图形和按钮实例添加 IK 骨骼。

2. 摄像头

工具箱里的■图标代表摄像头工具，使用摄像头可以模仿虚拟的摄像头移动。在摄像头视图下查看作品时，看到的图层会像透过摄像头来查看一样。还可以对摄像头图层添加补间或关键帧。可使用摄像头中的以下功能来优化动画：随帧主题平移，放大感兴趣的对象以获得逼真效果；缩小帧，使查看者可以看到更大范围的图片；修改焦点，将查看者的注意力从一个主题转移到另一个主题；旋转摄像头，使用色调或滤镜对场景应用色彩效果。

3. 变形工具

工具箱里的■图标代表变形工具，点开右下角的小三角，会出现任意变形工具和渐变变形工具。使用任意变形工具（E）可以缩放、旋转或倾斜所选内容。使用渐变变形工具可以调整渐变色方向及多少。

1.4 Animate CC 2020基本术语

1.4.1 元件

元件（symbol）是指可以用于特效、动画或交互性的可重用的资源。Animate中的元件有3种：图形、按钮和影片剪辑，可在整个文档或其他文档中重复使用这些元件。对于许多动画来说，元件可以减小文件大小和缩短下载时间，因为它们可以重复使用，可以在项目中无限次地使用同一个元件，但是Animate只会存储一次它的数据。

元件存储在“库”面板中。当把元件拖到“舞台”上时，Animate将会创建元件的一个实例（instance），实例是指位于舞台上或嵌套在另一个元件内的元件副本。实例可以与其父元件在颜色、大小和功能方面有差别。编辑元件会更新它的所有实例。可以把元件视作原始的摄影底片，而把“舞台”上的实例视作底片的相片，只需利用一张底片，即可创建多张相片。

Animate中的3种元件都用于特定的目的，可以通过在“库”面板中查看元件旁边的图标，辨别它是图形（）、按钮（）或影片剪辑（）。

1. 影片剪辑元件

影片剪辑元件是最常见、最强大、最灵活的元件之一。在创建动画时，通常会使用影片剪辑元件，可以对影片剪辑实例应用滤镜、颜色设置和混合模式制作特效，以丰富其展示效果。

使用影片剪辑元件可以在 Adobe Animate CC 中创建可重用的动画片段。影片剪辑具有各自的多帧时间轴，它们独立于影片的主时间轴。可以将影片剪辑看作一些嵌套在主时间轴内的小时间轴，它们可以包含交互式控件、声音甚至其他影片剪辑实例。

2. 按钮元件

按钮元件是 Adobe Animate CC 中一种特殊的四帧交互式影片剪辑。在创建元件选择按钮类型时，Animate 会创建一个具有4个帧的时间轴。前3帧显示按钮的3种可能状态：弹起、指针经过和按下；第4帧定义按钮的活动区域，如图1.9所示。

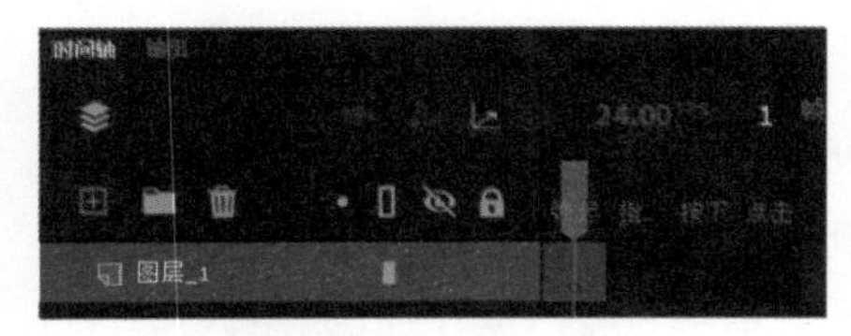

图1.9　按钮制作界面

按钮元件时间轴并不像普通时间轴那样进行线性播放；它会通过跳至相应的帧来响应鼠标指针的移动和动作。要使按钮实现交互，可在舞台上放置一个按钮元件实例并为该实例分配动作。

需要将动作分配给 Animate 文件的根时间轴。如果按钮位于影片剪辑内部，可将动作添加到影片剪辑的时间轴。不要将动作添加到按钮元件的时间轴。

3. 图形元件

图形元件是基本类型的元件。通常会使用图形元件来创建更加复杂的影片剪辑元件。图形元件不支持ActionScript，也不能应用滤镜或混合模式。

但是，当用户想要在多个版本的图形之间轻松切换时，例如，当需要将嘴唇形状与声音进行同步时，通过在各个关键帧中放置所有不同嘴部形状的图形元件，可以使得语音同步变得容易，这时图形元件就是非常有用的。图形元件还可以将图形元件内的动画与主时间轴进行同步。

图形元件是一组在动画中或单一帧模式中使用的帧。动画图形元件是与放置该元件的文档的时间轴联系在一起的。

相比之下，影片剪辑元件拥有独立的时间轴。因为动画图形元件使用与主文档相同的时间轴，所以在文档编辑模式下显示它们的动画。

图形元件可用于静态图像，并可用来创建连接到主时间轴的可重用动画片段。交互式控件和声音在图形元件的动画序列中不起作用。由于没有时间轴，图形元件在 FLA 文件中的尺寸小于按钮元件或影片剪辑元件。

4. 创建元件

创建元件主要有两种方法。

第1种方法：在舞台上不用选择任何内容，只要在菜单中选择“插入”→“新元件”，就可使Animate进入元件编辑模式，可以开始绘制元件或导入制作元件的图形。

第2种方法：选择舞台上的现有图形，然后将其转换为元件。无论选择了什么，都将自动放置在用户的新元件内。大多数设计师喜欢使用第二种方法，因为这样可以在舞台上创建所有图形，并可在将各个组件绘制成元件之前一起查看它们。

1.4.2 绘制对象

在 Adobe Animate CC 中创建矢量图形时，绘图工具的“属性”面板上有一个“对象绘制模式”按钮，代表形状绘制模式和对象绘制模式。如果启用了“对象绘制模式”，如图1.10所示，便可像绘制对象一样来创建形状。这些对象是单独的图形对象，叠加在其他对象上时不会自动与之合并在一起。

选择“对象绘制模式”后，对于同一图层中的形状，在分离、重新放置或重新排列外观后，可以重叠它们而不会改变它们的外观。

在“对象绘制模式”中，Animate 将每个形状作为一个可以分别处理的单独的对象来创建，类似于对象分组时的情况。在“对象绘制模式”下使用绘制工具时，创建的形状为自包含形状。形状的笔触和填充不是单独的元素，并且重叠的形状也不会相互更改。选择用“对象绘制模式”创建形状时，形状周围会显示一个矩形边框来加以标识。“对象绘制模式”与“形状绘制模式”的区别如图1.11所示。

图1.10 属性中的“对象绘制模式”按钮

图1.11 “对象绘制模式”和“形状绘制模式”的区别

1.5 实例：茶广告首页的制作

这个项目是简单的静态横幅广告的插图，如图1.12所示。这幅插图用于一家虚拟的名为Hong’s Tea的公司，它正在为其商店和茶做宣传。在本实例中，不会创建任何动画，只是绘制一些形状并修改它们，以及学习通过组合简单的元素来创建更复杂的画面。

图1.12 茶广告插图

茶广告首页的制作如下。

1. 启动An

新建一个平台类型为HTML5 Canvas的文件，大小为700×200像素，背景色为006600。

2. 制作相应图层

1）制作背景图层

（1）新建一图层，用钢笔工具绘制封闭的区域，填充色为00CC00。

（2）新建一图层，用钢笔工具绘制封闭的区域，填充色为33E860。

（3）新建一图层，用钢笔工具绘制封闭的区域，填充色为00D672。

（4）调好3个图层的顺序，选中3个图层，合并图层，取名为background，然后锁住它，如图1.13所示。

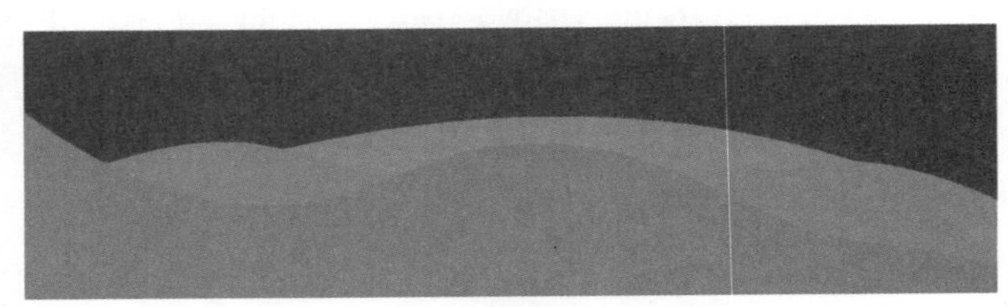

图1.13　背景层

2）制作文字图层

（1）新建一图层，取名为text。

（2）应用文字工具，在属性里选择字体为Viner Hand ITC，字号为48pt，颜色为33F4B3，文字为Hong’s Tea，放在合适的位置。

3）制作边框图层

（1）新建一图层，取名为border。

（2）应用线条工具，选择属性的线条样式，在画笔库中选择Pattern Brushes>Decorative>Sonata，如图1.14所示。

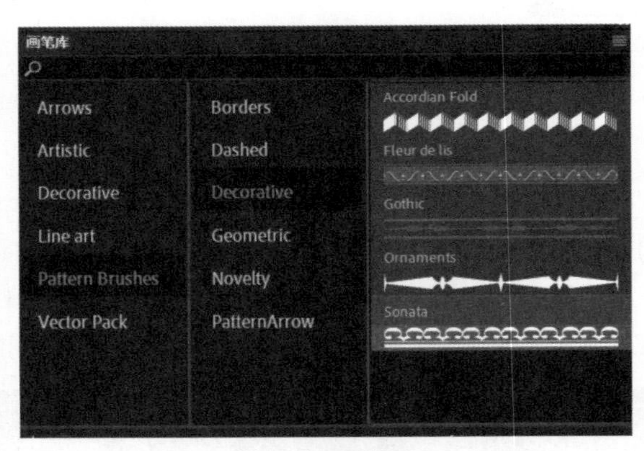

图1.14　画笔库

（3）在页面的顶部和底部各画一条线。

4）制作杯子

（1）新建一元件，取名为cupComponent，类型选择为影片剪辑。

（2）在元件编辑状态，新建一图层，应用矩形工具，设置对象绘制模式，线条色为33CC66，填充色为00E190、FFFFFF，画一矩形，用选取工具调整下边两顶点位置及上下边的弧度，如图1.15所示。

（3）新建一图层，应用椭圆工具，设置对象绘制模式，线条色为33CC66，填充色为00E190、FFFFFF，画一个椭圆，如图1.16所示。

图1.15 杯子外边

图1.16 杯子上部

（4）新建一图层，复制上一层的椭圆，按Ctrl+B快捷键打散变成形状，按Delete键删除填充色，再复制粘贴一个出来，排成如图1.17所示样式。分别选中不需要的部分，然后按Delete键，填充茶水的位图，得到图1.18所示图形。

图1.17 杯子内边

图1.18 填充茶水位图

（5）选中3个图层，合并图层，得到如图1.19所示图形。

（6）回到场景，新建一图层，取名为cup，将cupComponent元件拖入舞台。

5）制作烟

（1）新建一图层，取名为smoke。

（2）应用钢笔工具，设置形状绘制模式，填充色为00CC66，应用选取工具选中边线，按Delete键，得到如图1.20所示图形。

图1.19 杯子

图1.20 烟

6）编辑界面

编辑界面如图1.21所示。

3. 测试及保存

1）测试

按Ctrl+Enter快捷键进行快速测试，可以在本机的默认浏览器中看到结果，如图1.22所示。

图1.21　编辑界面

图1.22　测试结果

2）保存

选择“文件”→“保存”，并选择保存的位置，此时保存的是FLA源文件。

如果想要一个 PNG、JPG或GIF格式的简单图像文件，请使用导出图像面板选择格式并调整压缩选项以获得最佳的Web下载性能。

（1）选择“文件”→“导出”→“导出图像”，打开“导出图像”对话框，如图1.23所示。

图1.23　“导出图像”对话框

（2）选择适当的文件格式，选择压缩量和调色板，并比较不同的设置以权衡图像质量和文件大小。还可以调整图像大小。

Animate既为创建引人注目的、丰富和复杂的图形和文本相结合的作品提供了强大的创作环境，也提供了这种极具灵活性的输出选项，这将非常有助于推动用户所有创意上的追求。

（3）将作品导出为SVG。

可缩放矢量图形（SVG）是一种常见的基于XML的格式，用于在浏览器中显示矢量图形。可以将最终作品从Animate导出为SVG，嵌入或链接任何位图图像。导出的SVG将生成项目的静态图像，SVG只支持静态文本。

要将作品导出为SVG，请执行以下操作。

① 选择“文件”→“导出”→“导出图像(旧版)”。

② 从“文件格式”菜单中，选择“SVG图像(*.svg)”，然后单击“保存”按钮。

1.6 本章小结

本章非常快速地带着大家进入An的世界，从软件的安装环境到软件的工作界面，做了简而全的介绍，对其中应用程度较高的工具做了细致的讲解，对至关重要的术语——元件、绘制模式和对象进行了区别，并借助一个实例学习An的使用方法。

习题1

1. 简单介绍An。
2. 帧与关键帧之间的区别是什么？
3. 什么是隐藏的工具，怎样才能访问？
4. 什么是舞台？
5. 什么是元件，它与实例之间有什么区别？

第2章 Animate CC 2020动画

本章涵盖如下内容：

- 逐帧动画
- 补间动画
- 形变动画
- 遮罩动画
- 摄像头动画
- 其他类型动画

做动画才是我们的真正目的。

什么是动画？由于人眼的视觉暂留特征，当静态图片连续播放时，人们看到了如日常生活中的运动景象。那么如何在软件中实现呢？Animate CC 2020完美地解决了这个问题。

Animate CC 2020里面有一个非常重要的部件就是时间轴，时间轴上主要的元素就是帧。利用帧实现动画的概念很简单：用户可以在时间轴的每帧上插入略有所不同的图片，然后连续播放。这其实是Animate最早的也是最基本的动画，称为逐帧动画。

逐帧动画就是在时间轴的每帧上绘制不同的图片，或处理不同的效果，总之，就是由于每帧上的内容不同，连续播放时产生动态效果。

现在，让我们从它开始，开启Animate动画之旅。

2.1 逐帧动画

有一张非常漂亮的广告，如图2.1所示，呈现的是华为笔记本电脑。如果将画面上的三个笔记本电脑的屏幕图片若隐若现地展现出来，是不是更有诱惑力，广告效果更好呢？

现在，我们就来理一下思路。

图2.1 华为广告

2.1.1 开始

为每块显示屏加一个黑色矩形，黑色矩形是元件，这样才能调透明度，这时只需要调透明度就能让下面的图片若隐若现了。

慢着，想想细节。

应该有三个图层，分别针对三块不同的显示屏做黑色矩形元件。

多少帧合适？10帧，透明度以10为间隔值递增。

是不是有所区别？中间的那块显示屏，让它从看得见到看不见再到看得见；另外两块，交错显示。

再想想，现在我们用逐帧动画来做，仿佛会有一些问题被遇到。这里有一个重要的概念：帧频。

帧频是动画播放的速度，以每秒播放的帧数（f/s：frame per second）为度量单位。帧频太慢会使动画看起来一顿一顿的，帧频太快会使动画的细节变得模糊。 24 f/s 的帧速率是新 Animate 文档的默认设置，通常在 Web 上提供最佳效果。标准的动画速率也是 24 f/s。

或许可以通过修改这个参数，让它慢一些或者快一些来查看效果。

2.1.2 操作步骤

1. 启动An

新建一个平台类型为HTML5 Canvas的文件，舞台大小为1920×660像素。

2. 制作背景层

选择“文件”→“导入”→“导入到舞台”，选中“华为广告.jpg”，单击“打开”按钮之后，图片会自动加载到舞台，放在当前图层的第1帧上。选中图片，在属性里调整位置和大小，如图2.2所示，让它与舞台无缝吻合。将图层取名为background，然后将这个图层锁住。

3. 制作元件

新建一图层，取名为computer1。在舞台上用矩形工具，边框线为无，填充色为黑色，套住左边电脑屏幕，画一个矩形形状，用选择工具调整顶点位置，如图2.3所示。

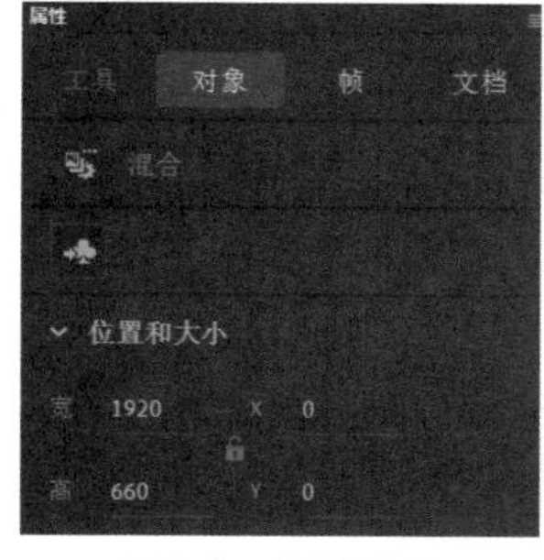

图2.2 图片属性

图2.3 选中其中一个电脑屏幕

选中矩形，右键菜单选择“转换为元件”，如图2.4所示。

重复以上两个步骤，新建的两个图层分别取名为computer2和computer3，分别为另外两个电脑屏幕制作黑色矩形，如图2.5所示，并转换为元件。

图2.4　computer1元件

图2.5　computer2和computer3元件

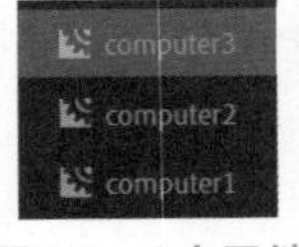

图2.6　3个元件在库里的形式

此时在“库”面板里，我们会看到3个元件，如图2.6所示。

4. 制作逐帧动画

选中computer1图层，选中第1帧，选中computer1元件，在属性面板中调整色彩效果，如图2.7所示，将Alpha调至10%。

选中computer1图层，选中第2帧，右键菜单选择“插入关键帧”，选中computer1元件，在属性面板中调整色彩效果，将Alpha调至20%。

图2.7　第1帧透明度属性

图2.8　第2帧透明度属性

重复上述步骤，将Alpha分别调至30%、40%、50%、60%、70%、80%、90%、100%，做好其余8帧。

重复上述步骤，做好computer2图层，将Alpha分别调至10%、20%、30%、40%、50%、40%、30%、20%、10%、0%。

同样，做好computer3图层，将Alpha分别调至100%、90%、80%、70%、60%、50%、40%、30%、20%、10%，结果如图2.9所示。

图2.9　图层及效果

5. 测试及保存

（1）测试结果如图2.10所示，一张静态的广告图片因为逐帧动画而活了起来。

（a）

（b）

（c）

图2.10　华为广告逐帧动画

（2）选择“文件”→“保存”，保存为FLA源文件，并取个合适的文件名。

2.2 补间动画

如果An只有逐帧动画，它应该早就被淘汰了。

事实是An基于动画原理的基础为我们提供了很多制作动画的方法，接下来介绍补间动画，补间动画即补中间帧，中间帧的前后两帧叫关键帧。所谓补间动画，官网解释：“补间动画是通过为第1帧和最后一帧之间的某个对象属性指定不同的值来创建的。对象属性包括位置、大小、颜色、效果、滤镜及旋转。在创建补间动画时，可以选择补中间的任一帧，然后在该帧上移动动画元件。Animate 会自动构建运动路径，以便为第1帧和下一个关键帧之间的各个帧设置动画。”所谓传统补间，是指早期在 Animate 中创建补间动画的一种方式。较新的方式是使用补间动画，补间动画的使用更加简便。

所以，我们其实可以看出来，它们本质是一样的。

有一个小故事《小鸭子找妈妈》：有一天，鸭妈妈和往常一样，将它的大宝和小宝放出去玩，大宝老实听话，没走多远，小宝贪玩不更事，跑远了，到了妈妈呼唤时，大宝很快回到了妈妈的身边，小宝历经艰辛才回到妈妈的身边。

现在，我们就用补间动画和传统补间来制作这个短片故事，如图2.11所示。

图2.11　小鸭子找妈妈

2.2.1 开始

我们需要按照故事情节设计一下总长度、舞台和图层。

长度为40帧，考虑到鸭妈妈的感受，这个长度应该是极限值。

应该有一个背景图层，蓝天、白云和大海。除了第1帧，其他39帧是普通帧。

鸭妈妈图层，鸭妈妈始终坚定地浮在水中央，在最醒目的地方等着自己的孩子。

大宝图层，离妈妈近，让它在20帧时就回到妈妈身边，一直依偎在妈妈身边等弟弟。用传统补间来实现。

小宝图层，跑远了，让它找呀找，终于在最后也就是第40帧处找到妈妈，用补间动画来实现。

2.2.2 操作步骤

1. 启动An

新建一个平台类型为HTML5 Canvas的文件，舞台大小为1200×785像素。

2. 制作背景层

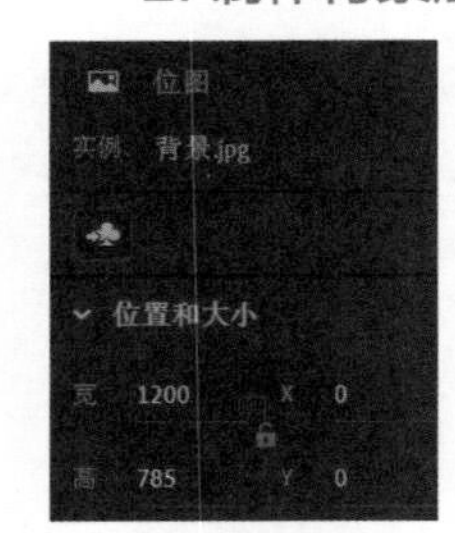

图2.12 背景图属性

选择“文件”→“导入”→“导入到舞台”，选中“背景.jpg”，单击“打开”按钮之后，图片会自动加载到舞台，放在当前图层的第1帧上，选中图片，在属性里调整位置和大小，如图2.12所示，让它与舞台无缝吻合，图层取名为“背景”，然后将这个图层锁住。

3. 制作妈妈图层

选择“文件”→“导入”→“导入到库”，选中“妈妈.jpg”和“宝宝.jpg”，单击“打开”按钮之后，图片会自动加载到库。然后，新建一图层，取名为“妈妈”，从库里将“妈妈.jpg”拖到舞台上，放在水中央。做好后，将该图层锁住。

4. 制作大鸭图层

新建一图层，取名为“大鸭”，从库里将“宝宝.jpg”拖到舞台上，选中后右击，选择“转换为元件”，如图2.13所示，因为接下来的补间或者传统补间都需要两个关键帧上的内容元件。

调整舞台上大鸭的大小和位置，让它位于妈妈的左边不远处。在第20帧，右击，选择“插入关键帧”，如图2.14所示。

图2.13 转换元件对话框

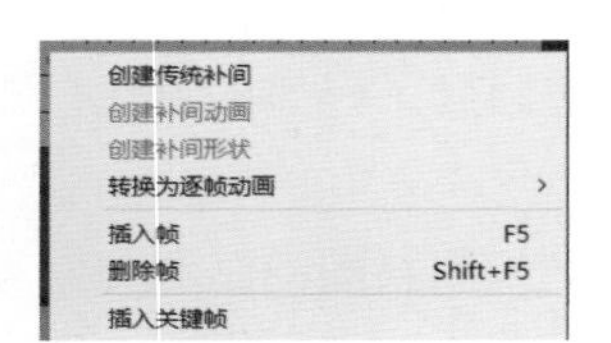

图2.14 插入关键帧

回到第1帧，右击，选择“创建传统补间”，于是就会有一条带箭头的线出现在两帧之间，如图2.15所示。完成后，将该图层锁住。

图2.15 传统补间

5. 制作小鸭图层

（1）新建一图层，取名为“小鸭”，从库里将“小鸭”元件拖到舞台上，调整舞台上小鸭的大小和位置，让它位于妈妈的右边的很远处。在第1帧，右击，选择“创建补间动画”，你会发现1～40帧全变成橙色了。在第40帧，右击，选择“插入关键帧”→“位置”，如图2.16所示，将小鸭移到妈妈身边。

（2）此时会有一条运动轨迹线出现，如图2.17所示。

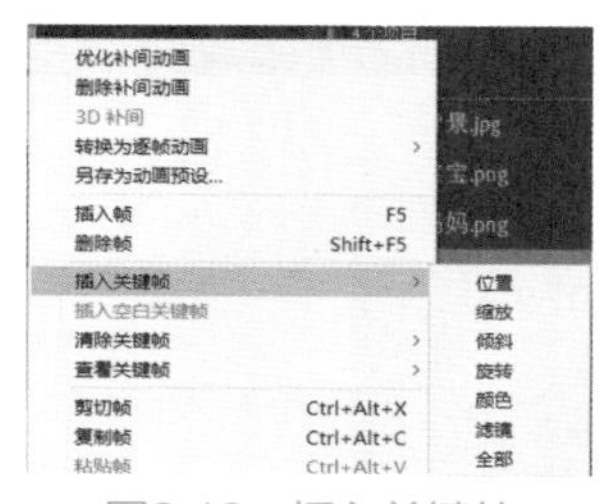

图2.16 插入关键帧

图2.17 补间轨迹

（3）用选择工具调整这条路径，尽量让路径曲折，如图2.18所示。

（4）调整小鸭的运动方向，选中“调整到路径”，如图2.19所示。完成后，将该图层锁住。

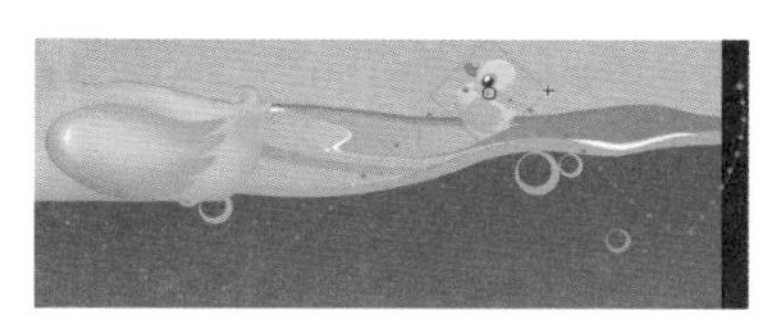

图2.18 调整轨迹

图2.19 调整轨迹属性

（5）最终效果如图2.20所示。

图2.20 《小鸭子找妈妈》编辑信息

6. 测试及保存

（1）选择“控制”→“测试”或按Ctrl+Enter快捷键进行测试，测试结果如图2.21所示。

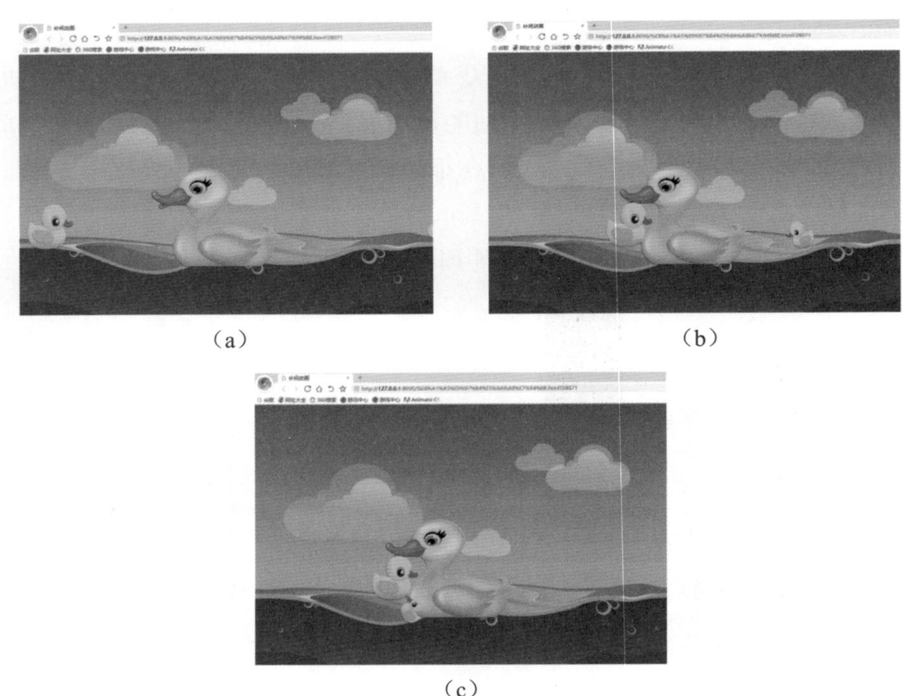

（a）　　（b）

（c）

图2.21　测试结果

（2）选择“文件”→“保存”，保存为FLA源文件，并取个合适的文件名。

2.3 形变动画

我们常常看到色彩的变化，如霓虹灯，也常常看到花开，看到水滴落下来摔成好大一块，看见雨线越来越长，等等，这些能不能用An实现？答案是：能。

An为我们准备了形变动画，得以实现上述效果。Adobe官网这样解释形变动画：“在形状补间中，可以在时间轴中的一个特定帧上绘制一个矢量形状。然后更改该形状，或在另一个特定帧上绘制另一个形状。然后，Animate 为这两帧之间的帧内插入这些中间形状，创建从一个形状变形为另一个形状的动画效果。”

其实，一句话可以说清：所谓形变动画就是形状发生变化的动画。

那么，它的基本要求是不是变化的前后两帧里面的内容必须是形状？显然是。

Adobe官网的如下解释正是最好的补充答案：

“在 Animate 中，可以对均匀的实心笔触和不均匀的花式笔触添加形状补间；还可以对使用可变宽度工具增强的笔触添加形状补间；也可以对要使用的形状进行试验来确定结果。可以使用形状提示告诉 Animate 起始形状上的哪些点与结束形状上的特定点对应。也可以对补间形状内的形状的位置和颜色进行补间。若要对组、实例或位图图像应用形状补间，请分离这些元素。若要对文本应用形状补间，请将文本分离两次，从而将文本转换为对象。”

现在，用形变动画来实现浪漫的效果吧。满园子的花，铺天盖地，看花怒放，从花苞到盛开，只需经历一个形变动画，效果如图2.22所示。

图2.22 花开效果

2.3.1 开始

小花苞设计成什么样？圆形或者看起来像个小圆的多边形。

盛开的花设计成什么样？有许多花瓣，渐变的色彩。

找一张淡雅清新、充满青春味道的图片作为背景，春天、花开，这些都是青春的味道。

让它们竞相开放，还是同时开放？可以随意设置，也许竞相开放更好一点。

2.3.2 操作步骤

1. 启动An

新建一个平台类型为HTML5 Canvas的文件，舞台大小为1023×695像素。

2. 制作背景层

选择“文件”→“导入”→“导入到舞台”，选中“春天.jpg”，单击“打开”按钮之后，图片会自动加载到舞台，放在当前图层的第1帧上，选中图片，在属性里调整位置和大小，如图2.23所示，让它与舞台无缝吻合，图层取名为spring，然后将这个图层锁住。

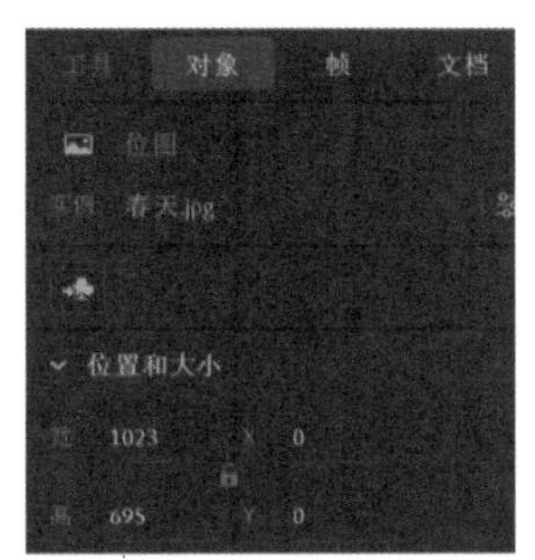

图2.23 图片属性

3. 制作花开

1）新建flower1图层

（1）新建一图层，取名为flower1，在“舞台”上用多角星形工具画一个八边形，无边框线，填充色为960000，如图2.24所示。

（2）在第15帧处右击，选择“添加关键帧”，在此帧处选中八边形，用选择工具选中各边进行拉扯，做成花样，将填充色改为径向渐变填充，填充色为960000渐变ffffff，如图2.25所示。

（3）在第1帧处右击，选择“创建补间形状”，如图2.26所示。

图2.24 flower1

图2.25 制作花开

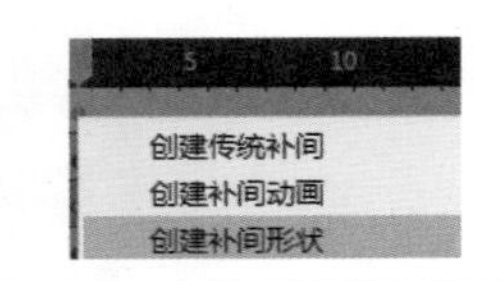

图2.26 右键创建补间形状

（4）完成后，将该图层锁住。

2）新建flower2图层

新建一图层，取名为flower2，重复1）的步骤，不同之处：在第10帧“舞台”上用多角星形工具画一个八边形，无边框线，填充色为96BF8D。在第25帧处添加关键帧，修改形状，填充色为96BF8D渐变ffffff，如图2.27所示。在第10帧处创建补间形状。完成后，锁住该图层。

3）新建flower3图层

新建一图层，取名为flower3，重复1）的步骤，不同之处：在第1帧“舞台”上用多角星形工具画一个五边形，无边框线，填充色为BBC728。在第25帧处添加关键帧，修改形状，填充色为BBC728渐变ffffff，如图2.28所示。在第1帧处创建补间形状。完成后，锁住该图层。

图2.27 flower2图层　　图2.28 flower3图层

4）新建flower4图层

新建一图层，取名为flower4，重复1）的步骤，不同之处：在第5帧“舞台”上用多角星形工具画一个八边形，无边框线，填充色为D91ADB。在第15帧处添加关键帧，修改形状，填充色为D91ADB渐变ffffff，如图2.29所示。第1帧处创建补间形状。完成后，锁住该图层。

5）新建flower5图层

新建一图层，取名为flower5，重复1）的步骤，不同之处：在第8帧“舞台”上用多角星形工具画一个五边形，无边框线，填充色为BB77ED。在第22帧处添加关键帧，修改形状，填充色为BB77ED渐变ffffff，如图2.30所示。第1帧处创建补间形状，完成后，锁住该图层。

图2.29 flower4图层　　图2.30 flower5图层

6）最后，编辑界面如图2.31所示。

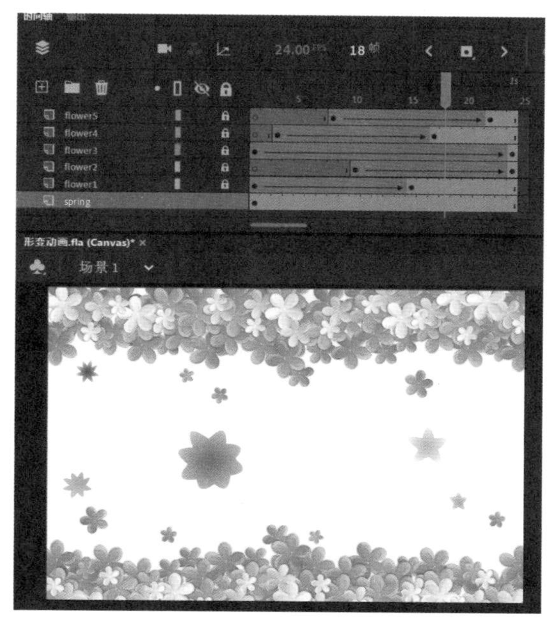

图2.31　花开编辑界面

4. 测试及保存

（1）选择“控制”→“测试”或按Ctrl+Enter快捷键进行测试，测试结果如图2.32所示。

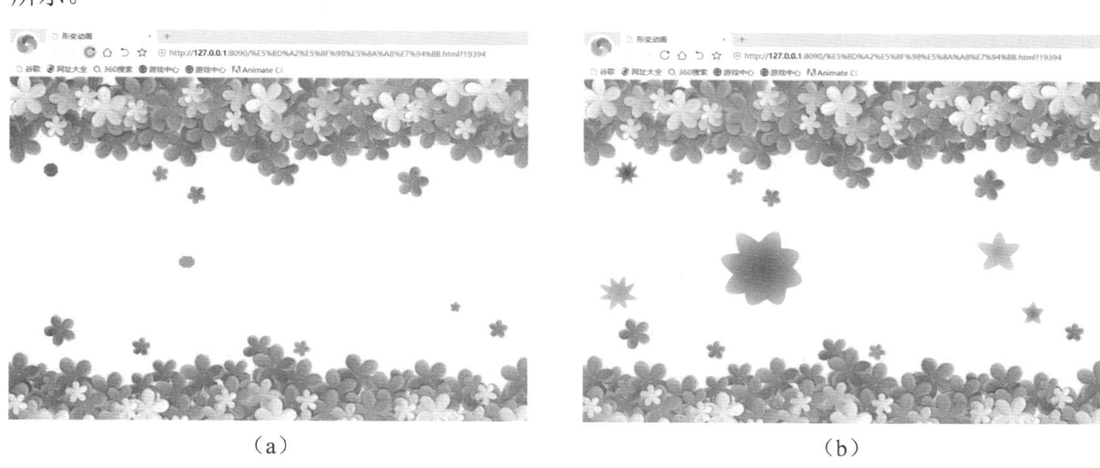

（a）　　　　（b）

图2.32　花开最终效果

（2）选择“文件”→“保存”，保存为FLA源文件，并取个合适的文件名。

2.4 遮罩动画

想想一束光打过来，你只能看见光里面的内容，想想流动的文字，飘扬的红旗，仿佛补间和形变都无法实现，难道An止于此？

图2.33　芭蕾舞演员在海上起舞

当然不是！遮罩动画可以，它能让想看见的地方看得见，不想看见的地方看不见。

原理是：遮住的地方看得见，跟现实的正好相反。遮罩很神奇，能在关键时刻起到意想不到的作用。

我们看看下面这张图，是不是很美，这位芭蕾舞演员在海上起舞时，所有其他都黯然失色，她跳到哪里，灯光追去哪里，如图2.33所示。

2.4.1　开始

准备大海和舞者的图片，并进行适当处理。

先让舞者动起来，让静态的图片动起来可以用补间，让舞者旋转。

那束跟着她的光，就用个椭圆好了，形状补间。

最后，让光罩着舞者及大海，光是遮罩，它罩住的地方才能看得见。

2.4.2　操作步骤

1. 启动An

新建一个平台类型为HTML5 Canvas的文件，舞台大小为1000×710像素，背景色设置为000033。

2. 制作背景层

选择“文件”→“导入”→“导入到舞台”，选中“D3-1.jpg”，单击“打开”按钮之后，图片会自动加载到舞台，放在当前图层的第1帧上，选中图片，在属性里调整位置和大小，如图2.34所示，让它与舞台无缝吻合，在第50帧处右击，选择“插入普通帧”，图层取名为background，然后将这个图层锁住。

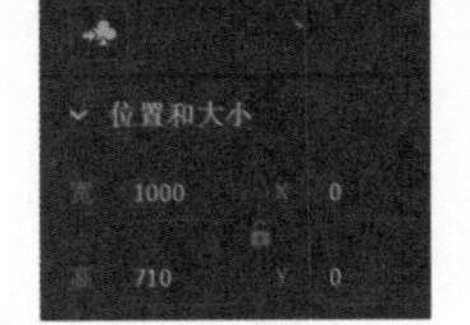

图2.34　图片属性

3. 创建女孩舞蹈图层

（1）新建一图层，取名为girl。

（2）选择“文件”→“导入”→“导入到舞台”，选中“B3-2.png”，单击“打开”按钮之后，图片会自动加载到舞台，放在当前图层的第1帧上，选中图片，右击，选择“转换成元件”，选中元件，调整角度和大小，如图2.35所示。

（3）第1帧上，右击，选择“创建补间动画”，调整补间的属性，使舞者旋转着下来，出现缓动效果，如图2.36所示。

（4）在第24帧处，将舞者调大，侧面位于舞台正中央，如图2.37所示。

（5）在第50帧处，将舞者调至左上角，如图2.38所示。

（6）用选择工具调整运动轨迹，如图2.39所示。

图2.35　将第1帧上图片转换成元件

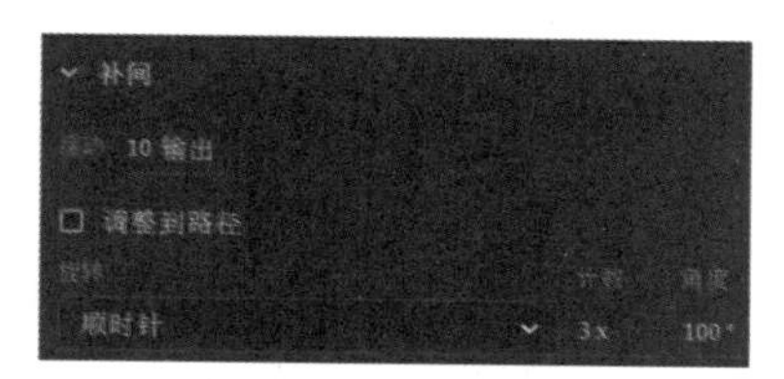

图2.36　补间属性

图2.37　第24帧处图像位于中央

图2.38　第50帧处图像

图2.39　调整运动轨迹

4. 创建光束图层

（1）新建一图层，取名为maskgirl。

（2）用椭圆绘图工具绘制一个圆，罩住下面图层的女孩，在第24帧处新建关键帧，将该帧处的圆调整至可遮住下面图层的女孩，在第50帧处同样新建关键帧，将该帧处的圆调整至可遮住下面图层的女孩。

（3）在第1帧处右击，选择“创建补间形状”，在第24帧处右击，选择“创建补间形状”。

5. 创建遮罩层

在编辑状态下，选中maskgirl图层，右击，选择“遮罩层”，如图2.40所示，将该图层设置成遮罩层。

最终，编辑界面如图2.41所示。

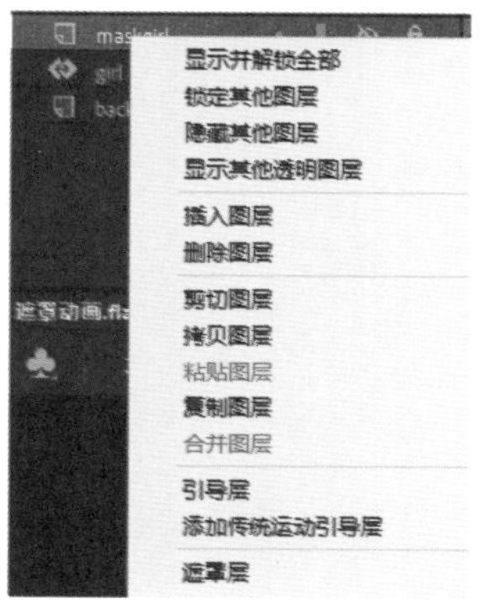

图2.40　设置遮罩层

图2.41　芭蕾舞演员起舞编辑界面

6. 测试及保存

（1）选择“控制”→“测试”或按Ctrl+Enter快捷键进行测试，测试结果如图2.42所示。

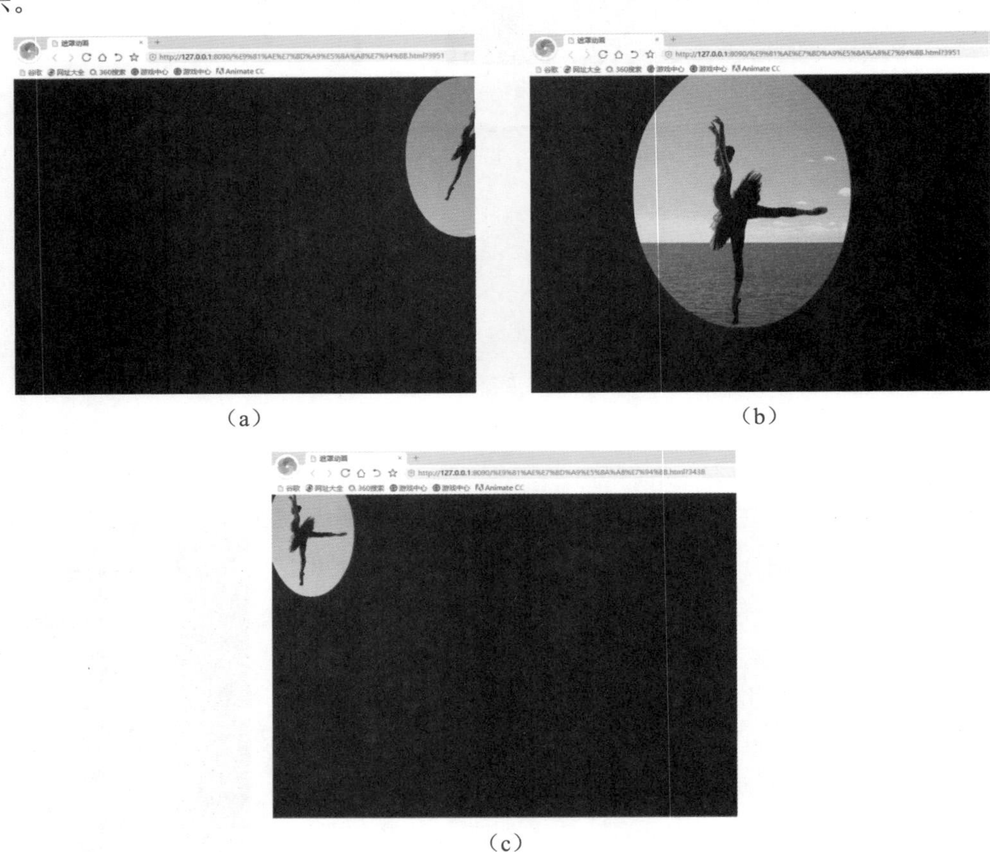

（a）　（b）　（c）

图2.42　海上光影芭蕾舞效果图

（2）选择“文件”→“保存”，保存为FLA源文件，并取个合适的文件名。

2.5 摄像头动画

祖国大好河山，处处美景，面对无限风光，我们常常从各个角度看，远望近观，看局部看整体，怎么看怎么都是美。

如何在画面上给人带来这种感受呢？全方位地看景，想想电影，利用的是摄像机的推拉摇移，实现画面的不同场景。其实，An里有类似摄像机的功能，调整摄像头的缩放和旋转就好了。

有一张广州的地标物——“小蛮腰”的图片，如图2.43所示，以它为例来进行讲解。

图2.43 “小蛮腰”夜景

操作步骤如下。

1. 启动An

新建一个平台类型为HTML5 Canvas的文件，舞台大小为900×500像素。

2. 准备图层

选择“文件”→“导入”→“导入到舞台”，选中“广州.jpg”，单击“打开”按钮之后，图片会自动加载到舞台，让图片的左下角与舞台左下角重叠，在第45帧处右击，选择“插入帧”，图层取名为“小蛮腰”，然后将这个图层锁住。

单击右上角的“摄像头”按钮，则会在“图层”面板中新建一个摄像头图层camera，如图2.44所示。

图2.44 摄像头图层

3. 创建摄像头动画

（1）在图层camera的第1帧处，选中工具箱里的摄像头工具，则在舞台下方会出现一个摄像头操作工具，如图2.45所示，此时的光标变成了带移动标志的摄像头图标。

图2.45 摄像头操作工具

（2）在图层camera的第5帧处，操纵摄像头操作工具，单击右边有放大镜的按钮，向右边调整滑杆使画面变大，同时使用摄像头移动工具移动摄像头，让高楼充斥舞台。

（3）在图层camera的第15帧处，操纵摄像头操作工具，单击右边有放大镜的按钮，向右边调整滑杆使画面变大，同时使用摄像头移动工具移动摄像头，让“小蛮腰”的顶尖占据舞台。

（4）在图层camera的第25帧处，操纵摄像头操作工具，单击左边旋转摄像头按钮，调整滑杆旋转画面，同时使用摄像头移动工具移动摄像头，让光线充斥舞台。

（5）在图层camera的第30帧处，操纵摄像头操作工具，单击左边旋转摄像头按钮，调整滑杆旋转画面，同时使用摄像头移动工具移动摄像头，让“小蛮腰”呈15°躺在舞台上。

（6）编辑状态下的An如图2.46所示。

图2.46　编辑状态

4. 测试及保存

（1）选择“控制”→“测试”或按Ctrl+Enter快捷键进行测试，测试结果如图2.47所示。

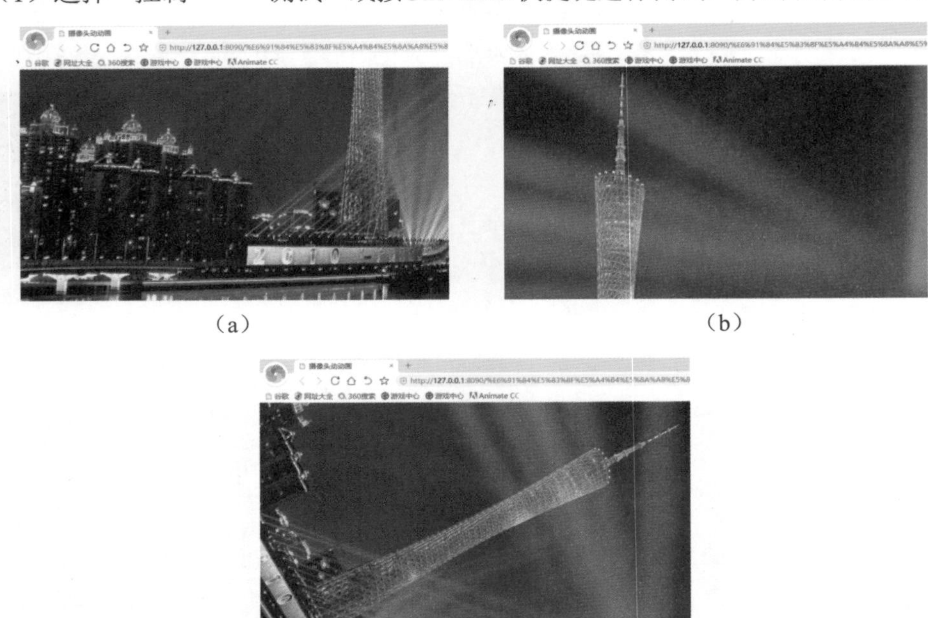

（a）　（b）　（c）

图2.47　“小蛮腰”最终效果

（2）选择“文件”→“保存”，保存为FLA源文件，并取个合适的文件名。

2.6 其他类型动画

2.6.1 骨骼动画

骨骼动画就是利用骨骼工具制作的动画，常用在有关节运动的动画制作中。例如，人物的走动、舞蹈及一些动作之类的制作。制作的方法很简单，最重要的是你要知道动作的原理，设计好动作，然后再来一步一步完成，不要让它帮助你实现乱动。

制作方法：如果你只想让某一个物体自己动，你可以画好这个物体，如一个粉色的矩形，记住是形状或对象，不能是元件；然后再随便画一个形状，如一个圆，然后在工具箱里找到骨骼工具，从矩形上拖过去，如图2.48所示。

然后，它会自动生成一个骨架图层 骨架，在相应的帧上右击，选择“插入姿势”，用工具箱里的选择工具调整动作，如图2.49所示，此时圆仍是不动的。

如果你要做的是复杂的连续动作，那就需要每个要动的部件都必须是元件，例如，一个小姑娘舞蹈的动画，因为她的头、身体、手和脚都要动，所以要事先将她的头、身体、手和脚都做成相应的元件，然后拉到舞台上用骨骼工具进行连接，最后在相应帧插入姿势，调整动作，如图2.50所示。

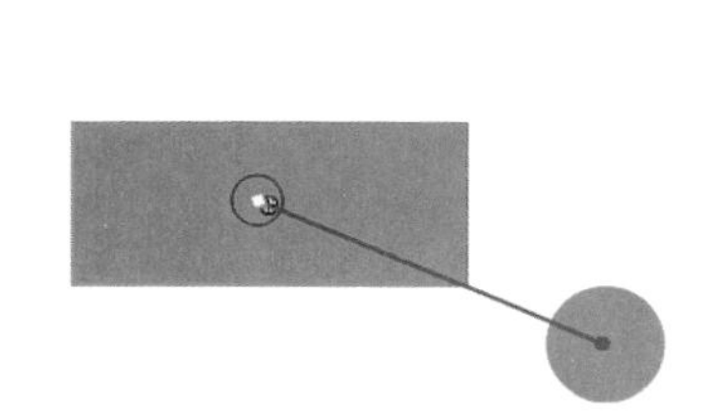

图2.48 矩形方块加骨骼工具

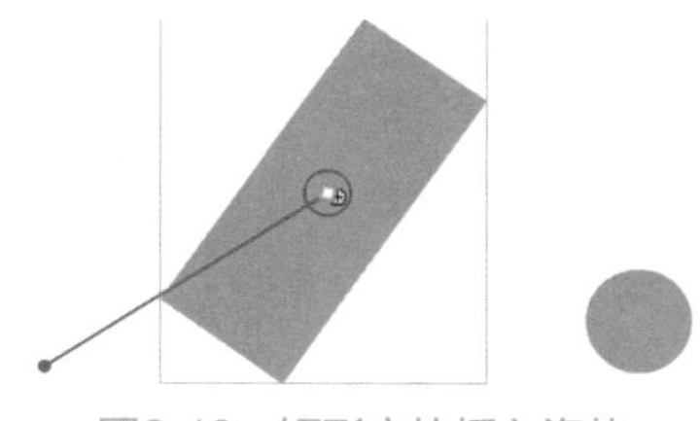

图2.49 矩形方块插入姿势

图2.50 小姑娘骨骼图

2.6.2 嘴形同步

嘴形同步，是指嘴形跟声音同步。首先，你要做好一个跟基础发音相同的影片剪辑或图形元件，就是a、e、i、o、u之类的发音。当把这个元件放上舞台后，在属性的对象里出现一个 嘴形同步 的按钮，这时建立一个声音的图层，取名为Audio，将音频放上这个图层，然后才能单击“嘴形同步”按钮，弹出“嘴形同步”对话框，如图2.51所示。

分两步自动创建嘴形同步。第一步，在图形元件内设置发音嘴形；第二步，选择包含所需要同步音频的图层。单击“完成”按钮后，就发现嘴形与音频一致了，好像是说着话时候的录音。时间轴上会有标记出现，如图2.52所示。

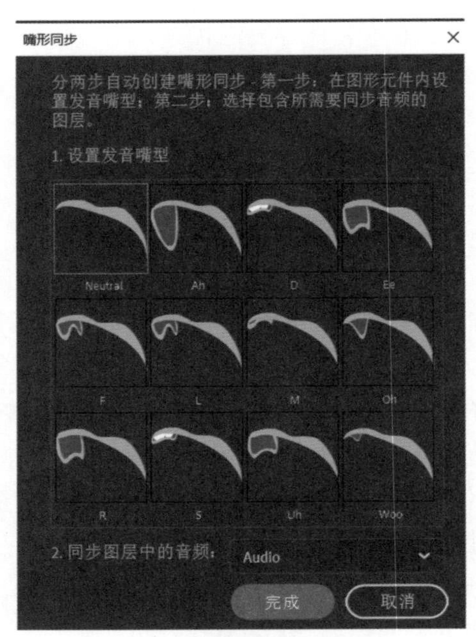

图2.51 “嘴形同步”对话框

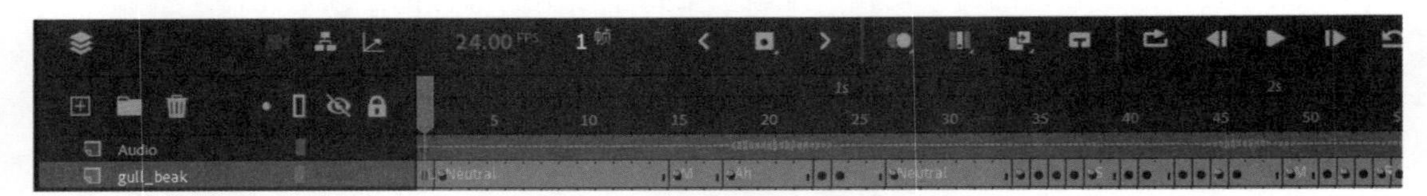

图2.52 嘴形同步图层信息

2.6.3 VR

VR是虚拟现实，现在有很多种实现的方法。其中有一种是实地全景实现，通常的做法是用相机实地拍摄，在展示时可以通过移动鼠标看到360° 范围的景致。

An也可以做到全景实现，它的实现原理与实地全景实现是一样的，不同的是，相机拍摄换成了用An的绘图工具制作，而且还能做动画。例如，做一个城市的街景，如图2.53所示。

图2.53 手绘全景

（1）在“窗口”菜单下调出“VR视图”，如图2.54所示。

（2）单击“启动VR视图”，移动鼠标看到360° 范围的景致，如图2.55所示。

图2.54　VR视图

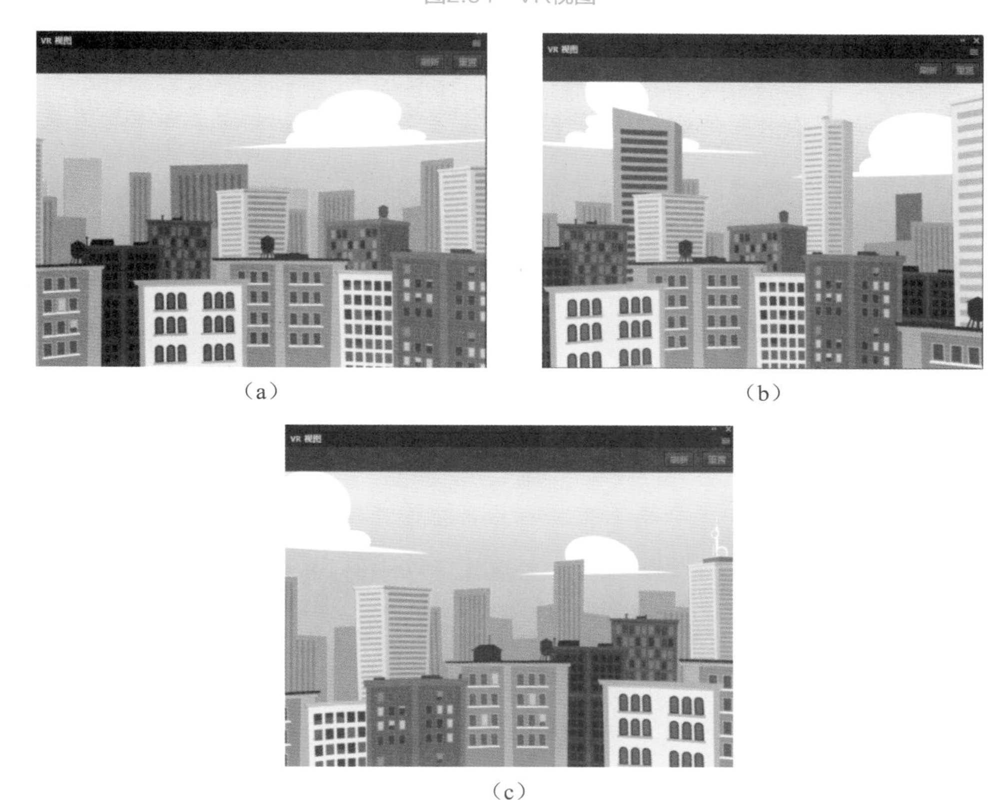

（a）　（b）　（c）

图2.55　移动鼠标看到360°范围的景致

2.6.4　资源变形工具

利用资源变形工具可以做出非常逼真的动画效果。例如，我们做一个毛毛虫蠕动的动画。首先，将毛毛虫拖入舞台，然后用资源变形工具加6个点，如图2.56所示。

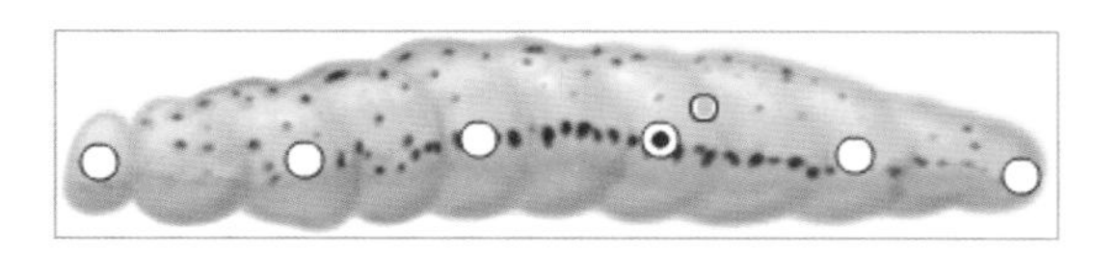

图2.56　利用资源变形工具加了6个点的毛毛虫

然后，在不同关键帧，调整各点的状态，如图2.57所示，如此反复，做出蠕动动画。

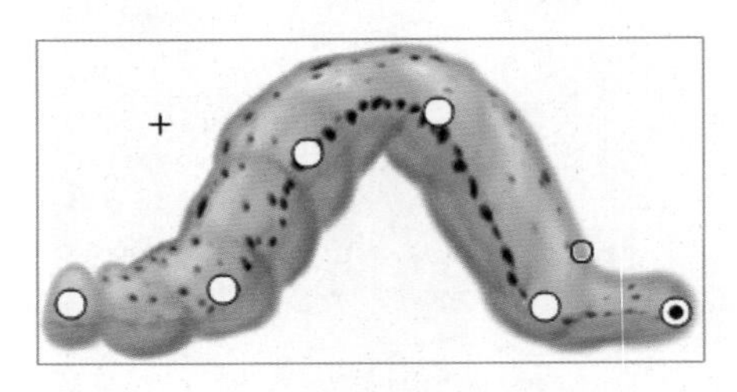

图2.57　调整资源变形位置

2.7 本章小结

本章将An的新旧功能做了一个完整的介绍。例如，逐帧动画、补间动画、形变动画和遮罩动画等，旧版由来已久，非常成熟，新版更加细致周到，做起来轻松简单；骨骼动画、摄像头动画是最近版本推出的，也非常好用，而嘴形同步工具、VR视图、资源变形工具则是比较新的工具，这些工具给动画制作带来了精彩的效果实现。

习题2

1. 什么是逐帧动画？
2. 什么是补间动画？
3. 什么是形变动画？
4. 什么是遮罩动画？
5. 嘴形同步工具是如何实现嘴形同步的？
6. VR视图的作用是什么？

第3章 Animate CC 2020动画代码片断

本章涵盖如下内容：

- 时间轴导航代码片断
- 动作代码片断
- 事件处理函数代码片断
- 动画代码片断
- CreateJS API
- 组件代码片断
- 摄像头代码片断

交互才是本书的中心。

我们早就不满足于只是看看听听，大多数90后、00后年轻人对动画制作和效果提出了很多要求，用户的需求就是开发的方向。对于开发方来说，有一个重要的考核指标，叫作用户体验度。

现在的交流模式不再是过去的模式了。例如，报纸看完了，新闻听完了，文章读完了，得去找个朋友一起聊天，才能发表自己的观点。现在，新媒体、各大报纸都有自己的公众号，每篇文章都可以点赞，可以评论留言，传统意义上的看和聊，在新媒体上得到了统一的解决。

动画也是，每个动画都可以点赞，也可以评论留言。动画是基于浏览器实现播放的，浏览器与平台挂钩，几乎所有平台的交互都是通过键盘、鼠标或手指来进行的。键盘、鼠标和手指会产生什么动作呢？产生动作以后该如何去处理呢？

当然是通过计算机语言来实现，浏览器支持的语言是HTML5+JavaScript。HTML5实现的是静态，JavaScript实现的是交互。接下来我们学习JavaScript里的CreateJS。

学习总是有一个过程，从知道到了解到熟悉，没人能绕得开这个过程。

我们慢慢来，慢到什么程度呢？慢到开始只看懂就好了。正好，An这个神奇的软件提供了代码片断，如图3.1所示，只需要告诉它你想干什么，它就用CreateJS帮你实现了。

图3.1　代码片断

3.1 时间轴导航

我们前面做的动画只能顺序播放，缺少自主性，能不能让我们来控制它的播放呢？

当然可以，新建一个图层，取名为Actions，右击，选择“动作”，打开“动作”对话框，如图3.2所示，我们可以把它理解为编辑器，在An里就用它来写代码。编辑器简单实用，右上端有一个相对着的尖括号按钮，单击该按钮，代码片断就出来了。

图3.2　动作面板

在代码片断里单击HTML5 Canvas左边的小三角，再单击时间轴导航左边的小三角，展开时间轴导航，如图3.3所示。

看来，必须得做个动画，才能验证这些代码。

有个细节，我们写好代码关闭它之后，会发现该帧上出现一个标志，表示该帧上有动作。

也可以在“窗口”选中“代码片断”，在代码片断面板上，双击选中的功能，会自动在图层面板上新建一个Actions图层，并且在“动作”面板上生成相应的代码，如图3.4所示。

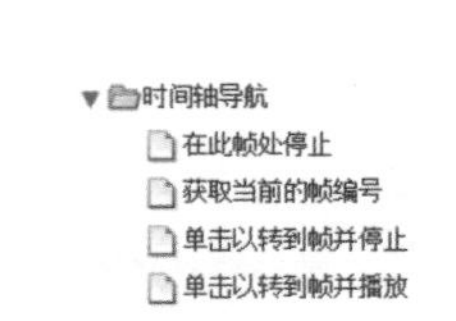

图3.3　时间轴导航代码片断

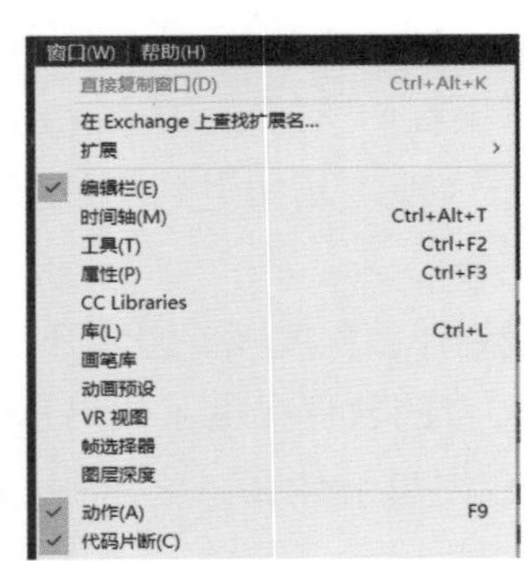

图3.4　窗口菜单下的代码片断

3.1.1　时间轴导航代码片断详解

时间轴导航里，代码片断给了4个功能实现，我们只需要在需要的功能上双击，就能在动作编辑面板上得到相应代码。

1. 在此帧处停止

时间轴将在插入此代码的帧处停止（暂停），也可用于停止（暂停）影片剪辑的时间轴。

```
this.stop();
```

2. 获取当前的帧编号

用于获取当前的帧编号的代码。

```
var frameNumber = this.currentFrame;
```

3. 单击以转到帧并停止

单击指定的元件实例会将播放头移动到时间轴中的指定帧并停止影片。可在主时间轴或影片剪辑时间轴上使用。

（1）单击元件实例时，用希望播放头移动到的帧编号替换下面代码中的数字 5。

（2）EaselJS中的帧编号从0开始而不是从1开始。如果直接选择本功能，动作面板上会出现一个警告提示，如图3.5所示。

图3.5 警告提示信息

只有选择好一个实例，如beePlay后，才会在动作面板上加载下列代码：

```
    this.beePlay.addEventListener("click", fl_ClickToGoToAndStopAtFrame.
bind(this));
    function fl_ClickToGoToAndStopAtFrame()
    {
        this.gotoAndStop(5);
    }
```

4. 单击以转到帧并播放

单击指定的元件实例会将播放头移动到时间轴中的指定帧并继续从该帧回放。可在主时间轴或影片剪辑时间轴上使用。

（1）单击元件实例时，用希望播放头移动到的帧编号替换下面代码中的数字 5。

（2）EaselJS 中的帧编号从0 开始而不是从 1 开始。

```
    this.beePause.addEventListener("click", fl_ClickToGoToAndPlayFromFrame.
bind(this));
    function fl_ClickToGoToAndPlayFromFrame()
    {
        this.gotoAndPlay(5);
    }
```

3.1.2 实例

一只小蜜蜂快乐地在花丛中飞来飞去，让我们给它点约束，控制它的飞或停，如图3.6所示。

图3.6　小蜜蜂播放器

1. 启动An

新建一个平台类型为HTML5 Canvas的文件，舞台大小为550×400像素。

2. 制作背景层

选择“文件”→“导入”→“导入到舞台”，选中“flower.jpg”，单击“打开”按钮之后，图片会自动加载到舞台，放在当前图层的第1帧上，选中图片，让它居于舞台中间，将图层取名为background，然后将这个图层锁住。

3. 制作蜜蜂飞

（1）选择“新建”→“元件”，选择“影片剪辑”，取名为bee，将图层1改名为body，用绘图工具，选用对象模式，绘制蜜蜂的身体，如图3.7所示，在第10帧处右击，选择“创建帧”或按F5键创建普通帧。

（2）新建图层，取名为wingtop，用椭圆工具绘制左翅膀，如图3.8所示。转换成元件，右击，选择“创建补间动画”，在第5帧处旋转。

（3）新建图层，取名为wingtop，用椭圆工具绘制右翅膀，如图3.9所示。

图3.7　蜜蜂身体

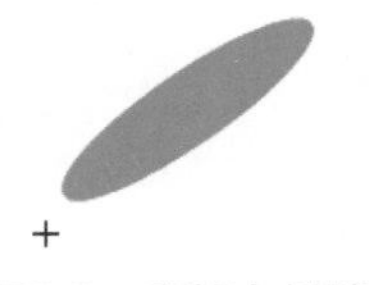

图3.8　蜜蜂左翅膀

图3.9　蜜蜂右翅膀

（4）蜜蜂元件图层如图3.10所示。

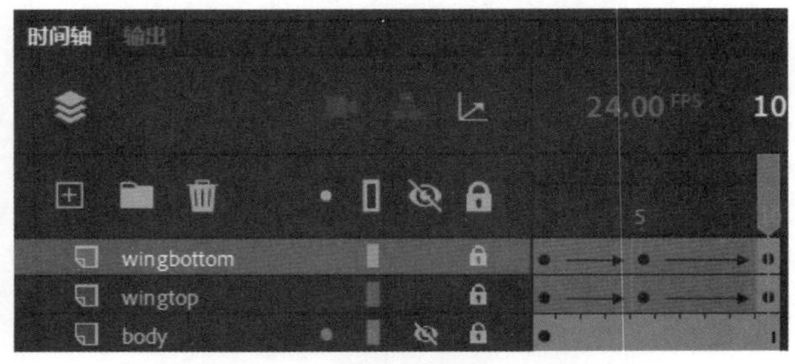

图3.10　蜜蜂元件图层

（5）蜜蜂元件如图3.11所示。

（6）回到场景，新建一图层，取名为bee，将bee元件拖进舞台，创建补间动画，调整轨迹，如图3.12所示。

图3.11 蜜蜂元件　　图3.12 蜜蜂飞行轨迹

4. 制作3个按钮

1）播放按钮

选择“新建”→“元件”，选择“按钮”，取名为play，将图层1改名为background，画一个黑色矩形，再新建一图层，名为playbutton，在黑色矩形的中间画一个小三角，4个帧给出不同颜色，如图3.13所示。

2）停止按钮

选择“新建”→“元件”，选择“按钮”，取名为stop，将图层1改名为background，画一个黑色矩形，再新建一图层，名为stopbutton，在黑色矩形的中间画一个小矩形，4个帧给出不同颜色，如图3.14所示。

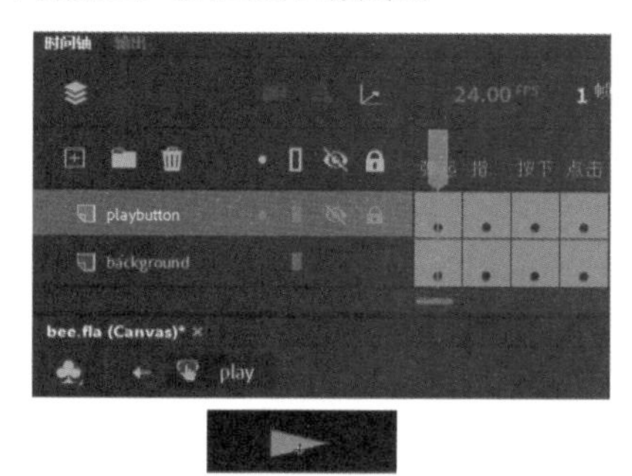

图3.13 play按钮

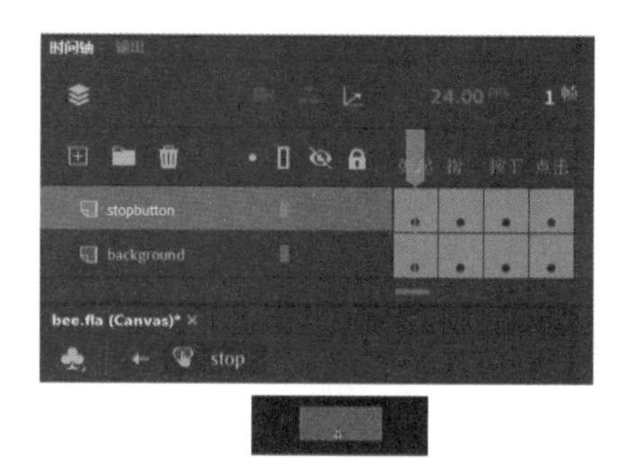

图3.14 stop按钮

3）暂停按钮

选择“新建”→“元件”，选择“按钮”，取名为pause，将图层1改名为background，画一个黑色矩形，再新建一图层，名为pausebutton，在黑色矩形的中间画两个小矩形，4个帧给出不同颜色，如图3.15所示。

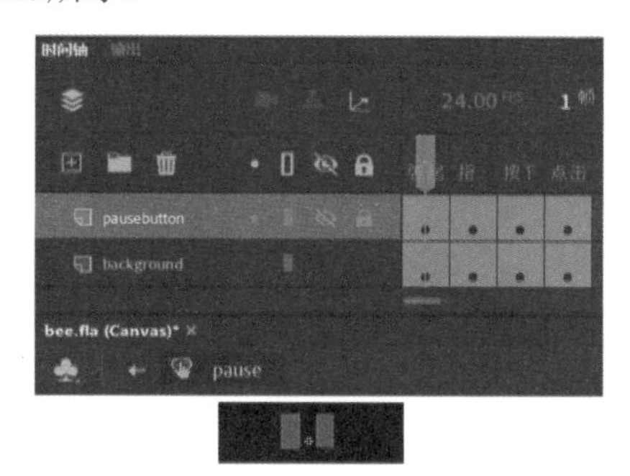

图3.15 pause按钮

5. 回到主场景

（1）将3个按钮元件拖入舞台，放在background图层，调整好位置。选中play按钮，为它在舞台上取个实例名beePlay，如图3.16所示。

（2）选中stop按钮，为它在舞台上取个实例名beeStop，如图3.17所示。

图3.16　为play按钮取实例名称beePlay

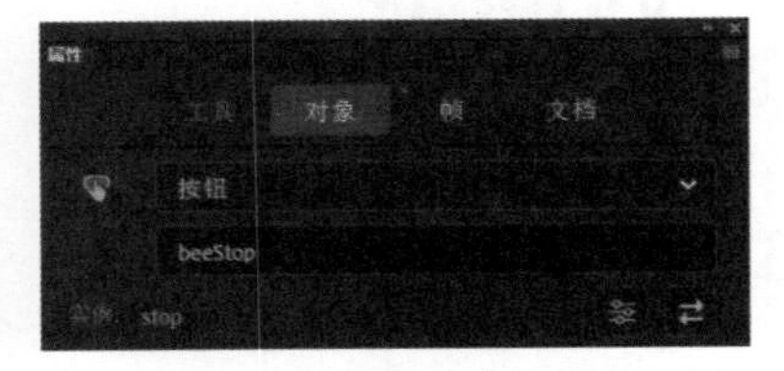

图3.17　stop按钮取实例名称beeStop

（3）选中pause按钮，为它在舞台上取个实例名beePause，如图3.18所示。

图3.18　为pause按钮取实例名称beePause

6. 动作设计

在第1帧时让片子暂停，针对播放按钮设计播放代码，针对暂停按钮设计暂停代码，针对停止按钮设计停止代码。

在“窗口”选中“代码片断”，在“代码片断”面板上的代码片断里单击HTML5 Canvas左边的小三角，再单击时间轴导航左边的小三角，双击“在此帧处停止”，在动作编辑面板上删除多余的说明语句。

在舞台上，选中beePlay按钮，在代码片断里单击HTML5 Canvas左边的小三角，再单击时间轴导航左边的小三角，双击“单击以转到帧并播放”，在动作编辑面板上删除多余的说明语句。

在舞台上，选中beePause按钮，在代码片断里单击HTML5 Canvas左边的小三角，再单击时间轴导航左边的小三角，双击“单击以转到帧并停止”，将语句this.gotoAndStop(5);改为this.stop()，在动作编辑面板上删除多余的说明语句。

在舞台上，选中beeStop按钮，在代码片断里单击HTML5 Canvas左边的小三角，再单击时间轴导航左边的小三角，双击“单击以转到帧并停止”将参数改为数字1，在动作编辑面板上删除多余的说明语句。

完整代码如下：

```
this.stop();
this.beePlay.addEventListener("click", onplay.bind(this));
function onplay()
{
    this.play();
```

```
}
this.beePause.addEventListener("click", onpause.bind(this));
function onpause()
{
    this.stop();
}
this.beeStop.addEventListener("click", onstop.bind(this));
function onstop()
{
    this.gotoAndStop(1);
}
```

An的编辑界面如图3.19所示。

7. 测试及保存

（1）测试结果如图3.20所示。

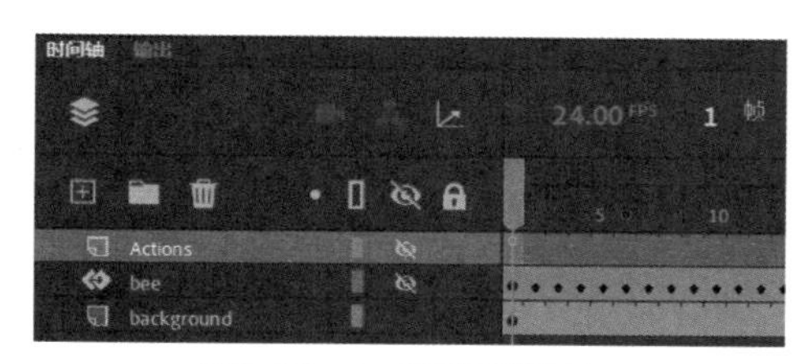

图3.19　An的编辑界面

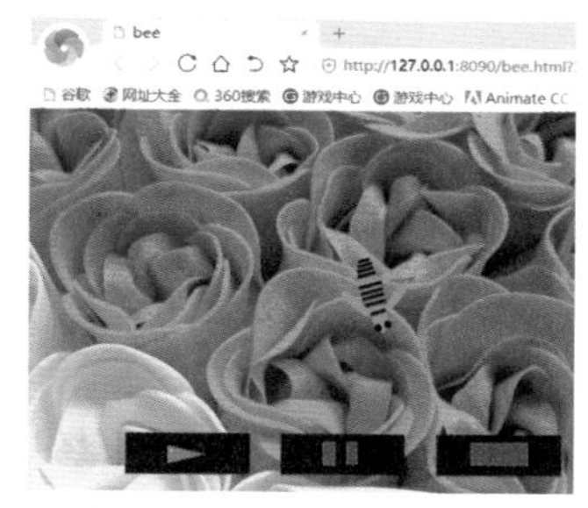

图3.20　控制蜜蜂飞行效果

打开页面时，蜜蜂是不动的，单击“播放”按钮，蜜蜂开始飞舞，单击“暂停”按钮，它就停下了，单击“停止”按钮，停下来并回到第1帧。

（2）选择“文件”→“保存”，保存为FLA源文件，并取个合适的文件名。

3.2 动作

网页的链接功能是网页的基础必备功能，如何实现？这里就开始有事件的概念了，先粗浅了解一下，这个事件是由谁发出的？针对的是谁？发生了以后做什么？这三件事弄明白了，事件就明白了。

与3.1节不同，我会删除无关紧要的说明语句，只留下最重要的说明，以保证能明白语句的功能。图3.21所示为代码片断中的动作功能。

▾ 动作
- 单击以转到 Web 页
- 自定义鼠标光标
- 播放影片剪辑
- 停止影片剪辑
- 单击以隐藏对象
- 显示对象
- 单击以定位对象
- 单击以显示文本字段

图3.21　动作

3.2.1　动作代码片断详解

1. 单击以转到Web页

单击指定的元件实例会在新浏览器窗口中加载 URL。

```
this.movieClip_1.addEventListener("click", fl_ClickToGoToWebPage);
function fl_ClickToGoToWebPage() {
    window.open("http://www.adobe.com", "_blank");
}
```

2. 自定义鼠标光标

自定义鼠标光标即用指定的元件实例替换默认的鼠标光标。

```
stage.canvas.style.cursor = "none";
this.movieClip_1.mouseEnabled = false;
this.addEventListener("tick", fl_CustomMouseCursor.bind(this));
function fl_CustomMouseCursor() {
    this.movieClip_1.x = stage.mouseX;
    this.movieClip_1.y = stage.mouseY;
}
//要恢复默认鼠标指针,对下列行取消注释
//this.removeEventListener("tick",fl_CustomMouseCursor.bind(this));
//stage.removeChild(movieClip_1);
//stage.canvas.style.cursor = "default";
```

3. 播放影片剪辑

播放舞台上指定的影片剪辑。如下代码可用于当前停止的影片剪辑。

```
this.movieClip_1.play();
```

4. 停止影片剪辑

停止舞台上的指定影片剪辑。如下代码可用于当前正在播放的影片剪辑。

```
this.movieClip_1.stop();
```

5. 单击以隐藏对象

单击此指定的元件实例会将其隐藏。如下代码可用于当前可见的对象。

```
this.movieClip_1.addEventListener("click", fl_ClickToHide.bind
(this));
function fl_ClickToHide(){
    this.movieClip_1.visible = false;
}
```

6. 显示对象

显示指定的元件实例。使用如下代码可显示当前隐藏的对象。

```
this.movieClip_1.visible = true;
```

7. 单击以定位对象

将指定的元件实例移动到指定的 x 坐标和 y 坐标。

```
    this.movieClip_1.addEventListener("click", fl_ClickToPosition.
bind(this));
    function fl_ClickToPosition(){
        this.movieClip_1.x = 200;
        this.movieClip_1.y = 100;
    }
```

8. 单击以显示文本字段

单击指定的元件实例可在指定的 x 坐标和 y 坐标上创建并显示文本字段。

（1）用要定位文本字段的 x 坐标替换值 200。

（2）用要定位文本字段的 y 坐标替换值 100。

（3）用要在出现的文本字段中显示的文本替换字符串值"Lorem ipsum dolor sit amet"。保留引号。

```
    this.movieClip_1.addEventListener("click", fl_ClickToPosition.bind
(this));
    var fl_TF = new createjs.Text();
    var fl_TextToDisplay = "Lorem ipsum dolor sit amet.";
    function fl_ClickToPosition(){
        fl_TF.x = 200;
        fl_TF.y = 100;
        fl_TF.color = "#ff7700";
        fl_TF.font = "20px Arial";
        fl_TF.text = fl_TextToDisplay;
        this.addChild(fl_TF);
    }
```

3.2.2 实例

小男孩很神气地原地踏步，当光标（注意是黄灿灿的星星）出现单击屏幕中间时，出现提示：单击PLAY按钮，小男孩开始走路，并且PLAY按钮消失，STOP按钮显示；单击STOP按钮，小男孩停止走路，并且STOP按钮消失，PLAY按钮显示。如图3.22 所示。

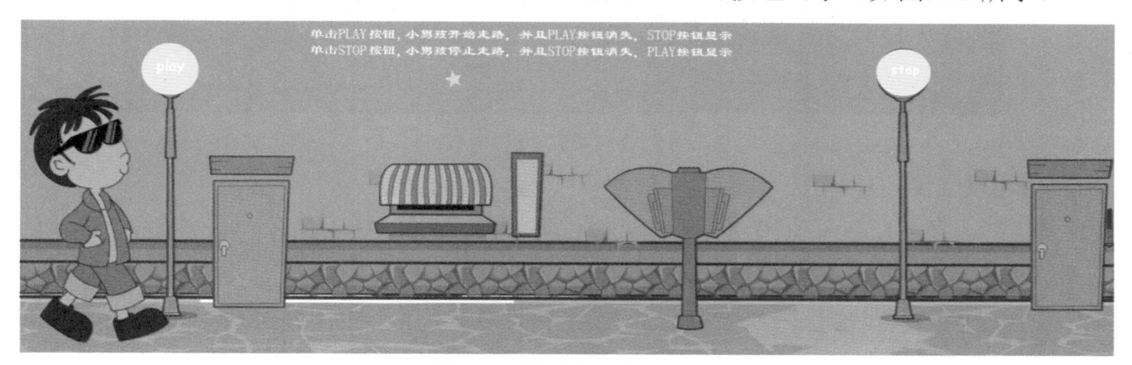

图3.22 控制小男孩走路图

1. 启动An

新建一个平台类型为HTML5 Canvas的文件，舞台大小为2145×600像素。

2. 制作元件

1）走路元件

（1）选择“新建”→“元件”，选择“影片剪辑”，取名为walk，将图层1改名为walk。选择“文件”→“导入”→“导入到舞台”，选中01.jpg～12.jpg，单击“打开”按钮右击、选择“分布到关键帧”，如图3.23所示，一个小男孩原地走路的元件就做好了。

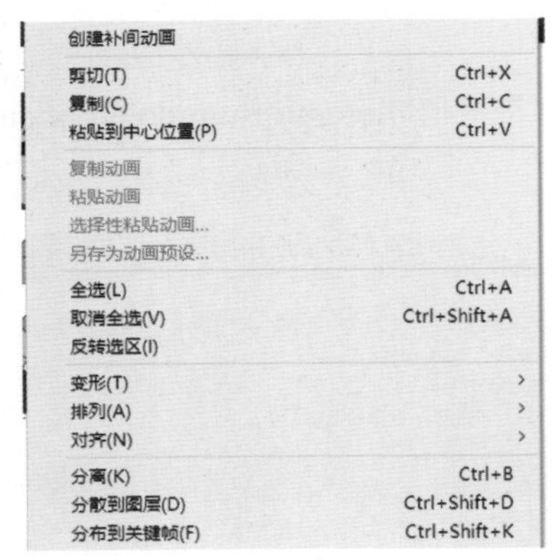

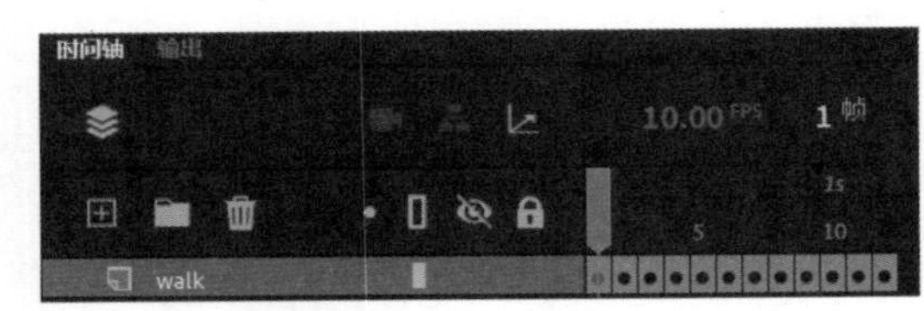

图3.23　分布到关键帧及图层效果

（2）选择“新建”→“元件”，选择“影片剪辑”，取名为boyWalk，将图层1改名为background。选择“文件”→“导入”→“导入到舞台”，选中“bg.jpg”，单击“打开”按钮，然后，移至第50帧处，插入普通帧。

（3）新建一图层，取名boy，将walk元件从库里取出放在舞台上，做一个50帧长的补间动画，让他从左边走到右边。

（4）新建一图层，取名action，在第1帧处加动作，写上代码this.stop()，使该元件初始时是不动的。

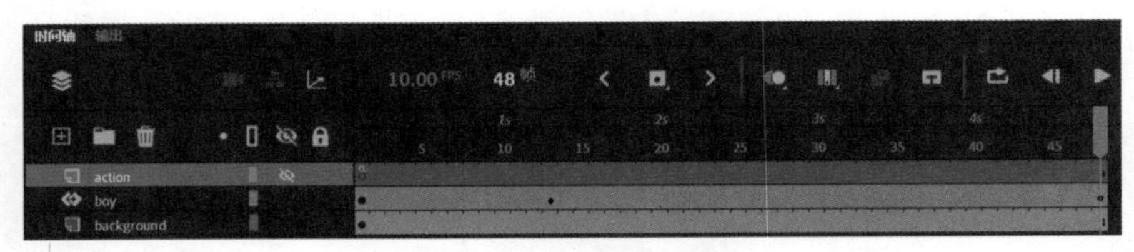

图3.24　boyWalk图层

2）按钮元件

（1）选择“新建”→“元件”，选择“按钮”，取名为state，在其上画一个透明的矩形，将其他3个状态都设成一样的。

（2）选择“新建”→“元件”，选择“按钮”，取名为boyPlay，将图层改名为background，画一个圆，填充淡粉色。新建一图层，取名为text，写上PLAY，将其他3个状态都设成一样的。

（3）选择“新建”→“元件”，选择“按钮”，取名为boyStop，将图层改名为background，画一个圆，填充淡粉色。新建一图层，取名为text，写上STOP，将其他3个状态都设成一样的。

3）星星元件

选择“新建”→“元件”，选择“影片剪辑”，取名为mouseNew，在第1帧处画一个黄色五角星，在第5帧处创建关键帧，然后调大这个五角星，回到第1帧创建形状补间，完成闪闪星星的制作。

3. 制作动画

回到主场景，将图层改名为background，将元件boyWalk拖入舞台，然后，新建一图层，取名为element，将元件mouseNew、state、boyPlay、boyStop拖入舞台放在合适的位置，并分别取实例名称：mouseNew、state、boyPlay、boyStop。

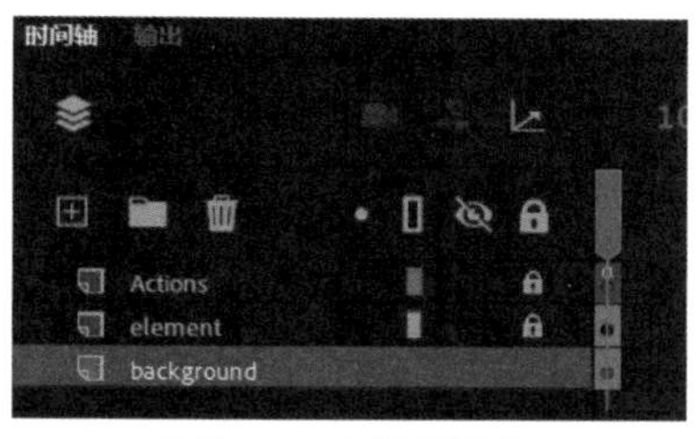

图3.25 主场景图层

4. 制作交互

新建一图层，取名为action，在第1帧处添加动作，选中mouseNew，双击代码片断的“自定义鼠标光标”；选中state，双击代码片断的“单击以显示文本字段”；选中boyPlay，双击代码片断的“播放影片剪辑”；选中boyStop，双击代码片断的“停止影片剪辑”，完成后代码如下：

```
    //实现星星光标
    stage.canvas.style.cursor = "none";
    this.mouseNew.mouseEnabled = false;
    this.addEventListener("tick", fl_CustomMouseCursor.bind(this));
    function fl_CustomMouseCursor() {
        this.mouseNew.x = stage.mouseX;
        this.mouseNew.y = stage.mouseY;
    }
    //实现影片剪辑的播放
    this.boyPlay.addEventListener("click", fl_ClickToHide_2.bind(this));
    function fl_ClickToHide_2()
    {
        this.boyPlay.visible = false;
        this.boyWalk.play();
        this.boyStop.visible = true;
    }
    //实现影片剪辑的停止
    this.boyStop.addEventListener("click", fl_ClickTovisible_2.
bind(this));
    function fl_ClickTovisible_2()
    {
        this.boyPlay.visible = true;
```

```
        this.boyWalk.stop();
        this.boyStop.visible = false;
    }
    //实现文本显示
    this.state.addEventListener("click", fl_ClickToPosition_2.bind(this));
    var fl_TF_2 = new createjs.Text();
    var fl_TF_3=new createjs.Text();
    var fl_TextToDisplay_2 = "单击PLAY按钮,小男孩开始走路,并且PLAY按钮消失,STOP按钮显示";
    var fl_TextToDisplay_3="单击STOP按钮,小男孩停止走路,并且STOP按钮消失,PLAY按钮显示";
    function fl_ClickToPosition_2()
    {
        fl_TF_2.x = 600;
        fl_TF_3.x=600;
        fl_TF_2.y = 10;
        fl_TF_3.y=40;
        fl_TF_2.color = "#ffFFFF";
        fl_TF_3.color="#ffFFFF";
        fl_TF_2.font = "25px 隶书";
        fl_TF_3.font = "25px 隶书";
        fl_TF_2.text = fl_TextToDisplay_2;
        fl_TF_3.text = fl_TextToDisplay_3;
        this.addChild(fl_TF_2);
        this.addChild(fl_TF_3);
    }
```

5. 测试及保存

（1）测试结果如图3.26所示。

图3.26 运行效果

（2）选择“文件”→“保存”，保存为FLA源文件，并取个合适的文件名。

3.3 事件处理函数

事件处理，应该就是交互的核心。

代码片断提供的事件处理函数，如图3.27所示，很完整地描述了鼠标的4个动作：单击、双击、悬停和离开。当然，所针对的对象是元件实例。

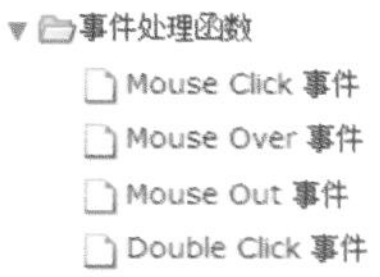

▼ 事件处理函数
- Mouse Click 事件
- Mouse Over 事件
- Mouse Out 事件
- Double Click 事件

图3.27 事件处理函数

1. Mouse Click 事件

单击指定的元件实例会执行可在其中添加自定义代码的函数。

说明：在以下“// 开始自定义代码”行后的新行上添加自定义代码。单击此元件实例时，此代码将执行。

```
this.one.addEventListener("click", fl_MouseClickHandler.bind(this));
function fl_MouseClickHandler(){
    // 开始自定义代码
    // 此示例代码在"输出"面板中显示"已单击鼠标"
    alert("已单击鼠标");
    // 结束自定义代码
}
```

2. Mouse Over 事件

鼠标悬停到此元件实例上会执行可在其中添加自定义代码的函数。

说明：在以下“// 开始自定义代码”行后的新行上添加自定义代码。鼠标悬停到此元件实例上时，此代码将执行。frequency 是事件应被触发的次数。

```
var frequency = 3;
stage.enableMouseOver(frequency);
this.one.addEventListener("mouseover", fl_MouseOverHandler);
function fl_MouseOverHandler(){
    // 开始自定义代码
    // 此示例代码在"输出"面板中显示"鼠标悬停"
    alert("鼠标悬停");
    // 结束自定义代码
}
```

3. Mouse Out事件

鼠标离开此元件实例时会执行可在其中添加自定义代码的函数。

说明：在以下“// 开始自定义代码”行后的新行上添加自定义代码。鼠标离开此元件实例时，此代码将执行。

```
var frequency = 3;
stage.enableMouseOver(frequency);
this.one.addEventListener("mouseout", fl_MouseOutHandler);
```

```
function fl_MouseOutHandler(){
    // 开始自定义代码
    // 此示例代码在"输出"面板中显示"鼠标已离开"
    alert("鼠标已离开");
    // 结束自定义代码
}
```

4. Double Click 事件

```
/* Double Click 事件在函数中编写自定义代码。*/
this.one.addEventListener("dblclick",function(){
    alert("clicked");
});
```

3.4 动画

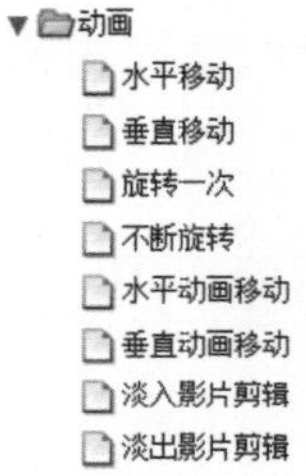

▼动画
水平移动
垂直移动
旋转一次
不断旋转
水平动画移动
垂直动画移动
淡入影片剪辑
淡出影片剪辑

图3.28 动画

动画才是关键。

万事万物基本运动是怎么样的？基本是水平移动、垂直移动和旋转。

动一次还是不断动？代码片断考虑得很周全，水平移动、垂直移动、旋转一次做的就是一次运动，不断旋转、水平动画移动、垂直动画移动就是循环运动。

更常用到的是转场效果，转场效果里常用的是淡入和淡出效果，图3.28所示的就是代码片断中动画功能。

3.4.1 动画代码片断详解

1. 水平移动

```
this.one.x+=100;
```

2. 垂直移动

```
this.one.y+=100;
```

3. 旋转一次

```
this.one.rotation+=45;
```

4. 不断旋转

不断旋转通过在 Tick 事件中更新元件实例的旋转属性使其不断旋转。

（1）所编写代码的默认旋转方向为顺时针。

（2）要将旋转方向更改为逆时针，将下面代码中的数字 10 更改为负值。

（3）要更改元件实例的旋转速度，将下面代码中的数字 10 更改为希望元件实例在每帧中的旋转度数。度数越高，旋转越快。

（4）由于动画使用 Tick 事件，因此仅当播放头移动到新帧时动画才播放。动画播放速度也受文档帧频率的影响。

```
this.addEventListener("tick",fl_RotateContinuously.bind(this));
function fl_RotateContinuously(){
    this.one.rotation+=10;
}
```

5. 水平动画移动

水平动画移动通过在 Tick 事件中减少或增加元件实例的 x 属性，使其在舞台上向左或向右移动。

（1）默认动画移动方向为右。

（2）要将动画移动方向更改为左，将下面代码中的数字 10 更改为负值。

（3）要更改元件实例的移动速度，将下面代码中的数字 10 更改为希望元件实例在每帧中移动的像素数。

（4）由于动画使用 Tick 事件，因此仅当播放头移动到新帧时动画才播放。动画播放速度也受文档帧频率的影响。

```
this.addEventListener("tick", fl_AnimateHorizontally.bind(this));
function fl_AnimateHorizontally(){
    this.one.x+=10;
}
```

6. 垂直动画移动

垂直动画移动通过在Tick事件中减少或增加元件实例的y属性，使其在舞台上垂直移动。

（1）默认动画移动方向为向下。

（2）要将动画移动方向更改为向上，将下面代码中的数字 10 更改为负值。

（3）要更改元件实例的移动速度，将下面代码中的数字 10 更改为希望元件实例在每帧中移动的像素数。

（4）由于动画使用 Tick 事件，因此仅当播放头移动到新帧时动画才播放。动画播放速度也受文档帧频率的影响。

```
this.addEventListener("tick", fl_AnimateVertically.bind(this));
function fl_AnimateVertically(){
    this.one.y+=10;
}
```

7. 淡入影片剪辑

淡入影片剪辑通过在 Tick 事件中增加元件实例的 Alpha 属性值，使其实现淡入，直至完全显示。

（1）要更改元件实例的淡入速度，更改下面代码中的0.01（数值必须大于0 且小于或等于 1），值越高，淡入越快。

（2）由于动画使用 Tick 事件，因此仅当播放头移动到新帧时动画才播放。动画播放速度也受文档帧频率的影响。

```
var one_FadeInCbk = fl_FadeSymbolIn.bind(this);
this.addEventListener('tick', one_FadeInCbk);
this.one.alpha =0;
function fl_FadeSymbolIn(){
    this.one.alpha +=0.01;
    if(this.one.alpha >= 1) {
        this.removeEventListener('tick', one_FadeInCbk);
}
}
```

8. 淡出影片剪辑

淡出影片剪辑通过在 Tick 事件中减少元件实例的 Alpha 属性值，使其实现淡出，直至完全消失。

（1）要更改元件实例的淡出速度，更改下面代码中的0.01（数值必须大于0 且小于或等于 1），值越高，淡出速度越快。

（2）由于动画使用 Tick 事件，因此仅当播放头移动到新帧时动画才播放。动画播放速度也受文档帧频率的影响。

```
var one_FadeOutCbk = fl_FadeSymbolOut.bind(this);
this.addEventListener('tick', one_FadeOutCbk);
this.one.alpha = 1;
function fl_FadeSymbolOut(){
    this.one.alpha -=0.01;
    if(this.one.alpha <=0) {
        this.removeEventListener('tick', one_FadeOutCbk);
    }
}
```

3.4.2 实例

模拟日常生活中常看到的物件，如秒针旋转，如图3.29所示，这里秒针旋转一圈分针并不动，只是秒针不断旋转而已。

图3.29　模拟时钟

1. 启动An

（1）新建一个平台类型为HTML5 Canvas的文件，舞台大小为1000×770像素。

（2）选择“文件”→“导入”→“导入到舞台”，选中“时钟.png”，调整图片与舞台对齐，图层取名为background然后锁住该图层。

2. 制作元件

（1）选择“文件”→“导入”→“导入到舞台”选中“秒针.png”。

（2）选择“新建”→“元件”，选择“影片剪辑”，取名为second，将“时钟.png”拖入舞台。

3. 制作动画

（1）回到主场景，新建一图层，取名为second，将元件second拖入舞台，用任意变形工具调整大小，旋转，放在钟面盘中正对着最小格的位置上，调整旋转中心的控制点，让它正对着钟的中心，实例名为second，如图3.30所示。

（2）新建一图层，取名为actions。An图层排列如图3.31所示。

图3.30 “second”实例名为“second”

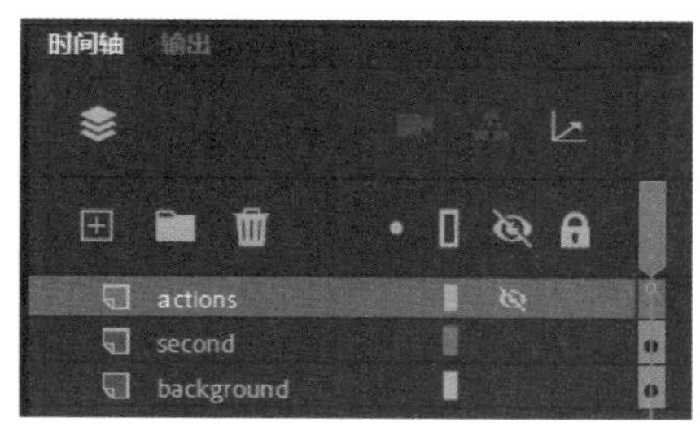

图3.31 实例图层

4. 制作交互

在actions图层的第1帧处添加动作，选中second图层的second，在代码片断里单击HTML5 Canvas左边的小三角，再单击“动画”左边的小三角，双击“不断旋转”，完成后代码如下：

```
this. addEventListener("tick",fl_RotateContinuously_2. bind(this));
function fl_RotateContinuously_2(){
    this. second. rotation+=10;
 }
```

此时，请确定旋转的角度是10°。仔细研究找来的时钟面板的图片，发现它的秒针盘的格数是36格，每一格的度数正好是10°。

依然存在问题，不用测试，我们就能推算出效果，播放是24p/s，也就是1s会走240°，此时可将24f/s改成1f/s，可实现每秒1帧。至于秒针走60s分针动一格，这个将在后面章节讲述。

5. 测试及保存

（1）测试结果如图3.32所示。

（2）选择“文件”→“保存”，保存为FLA源文件，并取个合适的文件名。

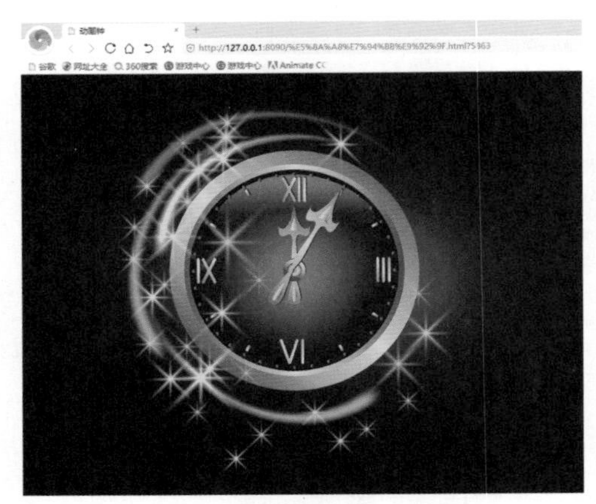

图3.32　时钟效果

3.5 CreateJS API

- CreateJS API 的
  - lineTo
  - arcTo
  - quadraticCurveTo
  - bezierCurveTo
  - beginLinearGradientStroke
  - drawRect
  - drawRoundRect
  - drawCircle
  - 线性渐变
  - 径向渐变
  - drawEllipse
  - drawPolyStar
  - 使用代码进行补间

图3.33　CreateJS API

CreateJS API是代码片断里最有特色的一块。

针对绘图，An虽然提供了绘图工具，使用它们是需要一些功底的，如美术功底，所以，你会发现很多画面，我们只能留在脑子里，表达不出来，这是原因之一。原因之二，就算你有这个能力，复杂的画面得绘多久？这个专业人员会告诉你，那可是个体力活。

无论多么复杂的画面，都是直线条、曲线条、形状和色彩的组合。CreateJS将相关代码片断梳理了一下，放在CreateJS API里。如图3.33所示。

3.5.1 CreateJS API代码片断详解

1. lineTo

lineTo(x,y)：画线。(x,y)确定线的终点。起点由moveTo(x,y) 确定。以下代码画了一条从(5, 35)到(110, 75)的红色的线段。

```
    var stroke_color = "#ff0000";
    var shape = new createjs.Shape(new createjs.Graphics().beginStroke
(stroke_color).moveTo(5, 35).lineTo(110, 75).endStroke());
    this.addChild(shape);
```

2. arcTo

Graphics.arcTo (x1,y1,x2,y2,radius)：画弧。将利用当前端点、端点1(x1,y1)和端点2(x2,y2)这3个点所形成的夹角，然后绘制一段与夹角的两边相切并且半径为radius的圆上的弧线。弧线的起点就是当前端点所在边与圆的切点，弧线的终点就是端点2(x2,y2)所在边与圆的切点，并且绘制的弧线是两个切点之间长度最短的圆弧。此外，如果当前端点不是弧线起点，arcTo()方法还将添加一条当前端点到弧线起点的直线线段，如图3.34所示。

```
    var stroke_color = "#ff0000";
    var shape = new createjs.Shape(newcreatejs.Graphics().
beginStroke(stroke_color).moveTo(50,20).arcTo(150,20,150,70,50).
endStroke());
    this.addChild(shape);
```

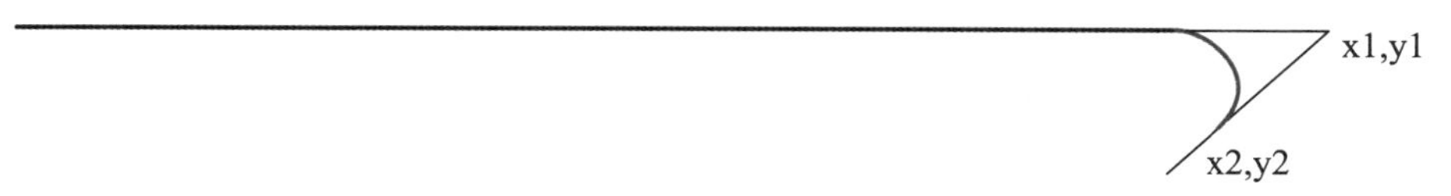

图3.34 arcTo()原理图

3. quadraticCurveTo

Graphics.quadraticCurveTo (cpx,cpy,x,y)：画二次曲线。二次贝塞尔曲线需要两个点。第一个点是曲线的开始点，是用于二次贝塞尔计算中的控制点，第二个点是曲线的结束点。曲线的开始点是当前路径中最后一个点，以下代码就是用该函数画了一条曲线，如图3.35所示。

```
    var stroke_color = "#ff0000";
    var shape = new createjs.Shape(new createjs.Graphics().beginStroke(stroke_
color).moveTo(20, 20).quadraticCurveTo(20,100,200,20).endStroke());
    this.addChild(shape);
```

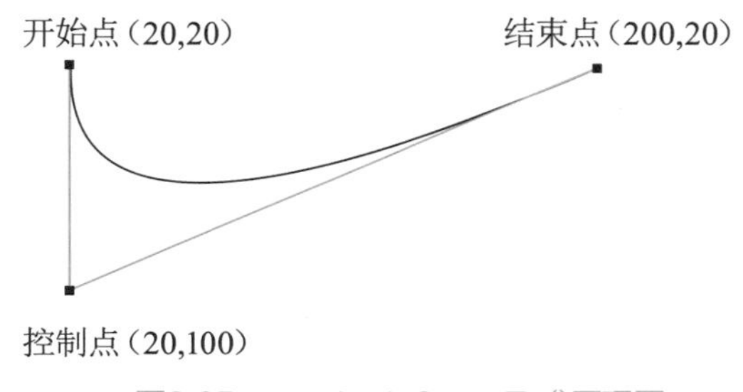

图3.35 quadraticCurveTo()原理图

4. bezierCurveTo

Graphics.bezierCurveTo (cp1x,cp1y,cp2x,cp2y,x,y)：画贝塞尔曲线。三次贝塞尔曲线需要3个点。前两个点是用于三次贝塞尔计算中的控制点，第三个点是曲线的结束点。曲线的开始点是当前路径中最后一个点，以下代码就是用该函数画了一条曲线，如图3.36所示。

```
    var stroke_color = "#ff0000";
    var shape = new createjs.Shape(new createjs.Graphics().beginStroke(stroke_
color).moveTo(20, 20).bezierCurveTo(20, 100, 200, 100, 200, 20).endStroke());
    this.addChild(shape);
```

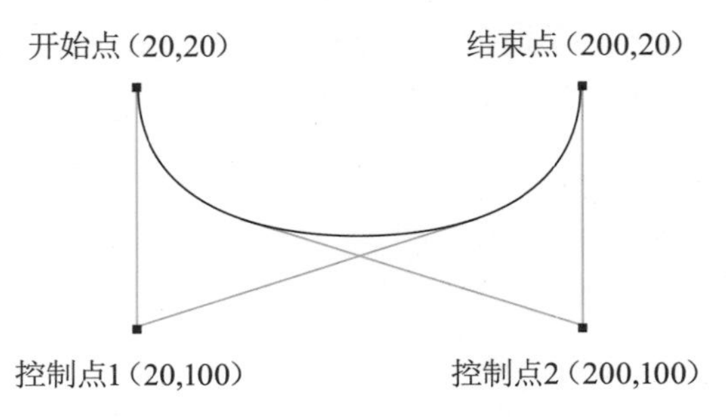

图3.36　bezierCurveTo()原理图

5. beginLinearGradientStroke

beginLinearGradientStroke (colors, ratios, x0, y0, x1, y1)：用线性渐变作为线条的颜色。以下代码画了一条从(5, 25)到(110, 25)的灰白渐变的线段。

```
    var shape = new createjs.Shape(new createjs.Graphics().beginLinearGradientStroke
(["#fff","rgba(50,50,50,1)"], [0,.4],0,0,70,140).moveTo(5,25).
lineTo(110,25).endStroke());
    this.addChild(shape);
```

6. drawRect

drawRect (x1, y1, x2, y2)：在舞台上绘制一个矩形。以下代码画了一个红色的矩形。

```
    var shape = new createjs.Shape(new createjs.Graphics().beginFill
("#ff0000").drawRect(5,5,100,100));
    this.addChild(shape);
```

7. drawRoundRect

drawRoundRect(x1, y1, x2,y2,corner_radius)：在舞台上绘制一个角半径为corner_radius的圆角矩形。以下代码画了一个红色的圆角矩形。

```
    var corner_radius = 10;
    var shape = new createjs.Shape(new createjs.Graphics().beginFill
("#ff0000").drawRoundRect(5,5,100,100,corner_radius));
    this.addChild(shape);
```

8. drawCircle

drawCircle(x, y, radius)：在舞台上绘制一个圆。以下代码画了一个红色的圆。

```
    var circle_radius = 100;
    var xLoc = (canvas.width/2)-50;
    var yLoc = (canvas.height/2)-50;
    var shape = new createjs.Shape(new createjs.Graphics().beginFill
("#ff0000").drawCircle(xLoc,yLoc,circle_radius));
    this.addChild(shape);
```

9. 线性渐变

beginLinearGradientFill(colors, ratios, x0, y0, x1, y1)：使用线性渐变填充区域。以下代码实现用线性渐变色填充矩形。

```
var corner_radius = 10;
var colors = ["#ff0000", "rgba(0,0,0,1)"];
var ratios = [0,1];
var x0 =0;
var y0 =0;
var x1 =0;
var y1 = 130;
var shape = new createjs.Shape(new createjs.Graphics().beginLinearGradientFill
(colors,ratios,x0,y0,x1,y1).drawRoundRect(0,0,120,120,corner_radius));
this.addChild(shape);
```

10. 径向渐变

beginRadialGradientFill (colors, ratios, x0, y0, r0, x1, y1, r1)：使用径向渐变填充区域。以下代码实现用径向渐变色填充圆。

```
var shape = new createjs.Shape(new createjs.Graphics().beginRadialGradientFill
(["rgba(255,255,255,1)", "rgba(0,0,0,1)"], [0,1],0,0,0,0,0,60).drawCircle
(40,40,40));
this.addChild(shape);
```

11. drawEllipse

drawEllipse(x, y, w, h)：在舞台上绘制一个椭圆。以下代码画了一个红色的椭圆。

```
var shape = new createjs.Shape(new createjs.Graphics().beginFill
("ff0000").drawEllipse(5,5,60,120));
this.addChild(shape);
```

12. drawPolyStar

drawPolyStar (x, y, radius, sides, pointSize, angle)：绘制一个星形。以下代码画了一个红色的星星。

```
var shape = new createjs.Shape(new createjs.Graphics().beginFill
("ff0000").drawPolyStar(80,80,70,5,0.6,-90));
this.addChild(shape);
```

13. 使用代码进行补间

以下代码使用缓动弹出效果对指定对象实现补间。

```
var target = this.movieClip_1;
var tween = createjs.Tween.get(target, {
    loop: true
```

```
})
    .to({
        x: target.x,
        y: canvas.height-55,
        rotation: -360
    }, 1500, createjs.Ease.bounceOut)
    .wait(1000)
    .to({
        x: canvas.width-55,
        rotation: 360
    }, 2500, createjs.Ease.bounceOut)
    .wait(1000)
    .to({
        scaleX: 2,
                        scaleY: 2,
                        x: canvas.width-110,
        y: canvas.height-110
    }, 2500, createjs.Ease.bounceOut);
```

3.5.2 实例一

自己设计一个画面，然后用Create JS写出来。

例如，在黄白渐变的画布上，绘制一棵非常整齐的线条树，树下散落着小圆点，如图3.37所示。

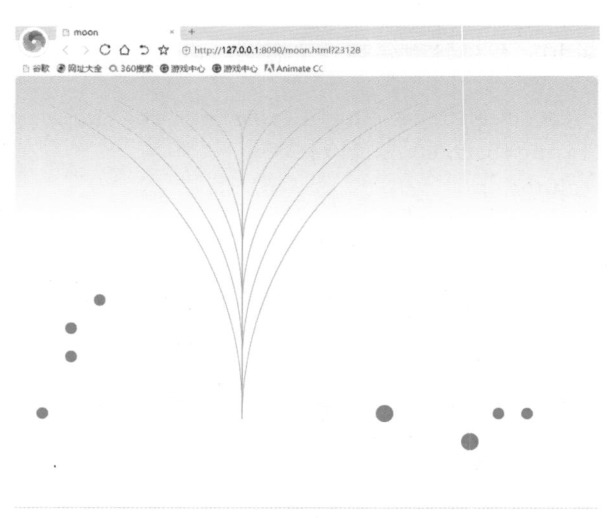

图3.37　线性树

1. 启动An

（1）新建一个平台类型为HTML5 Canvas的文件，舞台大小为1024×768像素，背景色为白色。

（2）新建一图层，取名为actions，在第1帧处添加动作。

2. 画背景

在代码片断里单击HTML5 Canvas左边的小三角，再单击CreateJS API左边的小三角，双击“线性渐变”，修改其中的一些参数。

```
    var corner_radius = 10;                                  //矩形的倒圆角半径
    var colors = ["#ffff00", "rgba(255,255,255,0.5)"];  //渐变色彩
    var ratios = [0,0.5];                                    //渐变色彩分配比例
    var x0 =0;                                               //渐变色彩起始点x坐标
    var y0 =0;                                               //渐变色彩起始点y坐标
    var x1 =0;                                               //渐变色彩结束点x坐标
    var y1 = 530                                             //渐变色彩结束点y坐标
    var shape=new createjs.Shape(new createjs.Graphics().beginLinearGra
dientFill(colors,ratios,x0,y0,x1,y1).drawRoundRect(0,0,1024,768,corner_
radius));
    this.addChild(shape);
```

3. 画线条树

在代码片断里单击HTML5 Canvas左边的小三角，再单击CreateJS API左边的小三角，双击arcTo，修改其中的一些参数。

```
    var stroke_color = "#ff0000";                            //指定颜色
    var shape = new createjs.Shape(new createjs.Graphics().beginStroke
(stroke_color).moveTo(400, 600).arcTo(400, 20, 1000, 10, 100).endStroke
());//通过画弧的方法画一条向右弯的曲线
    this.addChild(shape);                                    //加载到舞台
    var shape =  new createjs.Shape(new createjs.Graphics().beginStroke
(stroke_color).moveTo(400, 600).arcTo(400, 20, 1000, 10, 200).endStroke
());//通过画弧的方法画一条向右弯的曲线
    this.addChild(shape);                                    //加载到舞台
    var shape =  new createjs.Shape(new createjs.Graphics().beginStroke
(stroke_color).moveTo(400, 600).arcTo(400, 20, 1000, 10, 300).endStroke
());//通过画弧的方法画一条向右弯的曲线
    this.addChild(shape);                                    //加载到舞台
    var shape =  new createjs.Shape(new createjs.Graphics().beginStroke
(stroke_color).moveTo(400, 600).arcTo(400, 20, 1000, 10, 400).endStroke
());//通过画弧的方法画一条向右弯的曲线
    this.addChild(shape);                                    //加载到舞台
    var shape =  new createjs.Shape(new createjs.Graphics().beginStroke
(stroke_color).moveTo(400, 600).arcTo(400, 20, 1000, 10, 500).endStroke
());//通过画弧的方法画一条向右弯的曲线
    this.addChild(shape);                                    //加载到舞台
    var shape =  new createjs.Shape(new createjs.Graphics().beginStroke
(stroke_color).moveTo(400, 600).arcTo(400, 20, 1000, 10, 600).endStroke
());//通过画弧的方法画一条向右弯的曲线
```

```
    this.addChild(shape);                                        //加载到舞台
    var shape =  new createjs.Shape(new createjs.Graphics().beginStroke
(stroke_color).moveTo(400, 600).arcTo(400, 20, 200, 10, 600).endStroke
());//通过画弧的方法画一条向左弯的曲线
    this.addChild(shape);                                        //加载到舞台
    var shape =  new createjs.Shape(new createjs.Graphics().beginStroke
(stroke_color).moveTo(400, 600).arcTo(400, 20, 200, 10, 500).endStroke
());//通过画弧的方法画一条向左弯的曲线
    this.addChild(shape);                                        //加载到舞台
    var shape =  new createjs.Shape(new createjs.Graphics().beginStroke
(stroke_color).moveTo(400, 600).arcTo(400, 20, 200, 10, 400).endStroke
());//通过画弧的方法画一条向左弯的曲线
    this.addChild(shape);                                        //加载到舞台
    var shape =  new createjs.Shape(new createjs.Graphics().beginStroke
(stroke_color).moveTo(400, 600).arcTo(400, 20, 200, 10, 300).endStroke
());//通过画弧的方法画一条向左弯的曲线
    this.addChild(shape);                                        //加载到舞台
    var shape =  new createjs.Shape(new createjs.Graphics().beginStroke
(stroke_color).moveTo(400, 600).arcTo(400, 20, 200, 10, 200).endStroke
());//通过画弧的方法画一条向左弯的曲线
    this.addChild(shape);                                        //加载到舞台
    var shape =  new createjs.Shape(new createjs.Graphics().beginStroke
(stroke_color).moveTo(400, 600).arcTo(400, 20, 200, 10, 100).endStroke
());//通过画弧的方法画一条向左弯的曲线
    this.addChild(shape);                                        //加载到舞台
```

4. 画圆点及底线

在代码片断里单击HTML5 Canvas左边的小三角，再单击CreateJS API左边的小三角，双击drawCircle，修改其中的一些参数。

```
    var shape = new createjs.Shape(new createjs.Graphics().beginFill
("#ff0000").drawCircle(50,600,10));
    this.addChild(shape);
    var shape = new createjs.Shape(new createjs.Graphics().beginFill
("#ff0000").drawCircle(100,500,10));
    this.addChild(shape);
    var shape = new createjs.Shape(new createjs.Graphics().beginFill
("#ff0000").drawCircle(150,400,10));
    this.addChild(shape);
    var shape = new createjs.Shape(new createjs.Graphics().beginFill
("#ff0000").drawCircle(100,450,10));
    this.addChild(shape);
    var shape = new createjs.Shape(new createjs.Graphics().beginFill
("#ff0000").drawCircle(850,600,10));
    this.addChild(shape);
```

```
    var shape = new createjs.Shape(new createjs.Graphics().beginFill
("#ff0000").drawCircle(900,600,10));
    this.addChild(shape);
    var shape = new createjs.Shape(new createjs.Graphics().beginFill
("#ff0000").drawCircle(650,600,15));
    this.addChild(shape);
    var shape = new createjs.Shape(new createjs.Graphics().beginFill
("#ff0000").drawCircle(800,650,15));
    this.addChild(shape);
```

在代码片断里单击HTML5 Canvas左边的小三角，再单击CreateJS API左边的小三角，双击lineTo，修改其中的一些参数。

```
    var stroke_color = "#0000ff";
    var shape =  new createjs.Shape(new createjs.Graphics().beginStroke
(stroke_color).moveTo(0, 768).lineTo(1024, 768).endStroke());
```

5. 测试及保存

（1）测试结果如图3.38所示。

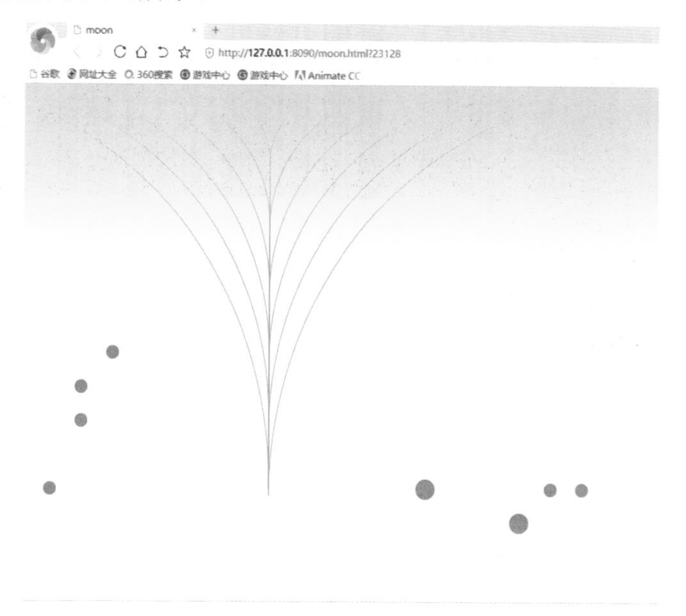

图3.38　效果图

（2）选择“文件”→“保存”，保存为FLA源文件，并取个合适的文件名。

3.5.3　实例二

广场舞全球流行，来做一个如何？

在网上找个可爱的小姑娘的图片，让她跳起来，复制多个，并让她们跟她步调一致，或略有区别，效果如图3.39所示。

图3.39　广场舞

1. 启动An

新建一个平台类型为HTML5 Canvas的文件，舞台大小为1900×768像素。

2. 制作背景元件层

图3.40　魔术棒工具

选择“文件”→“导入”→“导入到舞台”，选中girl.jpg，将它转换为影片剪辑元件，取名为girl，在元件编辑界面用Ctrl+B快捷键打散图片，然后用套索工具里的魔术棒工具，如图3.40所示，将女孩的背景部分选中，然后删除。

重复将girl元件拖入舞台，排列好，并为每个girl取实例名为anGirl1、anGirl 2、anGirl 3、anGirl 4、anGirl 5、anGirl 6、anGirl 7、anGirl 8，如图3.41所示，将图层取名为element。

图3.41　小女孩舞台排列图

3. 制作动画

选中anGirl1，在代码片断里单击HTML5 Canvas左边的小三角，再单击CreateJS API左边的小三角，双击“使用代码进行补间”，完成后代码如下：

```
var target = this.anGirl1;
var tween = createjs.Tween.get(target, {
    loop: true
})
    .to({
        x: target.x,
        y: canvas.height-500,
        rotation: -360
    }, 1500, createjs.Ease.bounceOut)     //往下掉并旋转
    .wait(1000)                           //等一会儿
```

```
        .to({
            x: canvas.width-600,
            rotation: 360
        }, 2500, createjs.Ease.bounceOut)     //往左走并旋转
        .wait(1000)                           //等一会儿
        .to({
            scaleX:0.2,
            scaleY:0.2,
            x: canvas.width-600,
            y: canvas.height-500
        }, 2500, createjs.Ease.bounceOut);   //放大
```

选中anGirl2，在代码片断里单击HTML5 Canvas左边的小三角，再单击CreateJS API左边的小三角，双击“使用代码进行补间”，完成后代码如下：

```
    var target = this.anGirl2;
    var tween = createjs.Tween.get(target, {
        loop: true
    })
        .to({
            x: target.x,
            y: canvas.height-500,
            rotation: -360
        }, 1500, createjs.Ease.bounceOut)
        .wait(1000)
        .to({
            x: canvas.width-400,
            rotation: 360
        }, 2500, createjs.Ease.bounceOut)
        .wait(1000)
        .to({
            scaleX:0.2,
            scaleY:0.2,
            x: canvas.width-400,
            y: canvas.height-500
        }, 2500, createjs.Ease.bounceOut);
```

选中anGirl3，在代码片断里单击HTML5 Canvas左边的小三角，再单击CreateJS API左边的小三角，双击“使用代码进行补间”，完成后代码如下：

```
    var target = this.anGirl3;
    var tween = createjs.Tween.get(target, {
        loop: true
    })
        .to({
            x: target.x,
```

```
        y: canvas.height-700,
        rotation: -360
    }, 1500, createjs.Ease.bounceOut)
    .wait(1000)
    .to({
        scaleX:0.2,
        scaleY:0.2,
        x: target.x,
        rotation: 360
    }, 2500, createjs.Ease.bounceOut)
    .wait(1000);
```

选中anGirl4，在代码片断里单击HTML5 Canvas左边的小三角，再单击CreateJS API左边的小三角，双击“使用代码进行补间”，完成后代码如下：

```
var target = this.anGirl4;
var tween = createjs.Tween.get(target, {
    loop: true
})
    .to({
        x: target.x,
        y: canvas.height-700,
        rotation: -360
    }, 1500, createjs.Ease.bounceOut)
    .wait(1000)
    .to({
        scaleX:0.2,
        scaleY:0.2,
        x: target.x,
        rotation: 360
    }, 2500, createjs.Ease.bounceOut)
    .wait(1000);
```

选中anGirl5，在代码片断里单击HTML5 Canvas左边的小三角，再单击CreateJS API左边的小三角，双击“使用代码进行补间”，完成后代码如下：

```
var target = this.anGirl5;
var tween = createjs.Tween.get(target, {
    loop: true
})
    .to({
        x: target.x,
        y: canvas.height-700,
        rotation: -360
    }, 1500, createjs.Ease.bounceOut)
    .wait(1000)
```

```
        .to({
            scaleX:0.2,
            scaleY:0.2,
            x: target.x,
            rotation: 360
        }, 2500, createjs.Ease.bounceOut)
        .wait(1000);
```

选中anGirl6，在代码片断里单击HTML5 Canvas左边的小三角，再单击CreateJS API左边的小三角，双击“使用代码进行补间”，完成后代码如下：

```
    var target = this.anGirl6;
    var tween = createjs.Tween.get(target, {
        loop: true
    })
        .to({
            x: target.x,
            y: canvas.height-700,
            rotation: -360
        }, 1500, createjs.Ease.bounceOut)
        .wait(1000)
        .to({
            scaleX:0.2,
            scaleY:0.2,
            x: target.x,
            rotation: 360
        }, 2500, createjs.Ease.bounceOut)
        .wait(1000);
```

选中anGirl7，在代码片断里单击HTML5 Canvas左边的小三角，再单击CreateJS API左边的小三角，双击“使用代码进行补间”，完成后代码如下：

```
    var target = this.anGirl7;
    var tween = createjs.Tween.get(target, {
        loop: true
    })
        .to({
            x: target.x,
            y: canvas.height-500,
            rotation: -360
        }, 1500, createjs.Ease.bounceOut)
        .wait(1000)
        .to({
            x: canvas.width-1000,
            rotation: 360
        }, 2500, createjs.Ease.bounceOut)
```

```
        .wait(1000)
        .to({
            scaleX:0.2,
            scaleY:0.2,
            x: canvas.width-1000,
            y: canvas.height-500
        }, 2500, createjs.Ease.bounceOut);
```

选中anGirl8，在代码片断里单击HTML5 Canvas左边的小三角，再单击CreateJS API左边的小三角，双击“使用代码进行补间”，完成后代码如下：

```
    var target = this.anGirl8;
    var tween = createjs.Tween.get(target, {
        loop: true
    })
        .to({
            x: target.x,
            y: canvas.height-500,
            rotation: -360
        }, 1500, createjs.Ease.bounceOut)
        .wait(1000)
        .to({
            x: canvas.width-1200,
            rotation: 360
        }, 2500, createjs.Ease.bounceOut)
        .wait(1000)
        .to({
            scaleX:0.2,
            scaleY:0.2,
            x: canvas.width-1200,
            y: canvas.height-500
        }, 2500, createjs.Ease.bounceOut);
```

6. 测试及保存

（1）测试结果如图3.42所示。

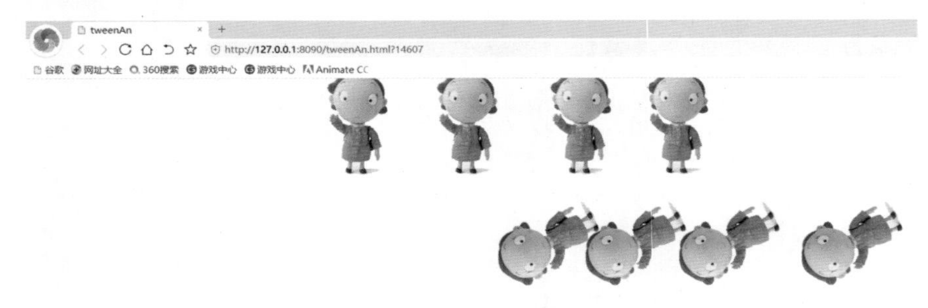

图3.42　小女孩集体舞效果

（2）选择“文件”→“保存”，保存为FLA源文件，并取个合适的文件名。

3.6 组件

网页上最常见的交互就是注册、问卷之类的，而在这些页面中常用到按钮、单选按钮、复选框、组合框、文本输入框、视频等，这些统称为组件。

代码片断提供了对组件的操作，功能齐全，如图3.43所示。

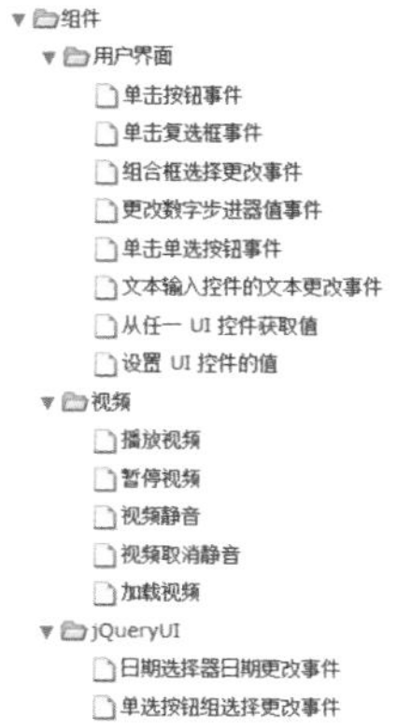

▼组件
- ▼用户界面
  - 单击按钮事件
  - 单击复选框事件
  - 组合框选择更改事件
  - 更改数字步进器值事件
  - 单击单选按钮事件
  - 文本输入控件的文本更改事件
  - 从任一 UI 控件获取值
  - 设置 UI 控件的值
- ▼视频
  - 播放视频
  - 暂停视频
  - 视频静音
  - 视频取消静音
  - 加载视频
- ▼jQueryUI
  - 日期选择器日期更改事件
  - 单选按钮组选择更改事件

图3.43 组件代码片断

3.6.1 组件代码片断详解

1. 单击（单选）按钮事件

单击指定按钮会执行此函数，可在此函数中添加自定义代码。说明：在以下“// 开始自定义代码”行后的新行上添加自定义代码。

```
    if(!this.movieClip_2_click_cbk) {
        function movieClip_2_click(evt) {
            // 开始自定义代码
            console.log("Button clicked");
            // 结束自定义代码      }
        $("#dom_overlay_container").on("click","#movieClip_2", movieClip_
2_click.bind(this));this.movieClip_2_click_cbk = true;
    }
```

2. 单击复选框事件

单击复选框会执行此函数，可在函数中添加自定义代码。说明：在以下“// 开始自定义代码”行后的新行上添加自定义代码。

```
    if(!this.movieClip_3_change_cbk) {
        function movieClip_3_change(evt) {
            // 开始自定义代码
            console.log(evt.target.checked);
            // 结束自定义代码
        }
        $("#dom_overlay_container").on("change","#movieClip_3",
movieClip_3_change.bind(this)); this.movieClip_3_change_cbk = true;
    }
```

3. 组合框选择更改事件

对组合框选择的任何更改都会执行此函数，可在函数中添加自定义代码。说明：在以下“// 开始自定义代码”行后的新行上添加自定义代码。

```
    if(!this.movieClip_4_change_cbk) {
        function movieClip_4_change(evt) {
```

```
            // 开始自定义代码
            console.log(evt.target.value);
            // 结束自定义代码
        }
        $("#dom_overlay_container").on("change","#movieClip_4",
movieClip_4_change.bind(this)); this.movieClip_4_change_cbk = true;
    }
```

4. 更改数字步进器值事件

对NumericStepper 值的任何更改都会执行此函数，可在函数中添加自定义代码。说明：在以下“// 开始自定义代码”行后的新行上添加自定义代码。

```
    if(!this.movieClip_5_change_cbk) {
        function movieClip_5_change(evt) {
            // 开始自定义代码
            console.log(evt.target.value);
            // 结束自定义代码
        }
        $("#dom_overlay_container").on("change","#movieClip_5",
movieClip_5_change.bind(this)); this.movieClip_5_change_cbk = true;
    }
```

5. 文本输入控件的文本更改事件

对 TextInput 控件文本的任何更改都会执行此函数，可在函数中添加自定义代码。说明：在以下“// 开始自定义代码”行后的新行上添加自定义代码。

```
    if(!this.movieClip_7_change_cbk) {
        function movieClip_7_change(evt) {
            // 开始自定义代码
            console.log(evt.target.value);
            // 结束自定义代码
        }
        $("#dom_overlay_container").on("change","#movieClip_7",
movieClip_7_change.bind(this)); this.movieClip_7_change_cbk = true;
    }
```

6. 从任一 UI 控件获取值

使用此代码片段可查询任一控件的当前值。说明：在以下“// 开始自定义代码”行后的新行上添加自定义代码。

```
    // 开始自定义代码
    console.log($("#movieClip_8").val());
    // 结束自定义代码
```

7. 设置UI 控件的值

使用此代码片段可设置任一控件的值。说明：在以下“// 开始自定义代码”行后的新行上添加自定义代码。

```
// 开始自定义代码
$("#movieClip_7").val('value_to_be_set');
// 结束自定义代码
```

8. 播放视频

使用此代码片段可播放选定视频。

```
this.movieClip_9.on("added", function() {
    $("#movieClip_9")[0].play();
}, this, true);
```

9. 暂停视频

使用此代码片段可暂停选定视频。

```
this.movieClip_9.on("added", function() {
    $("#movieClip_9")[0].pause();
}, this, true);
```

10. 视频静音

```
this.movieClip_9.on("added", function() {
    $("#movieClip_9")[0].muted = true;
}, this, true);
```

11. 视频取消静音

```
this.movieClip_9.on("added", function() {
    $("#movieClip_9")[0].muted = false;
}, this, true);
```

12. 加载视频

```
Var videoURL = "https://images-tv.adobe.com/avp/vr/15a99ccf-0e7c-4601-b270-87dd82624086/5078a43c-81f9-4a93-836c-815278b83a8e/e9cf12a0-7c4b-414f-a5c9-97ef49340aa9_20160203035417.960x540at1200_h264.mp4";
this.movieClip_9.on("added", function() {
     $("#movieClip_9")[0].src = videoURL;
}, this, true);
```

13. 日期选择器日期更改事件

对日期值的任何更改都会执行此函数，可在函数中添加自定义代码。说明：在以下“// 开始自定义代码”行后的新行上添加自定义代码。

```
function movieClip_10_date_select(newDate) {
     // 开始自定义代码
     console.log(newDate);
```

```
        // 结束自定义代码
    }
    $("#dom_overlay_container").on("attached", function(evt, param) {
        if(param && param.id == 'movieClip_10') {
            $("#movieClip_10").datepicker("option","onSelect", movieClip_
10_date_select.bind(this));
        }
    });
```

14. 单选按钮组选择更改事件

对单选按钮组选择的任何更改都会执行此函数，可在函数中添加自定义代码。说明：在以下“// 开始自定义代码”行后的新行上添加自定义代码。

```
    if(!this.movieClip_11_change_cbk) {
        function movieClip_11_change(evt) {
            // 开始自定义代码
            console.log(evt.target.id);
            // 结束自定义代码
        }
        $("#dom_overlay_container").on("change","#movieClip_11", movieClip_
11_change.bind(this)); this.movieClip_11_change_cbk = true;
    }
```

3.6.2 实例

做一个组件与代码连接的小案例，实践组件代码片断。

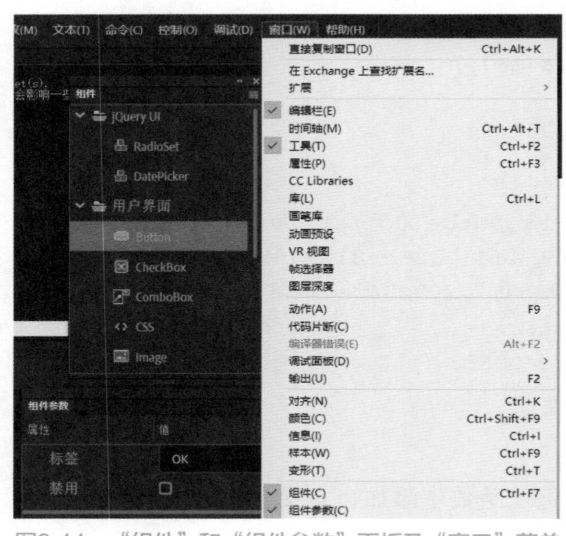

图3.44 “组件”和“组件参数”面板及“窗口”菜单

1. 启动An

（1）新建一个平台类型为HTML5 Canvas的文件，舞台大小为1024×768像素，背景色为白色。

（2）将图层1改名为text，用An的静态文本工具将标签文字写好。

（3）将图层2改名为control，在“窗口”里将“组件”和“组件参数”面板打开，然后将相应的组件放上舞台合适的位置，修改相应的参数，“组件”和“组件参数”面板及“窗口”菜单如图3.44所示。

（4）将图层3改名为actions，在第1帧处添加动作。

2. 添加代码并测试

1）单击按钮事件

```
    if(!this.uiButton_click_cbk) {
        function uiButton_click(evt) {
            alert("Button clicked");
            }
        $("#dom_overlay_container").on("click", "#uiButton", uiButton_
click.bind(this));
        this.uiButton_click_cbk = true;
    }
```

测试结果如图3.45所示。

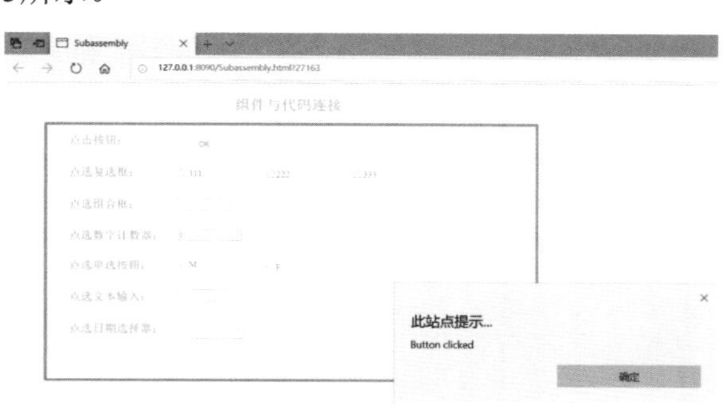

图3.45　单击按钮事件运行效果

2）单击复选框1事件

```
    if(!this.uiC1_change_cbk) {
        function uiC1_change(evt) {
            alert (evt.target.checked);
            }
        $("#dom_overlay_container").on("change", "#uiC1", uiC1_change.
bind(this));
        this.uiC1_change_cbk = true;
    }
```

测试结果如图3.46所示。

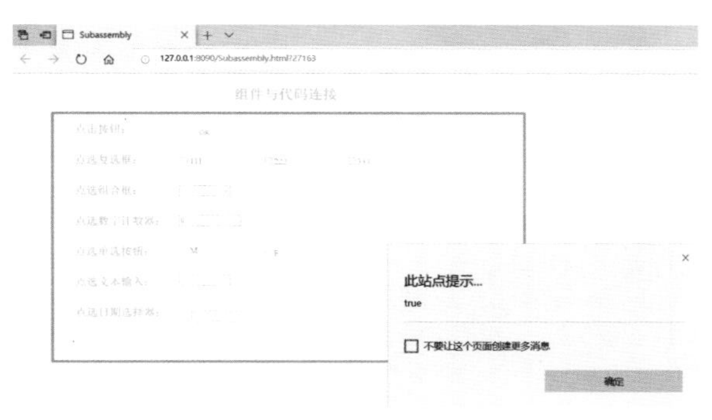

图3.46　单击复选框1事件运行效果

3）单击复选框2事件

```
    if(!this.uiC2_change_cbk) {
        function uiC2_change(evt) {
            console.log(evt.target.checked);
            }
        $("#dom_overlay_container").on("change", "#uiC2", uiC2_change.
bind(this));
        this.uiC2_change_cbk = true;
    }
```

测试结果如图3.47所示。

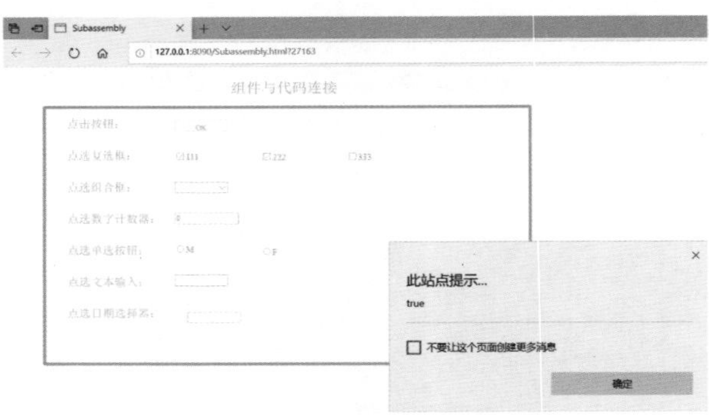

图3.47　单击复选框2事件运行效果

4）单击复选框3事件

```
    if(!this.uiC3_change_cbk) {
        function uiC3_change(evt) {
            alert (evt.target.checked);
        }
        $("#dom_overlay_container").on("change", "#uiC3", uiC3_change. bind
(this));
        this.uiC3_change_cbk = true;
    }
```

测试结果如图3.48所示。

图3.48　单击复选框3事件运行效果

5）组合框选择更改事件

```
if(!this.uiCo_change_cbk) {
    function uiCo_change(evt) {
        alert (evt.target.value);
    }
    $("#dom_overlay_container").on("change", "#uiCo", uiCo_change.
bind(this));
    this.uiCo_change_cbk = true;
}
```

测试结果如图3.49所示。

图3.49　组合框选择更改事件运行效果

6）更改数字步进器值事件

```
if(!this.uiNum_change_cbk) {
    function uiNum_change(evt) {
        alert (evt.target.value);
    }
    $("#dom_overlay_container").on("change", "#uiNum", uiNum_change. bind
(this));
    this.uiNum_change_cbk = true;
}
```

测试结果如图3.50所示。

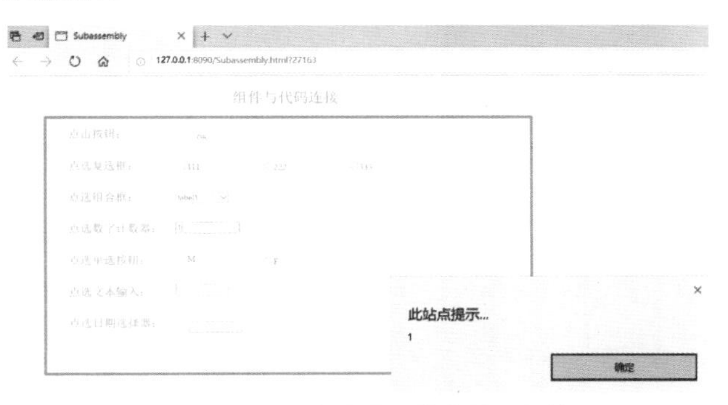

图3.50　更改数字步进器值事件运行效果

7）单击单选按钮1事件

```
if(!this.uiR1_change_cbk) {
    function uiR1_change(evt) {
        alert (evt.target.checked);
    }
    $("#dom_overlay_container").on("change", "#uiR1", uiR1_change.bind(this));
    this.uiR1_change_cbk = true;
}
```

测试结果如图3.51所示。

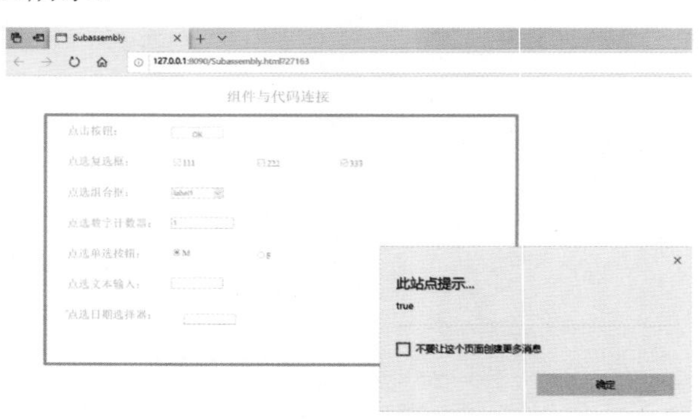

图3.51　单击单选按钮1事件运行效果

8）单击单选按钮2事件

```
if(!this.uiR2_change_cbk) {
    function uiR2_change(evt) {
        alert (evt.target.checked);
    }
    $("#dom_overlay_container").on("change", "#uiR2", uiR2_change.bind(this));
    this.uiR2_change_cbk = true;
}
```

测试结果如图3.52所示。

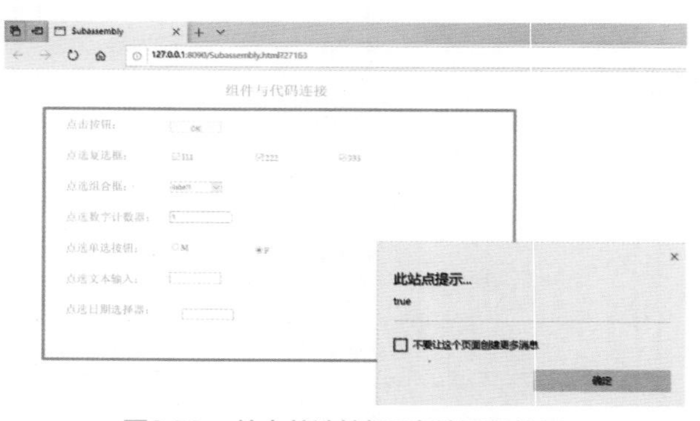

图3.52　单击单选按钮2事件运行效果

9）文本输入控件的文本更改事件

```
    if(!this.uiTex_change_cbk) {
        function uiTex_change(evt) {
            console.log(evt.target.value);
        }
        $("#dom_overlay_container").on("change", "#uiTex", uiTex_change.
bind(this));
        this.uiTex_change_cbk = true;
    }
```

测试结果如图3.53所示。

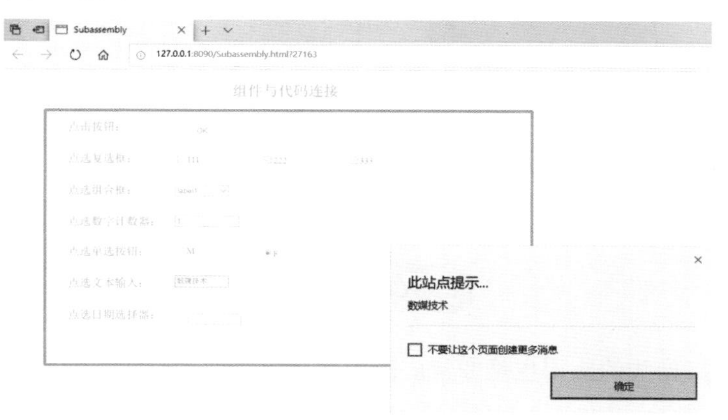

图3.53　文本输入控件的文本更改事件运行效果

10）日期选择器日期更改事件

```
    function myDate_date_select(newDate) {
        console.log(newDate);
    }
    $("#dom_overlay_container").on("attached", function(evt, param) {
        if(param && param.id == 'myDate') {
            $("#myDate").datepicker("option", "onSelect", myDate_date_
select.bind(this));
        }
    });
```

测试结果如图3.54所示。

3. 保存文件

选择“文件”→“保存”，保存为FLA源文件，并取个合适的文件名。

图3.54　日期选择器日期更改事件运行效果

3.7 摄像头

除了组件，摄像头的应用也是非常广泛，用代码同样可以实现对摄像头的操纵，代码片断也提供的非常全面，如图3.55所示。

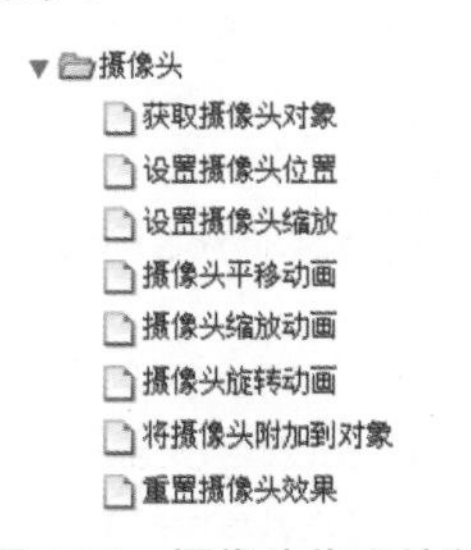

图3.55　摄像头代码片断

3.7.1　摄像头代码片断详解

1. 获取摄像头对象

要使用摄像头 API，请确保已在发布之前在文档中启用摄像头。获取对摄像头对象的引用。

```
var CameraObject = AdobeAn.VirtualCamera.getCamera(exportRoot);
```

2. 设置摄像头位置

要使用摄像头 API，请确保已在发布之前在文档中启用摄像头。将“摄像头位置”更改为指定的x、y和z值。

```
var tx = 100;
var ty = 100;
var tz =0;
AdobeAn.VirtualCamera.getCamera(exportRoot).setPosition(tx, ty, tz);
```

3. 设置摄像头缩放

要使用摄像头 API，请确保已在发布之前在文档中启用摄像头。将“摄像头缩放”设置为指定缩放值。

```
var zoomPercent = 150;
AdobeAn.VirtualCamera.getCamera(exportRoot).setZoom(zoomPercent);
```

4. 摄像头平移动画

要使用摄像头 API，请确保已在发布之前在文档中启用摄像头。Animate 可在指定持续时间内将摄像头平移至指定位置。

```
this.on('tick', function(){
    var tx = 10;
    var ty =0;
    var tz =0;
    AdobeAn.VirtualCamera.getCamera(exportRoot).moveBy(tx, ty, tz);
});
```

5. 摄像头缩放动画

要使用摄像头 API，请确保已在发布之前在文档中启用摄像头。Animate 可在指定持续时间内将摄像头缩放至指定值。

```
this.on('tick', function(){
    var zoomPercent = 110; AdobeAn.VirtualCamera.getCamera(exportRoot).
zoomBy(zoomPercent);
});
```

6. 摄像头旋转动画

要使用摄像头 API，请确保已在发布之前在文档中启用摄像头。Animate 可在指定持续时间内将摄像头旋转至指定度数。

```
this.on('tick', function(){
    var angle = 5;
    AdobeAn.VirtualCamera.getCamera(exportRoot).rotateBy(angle);
});
```

7. 将摄像头附加到对象

要使用摄像头 API，请确保已在发布之前在文档中启用摄像头。摄像头跟随舞台上的指定对象。

```
    AdobeAn.VirtualCamera.getCamera(exportRoot).pinCameraToObject(this.
movieClip_12);
```

8. 重置摄像头效果

要使用摄像头 API，请确保已在发布之前在文档中启用摄像头。将所有摄像头效果重置为默认值。

```
    AdobeAn.VirtualCamera.getCamera(exportRoot).reset();
```

3.7.2 实例

用《大鱼海棠》的电影海报来做底图，图是不动的，利用摄像头的移动观看海报的不同画面。

图3.56 摄像头示例

1. 启动An

（1）新建一个平台类型为HTML5 Canvas的文件，舞台大小为500×300像素，背景色为白色。

（2）将图层1改名为moviePhoto，将电影海报导入舞台，设置到50帧。

（3）将图层2改名为Action。

（4）单击摄像头按钮，创建Camera图层，如图3.57所示。

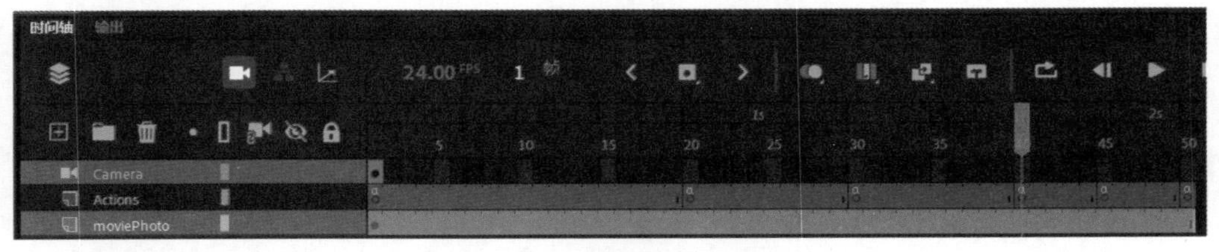

图3.57 摄像头示例图层

2. 加摄像头动作

1）第1帧处加动作

Animate 可在指定持续时间内将摄像头平移至指定位置。

```
this.on('tick', function(){
```

```
    var tx =20;
    var ty =0;
    var tz =0;
    AdobeAn.VirtualCamera.getCamera(exportRoot).moveBy(tx, ty, tz);
});
```

2）第20帧处加动作

Animate 可在指定持续时间内将摄像头平移至指定位置。

```
this.on('tick', function(){
    var tx = -20;
    var ty =0;
    var tz =0;
    AdobeAn.VirtualCamera.getCamera(exportRoot).moveBy(tx, ty, tz);
});
this.on('tick', function(){
    var tx =0;
    var ty = 10;
    var tz =0;
    AdobeAn.VirtualCamera.getCamera(exportRoot).moveBy(tx, ty, tz);
});
```

3）第30帧处加动作

Animate 可在指定持续时间内将摄像头平移至指定位置。

```
this.on('tick', function(){
    var tx =0;
    var ty = -10;
    var tz =0;
    AdobeAn.VirtualCamera.getCamera(exportRoot).moveBy(tx, ty, tz);
});
```

4）第40帧处加动作

Animate 可在指定持续时间内将摄像头平移至指定位置。

```
this.on('tick', function(){
    var tx =0;
    var ty = -50;
    var tz =0;
    AdobeAn.VirtualCamera.getCamera(exportRoot).moveBy(tx, ty, tz);
});
```

5）第45帧处加动作

Animate 可在指定持续时间内将摄像头平移至指定位置。

```
this.on('tick', function(){
```

```
    var tx =0;
    var ty = 50;
    var tz =0;
    AdobeAn.VirtualCamera.getCamera(exportRoot).moveBy(tx, ty, tz);
});
```

6）第50帧处加动作

将所有摄像头效果重置为默认值。

```
AdobeAn.VirtualCamera.getCamera(exportRoot).reset();
```

6. 测试及保存

（1）测试结果如图3.58所示。

图3.58　摄像头示例效果

（2）选择“文件”→“保存”，保存为FLA源文件，并取个合适的文件名。

3.8 本章小结

本章非常完整地介绍了An提供的所有的代码片断，从时间轴导航、动作、事件处理函数、动画、CreateJS API、组件及摄像头，对它们的功能进行了细致的讲解，每一个都给出实际应用，可以在平台上看到直观效果，为后续章节写代码打下深厚的基础。

习题3

1. this. stop();是什么功能?

2. this. movieClip_1. stop();是什么功能?

3. 如果在帧上只加this. one. x+=100;语句，则它和以下代码的区别是什么?

```
this.addEventListener("tick", fl_AnimateHorizontally.bind(this));
function fl_AnimateHorizontally(){
    this.one.x+=10;
}
```

4. 以下代码实现了什么?

```
var stroke_color = "#ff0000";
var shape =  new createjs.Shape(new createjs.Graphics().beginStroke
(stroke_color).moveTo(5, 35).lineTo(110, 75).endStroke());
this.addChild(shape);
```

5. 组件是用An的工具绘制的吗?

6. 摄像头能用代码来操控吗?

第4章 JavaScript基础

本章涵盖如下内容：

- JavaScript基本语法
- 复合对象
- 运算符
- 异常处理
- 流程控制

Animate CC 2020带着我们绘图、做动画，还提供了代码片断实现交互，一个优秀的基于浏览器的作品完全可以诞生了。

是不是可以说再见了？不，本书才正式拉开序幕。

对于代码片断，你只是知晓了它的功能，会运用而已，你知道每条语句的含义吗？知晓语句含义才是关键点，因为如果不知晓，你不能也不会做哪怕一丁点的修改，就无法真正实现心中想要的效果，你的代码也会非常冗长，产生很多问题。

所以得知晓它，从哪开始呢？我们得从了解JavaScript开始。

JavaScript是一种运行在浏览器中的解释型编程语言，它的解释器被称为JavaScript引擎，是浏览器的一部分。JavaScript是广泛用于客户端的脚本语言，最早是在HTML（标准通用标记语言下的一个应用）网页上使用，用来给HTML网页增加动态功能，主要负责的是网页的行为。

1995年，由Netscape公司的Brendan Eich首次在网景导航者浏览器上设计实现。当时Netscape公司希望能在静态HIML页面上添加一些动态效果，于是叫Brendan Eich进行研发，他在两周之内设计出了JavaScript语言。

因为Netscape公司与Sun公司合作，Netscape公司管理层希望它外观看起来像Java，因此取名为JavaScript。但实际上它跟Java没什么关系。

在实际的使用中，还有另一种脚本语言：JScript 语言。JScript语言是由Microsoft 公司于1996年开发的。两种语言的核心功能、作用基本一致，都是为了扩展浏览器的功能而开发的脚本语言。因为早期的JScript和JavaScript差异相当大，Web程序员不得不为两种浏览器分别编写脚本，于是诞生了ECMAScript，这是一个国际标准化的JavaScript 版本，现在的主流浏览器都支持这个版本。现在所说的JavaScript，严格意义上讲，其实应该是ECMAScript。

说来说去，都是跟网页相关，跟代码片断有什么联系？

代码片断是用JavaScript写的，准确地说是用到CreateJS，而CreateJS是基于HTML5开发的一套模块化的库和工具，它们的语法语句都是JavaScript。

我们尽量只把有关联的部分呈现给大家，而不是全部。

4.1 JavaScript基本语法

4.1.1 JavaScript基本规则

1. JavaScript语句

JavaScript语句向浏览器发出的命令，语句的作用是告诉浏览器该做什么。

例如，在代码片断中的如下语句，就是一条JavaScript语句，表示停止播放。

```
this.stop();
```

2. 分号

分号用于分隔JavaScript语句。通常我们在每条可执行的语句结尾添加分号。使用分号的另一个用处是在一行中编写多条语句。但是，在JavaScript中，用分号来结束语句是可选的，也就是说不用分号，并不会报语法错误。

3. JavaScript代码

JavaScript代码是JavaScript语句的序列。

浏览器会按照编写顺序执行每条语句。

例如，假设shape1是一个红色的圆，shape2是一个蓝色的圆，大小和位置相同。

```
this.addChild(shape1);
this.addChild(shape2);
```

这两条语句运行的结果是只能看到蓝色的圆。

4. JavaScript代码块

JavaScript语句通过代码块的形式进行组合。块由左花括号开始，由右花括号结束。块的作用是使语句序列一起执行。

JavaScript函数是将语句组合在块中的典型例子。

例如，一个计算加法的函数。

```
function  addFunction(a,b){
c=a+b;
return c;
}
```

该函数做加法运算并返回结果，这两条语句放在一对花括号中，一起运行。

5. JavaScript对大小写敏感

JavaScript对大小写是敏感的。当编写JavaScript语句时，请留意是否关闭大小写切换键。

例如，函数**addFunction**与**addfunction**是不同的，变量myShape与MyShape也是不同的。

6. 空格

JavaScript会忽略多余的空格。用户可以通过向脚本添加空格，来提高其可读性。下面的两行代码是等效的。

```
var name= "Hello";
var name = "Hello";
```

7. 折行

可以在文本字符串中使用反斜杠对代码行进行换行。下面的例子会正确地在控制台显示“Hello World!”。

```
console . log ("Hello \
World!");
```

但是，如果按下面代码折行，就得不到想要的结果。

```
console . log \
("Hello World!");
```

8. JavaScript注释

在所有的计算机语言里，都提供注释语句，这是因为大家都有一个共识：不是写得让人看不懂的代码才是好代码，正好相反，写得通俗易懂的代码才是优秀的代码。这样，你的代码才会被关注，你的设计才会被维护，从而生存下来。

当然，这之中也包括你本人，时间久了，你当时的想法和思路可能会忘记，为程序做注释是必须的，这是良好的编程习惯。

注释语句是不会被执行的，它仅仅是用来提高代码的可读性的，JavaScript注释语句也是同样的作用，JavaScript注释语句可以注释单行，也可以注释多行。

（1）单行注释以//开头，单独写在一行，或者写在语句的结束都可以。

例如，单行注释。

```
//将线条色彩变量stroke_color设成红色
var stroke_color = "#ff0000";
var corner_radius = 10;  //矩形的倒圆角半径corner_radius设为10
```

（2）JavaScript多行注释以/*开始，以*/结尾。

例如，多行注释。

```
/* 在此帧处停止
时间轴将在插入此代码的帧处停止/暂停
也可用于停止/暂停影片剪辑的时间轴
*/
this.stop();
```

4.1.2 JavaScript变量

变量是程序运行过程中值不断发生变化的量。

1. JavaScript命名规则

我们在使用变量时，通常要给它取个名字，以便于在程序中使用它，为变量取名有如下规则。

（1）使用描述性更好的名称，这样方便调试和维护，增强程序的可读性。

（2）使用Camel标记法。整个名称看起来像驼峰一样，小写字母里突然冒出一个大写字母，通常首字母是小写的，接下来另起一个单词的首字母是大写。例如，myFirstGraphic可以用来描述“我的第一个图形”。

（3）变量可以使用短名称（如x和y），也可以用长名称（如flower，star，scorevolume）。

（4）变量以字母开头。变量也能以$和_ 符号开头（不推荐这么做）。

（5）变量名称对大小写敏感（y和Y是不同的变量）。JavaScript语句和JavaScript变量都对大小写敏感。

2. JavaScript 变量声明（创建）

在JavaScript中创建变量通常称为“声明”变量。JavaScript 支持两种方式来声明变量。

1）隐式定义

使用变量之前，可以无须定义，直接给变量赋值。隐式定义的方式简单、快捷，需要使用变量时，直接给变量赋值即可。例如：

```
myTestValue=10;
```

2）显式定义

显式声明方式采用var 关键字声明变量，声明时变量可以没有初始值，声明的变量数据类型是不确定的。当第一次给变量赋值时，变量的数据类型才确定下来，而且使用过程中变量的数据类型也可以随意改变。

（1）使用var关键字定义变量。变量声明之后，该变量是空的（它没有值）变量的值将是undefined。例如：

```
var carname ;                                //变量carname的值将是undefined
```

如需向变量赋值，可添加如下代码：

```
Carname="Volvo" ;
```

（2）直接在声明变量时对其赋值。

```
var carname= "Volvo" ;
```

（3）一条语句，多个变量。可以在一条语句中声明很多变量，该语句以var开头，并使用逗号分隔变量。例如：

```
var name="Gates", age=56,job= "CEO" ;
```

声明也可以横跨多行，例如：

```
var name= "Gates" ,
age=56,
job="CEO";
```

3. 作用域

根据变量定义的范围不同，变量分为全局变量和局部变量。

1）局部JavaScript变量

在JavaScript函数内部声明的变量（使用var）是局部变量，只能在函数内部访问（该变量的作用域是局部的）。可以在不同的函数中使用名称相同的局部变量，因为只有声明过该变量的函数才能识别出该变量。只要函数运行完毕，局部变量就会被删除。

2）全局JavaScript变量

在函数外声明的变量是全局变量，网页上的所有脚本和函数都能访问它。

3）JavaScript变量的生存期

JavaScript变量的生命期从它们被声明时开始。局部变量会在函数运行后被删除，全局变量会在页面关闭后被删除。例如：

```
var wholeVarrible = "我在函数外";    //定义全局变量wholeVarrible
function myFunction() {              //定义函数myFunction
    testNumber = 20;                 //虽然在函数内,但是没有用var,所以还是全
                                       局变量
    var testDiffrent = true ;        //定义局部变量testDiffrent
}
myFunction () ;
alert (wholeVarrible + "\n"+ testNumber) ;
alert (testDiffrent) ;
```

程序在浏览器中运行时，alert (wholeVarrible + "\n"+ testNumber); 会弹出警告框，输出“我在函数外”并另起一行显示数字20，如图4.1所示。

图4.1　运行结果

而程序最后一行alert (testDiffrent); 代码将会报错，因为testDiffrent是一个局部变量，只在函数内部有效，如图4.2所示。

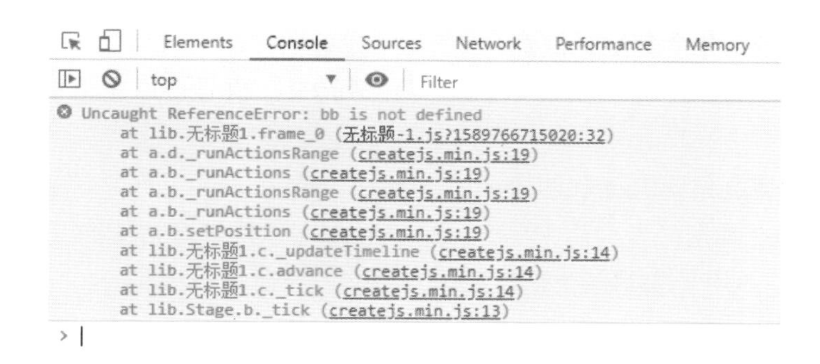

图4.2　报错信息

4. 其他

在很多JavaScript 编程人员的印象中，定义变量用var和不用var没有区别。但实际上是存在差异的。

（1）如果使用var定义变量，那么程序会强制定义一个新变量。

（2）如果没有使用var定义变量，系统将总是把该变量当成全局变量。

（3）strict模式。

ECMA在后续规范中推出了strict模式，它是一种强制要求使用var定义变量的模式，不是所有的浏览器都支持这种模式，我们可以用'use strict'; 语句对浏览器进行一个测试。例如：

```
'use strict';
testVar = 'Hello, world';
console. log (testVar) ;
```

运行代码，如果浏览器报错，表明浏览器支持strict模式，如图4.3所示。

请在变量前加var再运行，则没有报错，如图4.4所示。

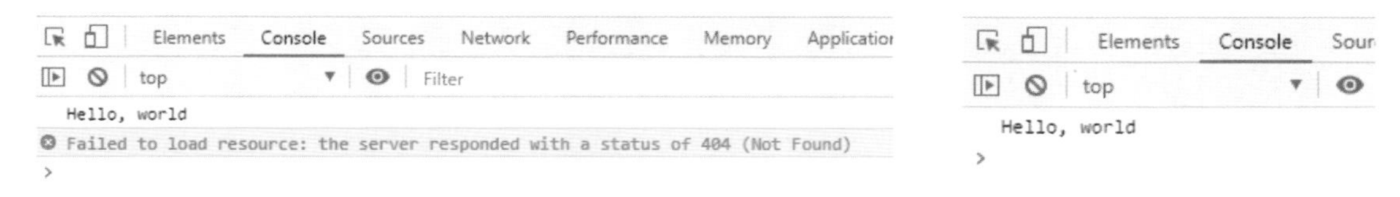

图4.3　程序运行有报错提示　　　图4.4　程序运行结果

如果浏览器不报错，说明你使用的浏览器太古老了，需要尽快升级。

未用var声明的变量会被视为全局变量，为了避免这一缺陷，所有的JavaScript代码都应该使用strict模式。

4.1.3 JavaScript数据类型

对于变量，除了命名后需要通过声明语句告诉程序它是一个变量之外，很重要的一点是要指定数据类型。这一节我们讲解值类型。

JavaScript的基本数据类型有如下6个。

（1）数值类型：包含整数或浮点数。

（2）字符串类型：字符串变量必须用引号括起来，引号可以是单引号，也可以是双引号。

（3）布尔类型：只有true或false两个值。

（4）undefined 类型：专门用来确定一个已经创建但是没有初值的变量。

（5）null类型：用于表明某个变量的值为空。

（6）复合类型：对象、数组、函数。

1. 数值类型

与强类型语言（如C、Java）不同，JavaScript 的数值类型不仅包括所有的整型变量，还包括部分浮点型变量。JavaScript 语言中的数值都以IEEE 754双精度浮点数格式保存。JavaScript中的数值形式非常丰富，完全支持科学记数法表示。科学记数法形如5.12e2代表5.12×10^2，5.12E2也代表5.12×10^2。科学记数法中E为间隔符号，E不区分大小写。例如：

```
var x1=34.00;              //使用小数点来写
var x2=34;                 //不使用小数点来写
var y=123e5;               //12300000
var z=123e-5;              //0.00123
```

2. 字符串类型

1）JavaScript的字符串是存储字符的变量

JavaScript的字符串必须用引号括起来，此处的引号既可以是单引号，也可以是双引号。可以在字符串中使用引号，只要不匹配包围字符串的引号即可。例如：

```
var CharacterOne="Nice to meet you!";
var CharacterTwo="He is called 'Bill'";
var CharacterThree='He is called "Bill"';
```

2）JavaScript以String内建类表示字符串

String类里包含一系列方法操作字符串，String类有如下基本方法和属性操作字符串。这些方法非常有用，在处理数据或者进行判断时，至关重要，所以，我这里将大部分罗列出来，并就其中常用的举例使用。

String()：类似于面向对象语言中的构造器，使用该方法可以构建一个字符串。

charAt()：获取字符串特定索引处的字符。

charCodeAt()：返回字符串中特定索引处的字符所对应的Unicode值。

length：属性，直接返回字符串长度。JavaScript中的中文字符算一个字符。

toUpperCase()：将字符串的所有字母转换成大写字母。

toLowerCase()：将字符串的所有字母转换成小写字母。

fromCharCode()：静态方法，直接通过String 类调用该方法，将一系列Unic换成字符串。

indexOf()：返回字符串中特定字符串第一次出现的位置。

lastIndexOf()：返回字符串中特定字符串最后一次出现的位置。

substring()：返回字符串的某个子串。

slice()：返回字符串的某个子串，功能比substring更强大，支持负数参数。

match()：使用正则表达式搜索目标子字符串。

search()：使用正则表达式搜索目标子字符串。

concat()：用于将多个字符串拼接成一个字符串。

split()：将某个字符串分隔成多个字符串，可以指定分隔符。

replace()：将字符串中某个子串以特定字符串替代。

3）字符串用法

字符串的用法举例如下：

```
    var testChar = "Computer";  //定义字符串变量
    var lengthTest = testChar.length;  //获取testChar的长度
    var testGetChar = String.fromCharCode(97, 98, 99);   //将一系列Unicode
                                                         //值转换成字符串
    //输出字符串"testChar"的长度、字符串a在索引4处的字符和相应的Unicode值,以及字
    //符串"97,98,99"相对应的字符变量的值
    alert(lengthTest + "---" + testChar.charAt(4) + testChar.charCodeAt
(4) + "---" + testGetChar);
```

运行后，会弹出一个警告框，显示出相应的值，如图4.5所示。

4）indexOf()和lastIndexOf()

indexOf()和lastIndexOf()用于判断某个子串的位置，其语法格式如下。

图4.5　运行结果

indexOf(searchString[, startIndex])：搜索目标字符串searchString 出现的位置。其中，startIndex指定不搜索左边startIndex个字符。

lastIndexOf(searchString[, startIndex])：搜索目标字符串searchString最后一次出现的位置。如果字符串中不包含目标字符串，则返回-1。功能更强大的搜索方法是search()，它支持使用正则表达式进行搜索。

例如，以下给出示例运行后，结果如图4.6所示。

```
    var testChar = "Animation Interaction Technology";
    //搜索In子串第一次出现的位置
    var searchChar1 = testChar.indexOf("In");
    //跳过左边3个字符,开始搜索In子串
    var searchChar2 = testChar.indexOf("In", 3);
    //搜索a最后一次出现的位置
    var searchChar3 = testChar.lastIndexOf("a");
    alert(searchChar1 + "\n" + searchChar2 + "\n" + searchChar3);
```

127.0.0.1:8090 显示
10
10
15
确定

图4.6　indexOf()和lastIndexOf()运行结果

5）substring0和slice()

substring(start[, end])：从start（包括）索引处，截取到end（不包括）索引处，不截取end索引处的字符。如果没有end参数，将从start处一直截取到字符串尾。

slice(start[, end])：与substringO的功能基本一致，区别是slice可以接受负数作为索引，当使用负索引值时，表示从字符串的右边开始计算索引，即最右边的索引为-1。以下给出示例，运行后，可以看到结果如图4.7所示。

```
var testChar = "Animation Interaction Technology";
//取得第1个(包括)到第5个(不包括)的子串
a = testChar.slice(0, 4);
//取得第3个(包括)到第5个(不包括)的子串
b = testChar.slice(2, 4);
// 取得第5个(包括)到最后的子串
c = testChar.slice(4);
//取得第4个(包括)到倒数第1个(不包括)的子串
d = testChar.slice(3, -1);
//取得第4个(包括)到倒数第2个(不包括)的子串
e = testChar.slice(3, -2);
//取得倒数第3个(包括)到倒数第1个(不包括)的子串
f = testChar.slice(-3, -1);
alert("a :" + a + "\nb :" + b + "\nc: " + c + "\nd :" + d+"\ne :" + e +
"\nf:" + f);
```

图4.7　substring0和slice()运行结果

6）match()和search()

match()和search()方法都支持使用正则表达式作为子串；区别是前者返回匹配的子字符串，后者返回匹配的索引值。match()方法的返回值为字符串数组或null，如果包含匹配值，将返回字符串数组；否则就返回null。search()返回值为整型变量，如果搜索到匹配子串，则返回子串的索引值；否则返回-1。

7）正则表达式

正则表达式是对字符串操作的一种逻辑公式，就是用事先定义好的一些特定字符及这些特定字符的组合，组成一个“规则字符串”，这个“规则字符串”用来表达对字符串的一种过滤逻辑。由一些普通字符和一些元字符（metacharacters）组成。普通字符包括大小写的字母和数字，而元字符则具有特殊的含义，JavaScript的正则表达式放在两条斜线之间，元字符的描述如表4.1所示。

表4.1 元字符描述表

<table>
<tr><th>元字符</th><th>描　述</th></tr>
<tr><td>\</td><td>匹配下一个字符标记符、或一个向后引用、或一个八进制转义符。例如，“\\n”匹配\n；“\n”匹配换行符；序列“\\”匹配“\”，“\(”则匹配“(”。即相当于多种编程语言中都有的“转义字符”的概念</td></tr>
<tr><td>^</td><td>匹配输入字行首。如果设置了RegExp对象的Multiline属性，^也匹配“\n”或“\r”之后的位置</td></tr>
<tr><td>$</td><td>匹配输入行尾。如果设置了RegExp对象的Multiline属性，$也匹配“\n”或“\r”之前的位置</td></tr>
<tr><td>*</td><td>匹配前面的子表达式任意次。例如，zo*能匹配“z”，也能匹配“zo”以及“zoo”。*等价于{0,}</td></tr>
<tr><td>+</td><td>匹配前面的子表达式一次或多次（大于等于1次）。例如，“zo+”能匹配“zo”以及“zoo”，但不能匹配“z”。+等价于{1,}</td></tr>
<tr><td>?</td><td>匹配前面的子表达式零次或一次。例如，“do(es)?”可以匹配“do”或“does”。?等价于{0,1}</td></tr>
<tr><td>{n}</td><td>n是一个非负整数，匹配确定的n次。例如，“o{2}”不能匹配“Bob”中的“o”，但是能匹配“food”中的两个o</td></tr>
<tr><td>{n,}</td><td>n是一个非负整数，至少匹配n次。例如，“o{2,}”不能匹配“Bob”中的“o”，但能匹配“fooood”中的所有o。“o{1,}”等价于“o+”。“o{0,}”则等价于“o*”</td></tr>
<tr><td>{n,m}</td><td>m和n均为非负整数，其中n≤m。最少匹配n次，最多匹配m次。例如，“o{1,3}”将匹配“fooooood”中的前三个o为一组，后三个o为一组。“o{0,1}”等价于“o?”。请注意在逗号和两个数之间不能有空格</td></tr>
<tr><td>?</td><td>当该字符紧跟在任何一个其他限制符(*,+,?，{n}，{n,}，{n,m})后面时，匹配模式是非贪婪的。非贪婪模式尽可能少地匹配所搜索的字符串，而默认的贪婪模式则尽可能多地匹配所搜索的字符串。例如，对于字符串“oooo”，“o+”将尽可能多地匹配“o”，得到结果[“oooo”]，而“o+?”将尽可能少地匹配“o”，得到结果[‘o’，‘o’，‘o’，‘o’]</td></tr>
<tr><td>.点</td><td>匹配除“\n”和“\r”之外的任何单个字符。要匹配包括“\n”和“\r”在内的任何字符，请使用如“[\s\S]”的模式</td></tr>
<tr><td>(pattern)</td><td>匹配pattern并获取这一匹配。所获取的匹配可以从产生的Matches集合得到，在VBScript中使用SubMatches集合，在JScript中则使用$0～$9属性。要匹配圆括号字符，请使用“\(”或“\)”</td></tr>
<tr><td>(?:pattern)</td><td>非获取匹配，匹配pattern但不获取匹配结果，不进行存储供以后使用。这在使用字符“(|)”来组合一个模式的各个部分时很有用。例如，“industr(?:y|ies)”就是一个比“industry|industries”更简略的表达式</td></tr>
<tr><td>(?=pattern)</td><td>非获取匹配，正向肯定预查，在任何匹配pattern的字符串开始处匹配查找字符串，该匹配不需要获取供以后使用。例如，“Windows(?=95|98|NT|2000)”能匹配“Windows2000”中的“Windows”，但不能匹配“Windows3.1”中的“Windows”。预查不消耗字符，也就是说，在一个匹配发生后，在最后一次匹配之后立即开始下一次匹配的搜索，而不是从包含预查的字符之后开始</td></tr>
</table>

续表

<table>
<tr><th>元字符</th><th>描　　述</th></tr>
<tr><td>(?!pattern)</td><td>非获取匹配，正向否定预查，在任何不匹配pattern的字符串开始处匹配查找字符串，该匹配不需要获取供以后使用。例如，“Windows(?!95|98|NT|2000)”能匹配“Windows3.1”中的“Windows”，但不能匹配“Windows2000”中的“Windows”</td></tr>
<tr><td>(?<=pattern)</td><td>非获取匹配，反向肯定预查，与正向肯定预查类似，只是方向相反。例如，“(?<=95|98|NT|2000)Windows”能匹配“2000Windows”中的“Windows”，但不能匹配“3.1Windows”中的“Windows”。
*python的正则表达式没有完全按照正则表达式规范实现，所以一些高级特性建议使用其他语言，如java、scala等</td></tr>
<tr><td>(?<!patte_n)</td><td>非获取匹配，反向否定预查，与正向否定预查类似，只是方向相反。例如，“(?<!95|98|NT|2000)Windows”能匹配“3.1Windows”中的“Windows”，但不能匹配“2000Windows”中的“Windows”。
*python的正则表达式没有完全按照正则表达式规范实现，所以一些高级特性建议使用其他语言，如java、scala等</td></tr>
<tr><td>x|y</td><td>匹配x或y。例如，“z|food”能匹配“z”或“food”（此处请谨慎）；“[z|f]ood”则匹配“zood”或“food”</td></tr>
<tr><td>[xyz]</td><td>字符集合，匹配所包含的任意一个字符。例如，“[abc]”可以匹配“plain”中的“a”</td></tr>
<tr><td>[^xyz]</td><td>负值字符集合，匹配未包含的任意字符。例如，“[^abc]”可以匹配“plain”中“plin”中的任意一个字符</td></tr>
<tr><td>[a-z]</td><td>字符范围，匹配指定范围内的任意字符。例如，“[a-z]”可以匹配“a”～“z”范围内的任意小写字母。
注意：只有连字符在字符组内部时，并且出现在两个字符之间时，才能表示字符的范围；如果出字符组的开头，则只能表示连字符本身</td></tr>
<tr><td>[^a-z]</td><td>负值字符范围。匹配任何不在指定范围内的任意字符。例如，“[^a-z]”可以匹配不在“a”～“z”范围内的任意字符</td></tr>
<tr><td>\b</td><td>匹配一个单词的边界，也就是指单词和空格间的位置（即正则表达式的“匹配”有两种概念，一种是匹配字符，一种是匹配位置，这里的\b就是匹配位置的）。例如，“er\b”可以匹配“never”中的“er”，但不能匹配“verb”中的“er”；“\b1_”可以匹配“1_23”中的“1_”，但不能匹配“21_3”中的“1_”</td></tr>
<tr><td>\B</td><td>匹配非单词边界。“er\B”能匹配“verb”中的“er”，但不能匹配“never”中的“er”</td></tr>
<tr><td>\cx</td><td>匹配由x指明的控制字符。例如，\cM匹配一个Control-M或回车符。x的值必须为A～Z或a～z之一；否则，将c视为一个原义的“c”字符</td></tr>
<tr><td>\d</td><td>匹配一个数字字符。等价于[0-9]。grep 要加上-P，perl正则支持</td></tr>
<tr><td>\D</td><td>匹配一个非数字字符。等价于[^0-9]。grep要加上-P，perl正则支持</td></tr>
<tr><td>\f</td><td>匹配一个换页符。等价于\x0c和\cL</td></tr>
<tr><td>\n</td><td>匹配一个换行符。等价于\x0a和\cJ</td></tr>
<tr><td>\r</td><td>匹配一个回车符。等价于\x0d和\cM</td></tr>
<tr><td>\s</td><td>匹配任何不可见字符，包括空格、制表符、换页符等。等价于[\f\n\r\t\v]</td></tr>
<tr><td>\S</td><td>匹配任意可见字符。等价于[^ \f\n\r\t\v]</td></tr>
<tr><td>\t</td><td>匹配一个制表符。等价于\x09和\cI</td></tr>
<tr><td>\v</td><td>匹配一个垂直制表符。等价于\x0b和\cK</td></tr>
<tr><td>\w</td><td>匹配包括下画线的任意单词字符。类似但不等价于“[A-Za-z0-9_]”，这里的“单词”字符使用Unicode字符集</td></tr>
</table>

续表

元字符	描　述
\W	匹配任意非单词字符。等价于“[^A-Za-z0-9_]”
\x*n*	匹配*n*，其中*n*为十六进制转义值。十六进制转义值必须为确定的两个数字长。例如，“\x41”匹配“A”。“\x041”则等价于“\x04&1”。正则表达式中可以使用ASCII编码
num	匹配*num*，其中*num*是一个正整数。对所获取的匹配的引用。例如，“(.)\1”匹配两个连续的相同字符
n	标识一个八进制转义值或一个向后引用。如果*n*之前至少*n*个获取的子表达式，则*n*为向后引用；否则，如果*n*为八进制数字（0～7），则*n*为一个八进制转义值
nm	标识一个八进制转义值或一个向后引用。如果*nm*之前至少有*nm*个获得子表达式，则*nm*为向后引用；如果*nm*之前至少有*n*个获取，则*n*为一个后跟文字*m*的向后引用；如果前面的条件都不满足，且*n*和*m*均为八进制数字（0～7），则*nm*将匹配八进制转义值*nm*
nml	如果*n*为八进制数字（0～7），且*m*和*l*均为八进制数字（0～7），则匹配八进制转义值*nml*
\u*n*	匹配*n*，其中*n*是一个用4个十六进制数字表示的Unicode字符。例如，\u00A9匹配版权符号(©)
\p{P}	小写 p 是 property 的意思，表示 Unicode 属性，用于 Unicode 正表达式的前缀。方括号内的“P”表示Unicode 字符集7个字符属性之一的标点字符。 其他6个属性： L：字母； M：标记符号（一般不会单独出现）； Z：分隔符（如空格、换行等）； S：符号（如数学符号、货币符号等）； N：数字（如阿拉伯数字、罗马数字等）； C：其他字符。 注意：此语法部分语言不支持，如javaScript
\< \>	匹配词（word）的开始（\<）和结束（\>）。例如，正则表达式\<the\>能够匹配字符串“for the wise”中的“the”，但是不能匹配字符串“otherwise”中的“the”。注意：这个元字符不是所有的软件都支持的
( )	将（和）之间的表达式定义为“组”（group），并且将匹配这个表达式的字符保存到一个临时区域（一个正则表达式中最多可以保存9个），它们可以用 \1～\9 的符号来引用
|	将两个匹配条件进行逻辑“或”（or）运算。例如，正则表达式（him|her）匹配“it belongs to him”和“it belongs to her”，但是不能匹配“it belongs to them.”。注意：这个元字符不是所有的软件都支持的

例如：

```
//定义字符串testChar1的值
var testChar1 = "Animation Interaction Technology";
//从testChar1中匹配正则表达式
a = testChar1.search(/[r.t]/);
//定义字符串变量testChar2
var testChar2 = "media@126.com";
//查找字符串中所有单个的数值
var b = testChar2.match(/[a-z]/);
//输出a和b的值
alert(a + "\n" + b);
```

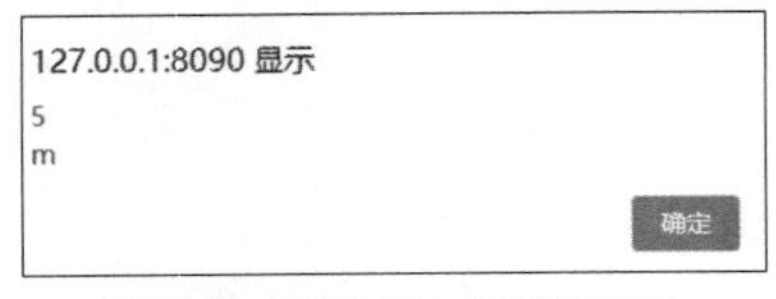

图4.8　正则表达式运行结果

从上面的执行结果可以看出，a的值为5，这表明目标字符串中和正则表达式匹配的第一个子串的位置是5，正则表达式匹配的子串是ract。match()方法的正则表达式匹配的结果返回一个数组，数组元素是目标字符串中的所有数值，如图4.8所示。

3. 布尔类型

布尔（逻辑）只能有两个值：true或false，常用在条件测试中。

```
var x=true;
var y=false;
```

4. undefined和null

undefined类型的值只有一个undefined，该值用于表示某个变量不存在，或者没有为其分配值，也用于表示对象的属性不存在。

null 用于表示变量的值为空。可以通过将变量的值设置为null来清空变量。

但如果不进行精确比较，很多时候undefined和null本身就相等，即null=undefined将返回true。如果要精确区分null和undefined，应该考虑使用精确等于符（==）。

5. 类型转换

数据类型在程序编写的过程中至关重要，我们常常会针对变量进行运算，而运算时要求运算表达式的数据类型是一致的，不然就无法运算成功。JavaScript支持自动类型转换，而且类型转换的功能非常强大。这意味着，当你进行数据处理忽略了类型时，JavaScript会自动帮助你匹配类型，但是，它未必能转成你需要的数据类型，也就是说转换结果不一定正确，但不会报错。JavaScript数据类型自动转换规则如表4.2所示。

表4.2　各种数据类型自动转换规则

目标类型	值			
	字符串类型	数值型	布尔型	对象
Undefined	“undefined”	NaN	false	Error
null	“null”	0	false	Error
字符串	不变	数值或NaN	true	String对象
空字符串	不变	0	false	String对象
“0”	0	false	Number对象	—
NaN	“NaN”	NaN	false	Number对象
Infinity	“Infinity”	Infinity	true	Number对象
-Infinity	“-Infinity”	–Infinity	true	Number对象
数值	数值字符串	不变	true	Number对象
True	“true”	1	不变	Boolean对象
False	“false”	0	不变	Boolean对象
对象	toString0返回值	valueOf()，toString0或NaN	true	不变

因此，为确保数值类型正确，还是要靠自己来解决类型转换的问题，JavaScript提供了几个函数可用来做强制类型转换。

toString()：将布尔值、数值等转换成字符串。

parseInt()：将字符串、布尔值等转换成整数。

parseFloat()：将字符串、布尔值等转换成浮点数。

例如，以下代码运行后，结果如图4.9所示。

```
    var number1="3.1415926";
    var number2=100;
    var totalNumber1=number1+number2;   //自动将number2转成字符串
    var totalNumber2=parseFloat(number1)+number2; //将number1转成浮点数
    alert("totalNumber1: "+totalNumber1+"\ntotalNumber2: "+
totalNumber2);
```

图4.9 类型转换运行结果

当使用parseInt()函数和parseFloat()函数时，如果字符串是一个数值字符串，则可以转换成数值，否则将转换成NaN。undefined、null、布尔值及其他对象将一律转换成NaN。

当使用toString()函数将各种类型的值向字符串转换时，结果全部是object。

4.2 复合类型

这里，我们讲述的是引用类型。值类型的类型判断用typeof，引用类型的类型判断用instanceof。

4.2.1 对象

1. 对象的概念

JavaScript是一个面向对象的语言，但是它没有类的概念，它有的是原型和原型链的概念。

JavaScript的对象只是一种特殊的数据，对象拥有属性和方法，属性是与对象相关的值，方法是能够在对象上执行的动作。JavaScript中的所有事物都是对象：字符串、数字、数组、函数等，包括它自己，对象也是对象。

例如，汽车就是现实生活中的对象。

汽车的属性：

```
car.name=Fiat
car.model=500
car.weight-85ekg
car.color-white
```

汽车的使用方法：

```
car.start()
car.drive()
car.brake()
```

汽车的属性包括名称、型号、重量、颜色等。所有汽车都有这些属性，但是每款车的属性都不尽相同。

汽车的使用方法包括启动、驾驶、刹车等。所有汽车都拥有这些方法，但是它们被执行的时间都不尽相同。

2. 创建JavaScript对象

1）声明变量

当声明一个JavaScript变量时，实际上已经创建了一个JavaScript字符串对象。字符串对象拥有许多内建的属性（如length）和若干个内建的方法，我们在4.1节列举了许多常用的方法。只要你创建了一个字符串对象，你就能使用这些属性和方法。

例如：

```
var txt = " Animation Interaction Technology ";
alert(txt.length+"\n"+txt.toUpperCase());
```

对于上面的字符串来说， length的值是34。txt.toUpperCase()方法得到所有大写字母，结果如图4.10所示。

图4.10　运行结果

2）创建自己的对象

例如：创建名为student的对象，并为其添加4个属性。

```
student=new Object();
student. name= "Zhang";
student. Age=16;
student. Sex= "male" ;
```

3）用声明变量的方法创建自己的对象

用花括号分隔，在花括号内部，对象的属性以名称和值对的形式（name : value）来定义，属性由逗号分隔。

```
var student ={name:" Zhang ", Age : 16 , Sex: "male"};
```

也可横跨多行，例如：

```
var student ={
name:" Zhang " ,
Age:16,
Sex:"male"
};
```

3. 访问对象的属性

访问一个对象的属性时，先在基本属性中查找，如果基本属性中没有，再沿着_proto_这条链向上找，这就是原型链。访问对象属性的语法如下：

```
objectName . propertyName
```

本例使用String对象的length属性查找字符串的长度：

```
var txt = " Animation Interaction Technology ";
var x=txt . length;
var y= txt["length"];
```

在以上代码执行后，x和y的值都是34。

4. 访问对象的方法

可以通过下面的语法调用方法：

```
objec tName . methodName( )
```

这个例子使用String对象的toUpperCase()方法将文本转换为大写：

```
var txt = " Animation Interaction Technology ";
var x=txt . toUpperCase();
```

在以上代码执行后，x的值为ANIMATION INTERACTION TECHNOLOGY。

4.2.2 数组

数组是一系列的变量。通过索引来访问它的每个元素。

1. JavaScript数组的定义

有3种方法可定义数组。JavaScript 中数组的元素并不要求相同，同一个数组中的元素类型可以互不相同。

（1）定义数组时已为数组完成了数组元素的初始化，如var a=[3,5,23];。

（2）var b=[]; 创建一个空数组，并为数组元素赋值，如b[0] = 'hello' ;。

（3）var c = new Array() ; 创建一个空数组。

例如，以下代码创建名为cars的数组：

```
var cars=new Array();
cars[0]="Audi";
cars [1]="BMW";
cars[2]="Volvo";
```

也可以写成：

```
var cars=new Array( "Audi" , "BMW" , "Volvo");
var cars=["Audi", "BMW","Volvo"];
```

2. 数组属性

JavaScript为数组提供了一个length属性，该属性可得到数组的长度。JavaScript 的数组长度可以随意变化，它总等于所有元素索引最大值+1。JavaScript的数组索引从0开始。

3. 数组方法

JavaScript数组本身就是一种功能非常强大的“容器”，它不仅可以代表数组，还可以作为长度可变的线性表使用，还可以作为栈或队列使用。

1）JavaScript数组作为栈使用

push(ele)：元素入栈，返回入栈后数组的长度。pop()：元素出栈，返回出栈的数组元素。堆栈的结构是先进后出，后进先出。例如，以下代码运行结果如图4.11所示。

```
var teststack = [];
teststack.push("we","study","JavaScript");
alert(teststack.pop()+"\n"+teststack.pop()+"\n"+teststack.pop());
```

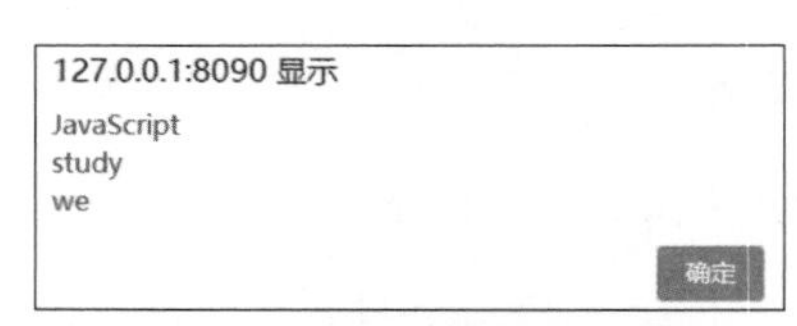

图4.11　JavaScript数组作为栈使用的运行结果

2）JavaScript数组作为队列使用

unshft(ele)：元素入队列，返回入队列后数组的长度。shif()：元素出队列，返回出队列的数组元素。队列的结构是先进先出，后进后出。例如，以下代码运行结果如图4.12所示。

```
//将数组作为队列使用
var testqueue = [];
testqueue.unshift("we","study","JavaScript");
alert(testqueue.shift()+"\n"+testqueue.shift()+"\n"+testqueue.
shift());
```

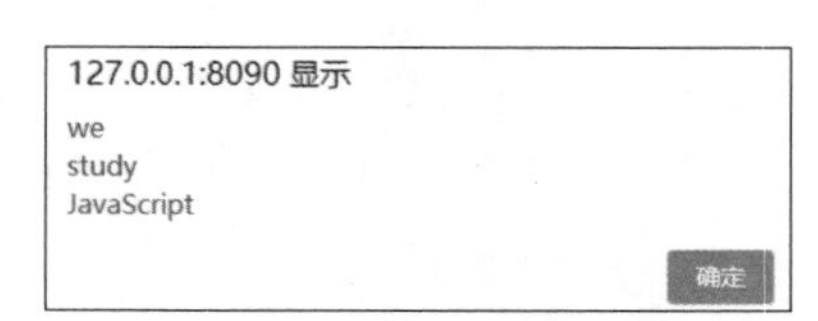

图4.12　JavaScript数组作为队列使用的运行结果

3）其他

Array 对象还定义了很多方法，以下列出常用方法，并举例说明。

（1）indexOf (elt,from?:number):number：搜索得到一个指定元素的位置。例如，以下代码运行结果如图4.13所示。

```
    var testArr = [5.6, 100, 'computer', '578'];
    alert("元素5.6的索引为" + testArr.indexOf(5.6) + "\n元素100的索引为" +
testArr.indexOf(100) +
     "\n元素computer的索引为" + testArr.indexOf('computer') +
     "\n元素578的索引为" + testArr.indexOf('578'));
```

127.0.0.1:8090 显示

元素5.6的索引为0
元素100的索引为1
元素computer的索引为2
元素578的索引为3

确定

图4.13　indexOf()运行结果

（2）sort (compare?:Function)：直接修改当前Array的元素位置，直接调用时，按照默认顺序排序。例如，以下代码运行结果如图4.14所示。

```
    var testArr = ['male', 'female', 'computer', 'auto'];
    alert(testArr.sort());
```

图4.14　sort()运行结果

（3）reverse ()：把整个Array的元素反转。例如，以下代码运行结果如图4.15所示。

```
    var testArr = ['male', 'female', 'computer', 'auto'];
    alert(testArr.reverse());
```

图4.15　reverse()运行结果

（4）splice (pos:number,amount:number)：实现拼接，它可以从指定的索引开始删除若干元素，然后再从该位置添加若干元素。例如，以下代码运行结果如图4.16所示。

```
    var testArr = ['male', 'female', 'computer', 'auto'];
    alert("已删元素:"+testArr.splice(2,2,'Google','Facebook')+"\n数组变
成:"+testArr+"\n已删元素:"+testArr.splice(2,2)+"\n数组变成:"+testArr);
```

图4.16 splice()运行结果

（5）concat (other:Array)：把当前的Array和另一个Array连接起来，并返回一个新的Array。例如，以下代码运行结果如图4.17所示。

```
var testArr1 = ['male', 'female', 'computer', 'auto'];
var testArr2 = ['one', 'two', 'three', 'four'];
alert("新数组:"+testArr1.concat(testArr2));
```

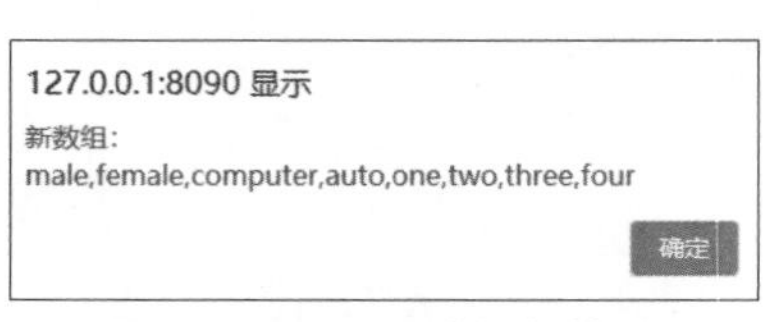

图4.17 concat()运行结果

（6）join(separator?:string)：string 方法是一个非常实用的方法，它把当前Array的每个元素都用指定的字符串连接起来，然后返回连接后的字符串。例如，以下代码运行结果如图4.18所示。

```
var testArr1 = ['male', 'female', 'computer', 'auto'];
alert("新数组:"+testArr1.join("-"));
```

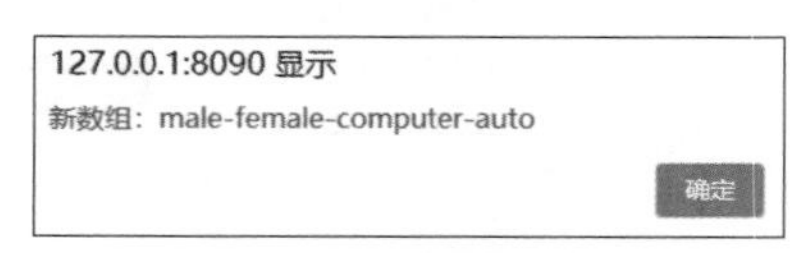

图4.18 join()运行结果

（7）slice(from:number,to?:number)：截取数组在索引之间的部分元素，然后返回一个新的Array。如果只有一个参数，则数组一直截取到数组结束；如果两个参数为正数，则从左边开始计数；如果两个参数为负数，则从右边开始计数；如果不给任何参数，它就会从头到尾截取所有元素，这其实就是复制。该方法返回截取得到的子数组，但原数组并不改变。例如，以下代码运行结果如图 4.19所示。

```
var testArr1 = ['male', 'female', 'computer', 'auto'];
var testArr2=testArr1.slice();
alert("复制一个数组:"+testArr2+"\n从数组中提取:"+testArr1.slice(1,2));
```

127.0.0.1:8090 显示
复制一个数组：male,female,computer,auto
从数组中提取：female
确定

图4.19 slice()运行结果

4. 多维数组

如果数组的某个元素又是一个Array，则可以形成多维数组。例如，testArr1里面就含有3个数组，组成了一个多维数组。在访问该数组中的元素时，索引值指向的是里面的数组。例如，2代表的是["a",43,"b",67]。以下代码运行结果如图4.20所示。

```
var testArr1 = [['male', 'female', 'computer', 'auto'],[1,2,3,5],["a",
43,"b",67],"@@@@@@"];
alert("数组:"+testArr1+"\n从数组中提取:"+testArr1[2]);
```

图4.20　多维数组访问结果

4.2.3 函数

函数是JavaScript中另一个复合类型。函数可以包含一段可执行性代码，也可以接收调用者传入参数。正如所有的弱类型语言一样，JavaScript 的函数声明中，参数列表不需要数据类型声明，函数的返回值也不需要数据类型声明。

再强调一句，函数是由事件驱动的或者当它被调用时执行的可重复使用的代码块。

1. 函数定义

定义一个函数的语法格式如下：

```
function functionName (paraml,param2,...) {
}
```

其中， function表示函数；functionName定义函数名称，这个名称的取名方法和规则与变量的取名方法和规则相同；paraml,param2,…表示参数，参数作为变量来声明，变量和参数必须以一致的顺序出现。

使用时也可以无须声明返回值类型及变量类型。例如，以下定义了一个函数，并对它进行了调用，运行结果如图4.21所示。

```
function gameScore(){
    var gameNumber=10;
    alert("你的游戏成绩是:"+gameNumber);
}
gameScore();
```

127.0.0.1:8090 显示

你的游戏成绩是：10

确定

图4.21　程序运行结果

2. 调用函数的语法

前面我们很轻松地用gameScore()完成了函数的调用，但实际上完整的函数调用格式如下：

```
functionName (valuel,value2...) ;
```

当函数调用时是可以传入参数的，参数可以是一个，也可以是多个，多个参数之间用逗号进行分隔。下面我们举个完整的例子来说明，以下示例运行结果如图4.22所示。

```
function judgeExpress(color){
    if(color=="red"){
        alert("红色代表热情");
    }else if(color=="green"){
        alert("绿色代表希望");
    }else{
        alert("每种色彩都有不同的感情表达");
    }
}
judgeExpress("red");
```

图4.22　调用函数运行结果

3. 带有返回值的函数

有时，我们会希望函数将值返回调用它的地方，通过使用return语句就可以实现。在使用return语句时，函数会停止执行，并返回指定的值，整个JavaScript并不会停止执行，JavaScript 将继续从调用函数的地方开始执行代码，以下示例的运行结果如图4.23所示。

```
function addCaculator(number1, number2) {
    var addNumber = number1 + number2;
    return addNumber;
}
var testFun="证明return之后还是继续执行的";
alert("两数之和为:"+addCaculator(10, 2)+"\n"+testFun);
```

127.0.0.1:8090 显示

两数之和为：12

证明return之后还是继续执行的

确定

图4.23　程序运行结果

4.3 运算符

程序要解决和能解决的问题非常多，我们需要借助运算符书写表达式，以期得到一个正确的结果。前面的程序案例里从来没有离开过用运算符，现在，我们来完整地介绍JavaScript运算符。

JavaScript的运算符包括算术运算符、比较运算符、赋值运算符、逻辑运算符、条件运算符和判断数据类型运算符。

4.3.1 算术运算符

算术运算符用于执行变量之间或值之间的算术运算。JavaScript提供的算术运算符有加、减、乘、除、求余数（保留整数）、累加和递减，如表4.3所示。假如给定y=5，则会看到执行算术运算之后的结果，透过这张表，基本对算术运算符有了一个清楚的认识。

表4.3　算术运算符的运算结果表

运　算　符	描　　述	例　　子	结　　果
+	加	x=y+2	x=7
-	减	x=y-2	x=3
*	乘	x=y*2	x=10
/	除	x=y/2	x=2.5
%	求余数（保留整数）	x=y%2	x=1
++	累加	x=++y	x=6
--	递减	x=--Y	x=4

4.3.2 比较运算符

比较运算符在逻辑语句中使用，以判断变量或值是否相等。执行比较运算得到的结果是逻辑值，如表4.4所示。例如，假定x=5，我们能看到比较运算之后的结果为true（真）或false（假）。

表4.4　比较运算符的运算结果表

运　算　符	描　　述	例　　子
==	等于	x==8为false
===	全等（值和类型）	x===5为true; x==="5"为false
!=	不等于	x!=8为true
>	大于	x>8为false
<	小于	x<8为true
>=	大于或等于	x>=8为false
<=	小于或等于	x<=8为true

4.3.3 赋值运算符

赋值运算符用于为JavaScript的变量赋值。将运算符左边的值赋给右边的变量。JavaScript的赋值运算符如表4.5所示。同样，我们给定x=10和y=5，从结果里我们可以深刻理解运算符的含义。

表4.5 赋值运算符的运算结果表

运 算 符	例 子	等 价 于	结 果
=	x=y		x=5
+=	X+=y	x=x+y	x=15
-=	X-=y	x=X-Y	x=5
*=	x*=y	x=x*y	x=50
/=	x/=y	x=x/y	x=2
%=	x%=Y	x=x%y	x=0

4.3.4 逻辑运算符

逻辑运算符用于判断逻辑，它的返回值是逻辑值，JavaScript与其他语言一样，有3个逻辑运算符：与、或、非。必须要明确一点，逻辑运算符的左右两边一定是逻辑值，无论用什么形式，如用表达式，那得到的结果也一定是逻辑值，然后，才能与另一逻辑值进行逻辑运算。

当你无法理解逻辑运算符时，可以将与运算想象为乘法运算，或运算想象为加法运算，非运算就是不是的意思，逻辑值真想象为1，逻辑值假想象为0。这样，你的脑海里的逻辑运算如表4.6所示。

表4.6 想象的逻辑运算

运算符左边	运算符右边	结 果	
		与	或
1	1	1	1
1	0	0	1
0	1	0	1
0	0	0	0

我们发现，当执行与运算时，只有两边都为真时，结果才为真，当执行或运算时，只有两边都为假时，结果才为假。

所以，如果给定x=6和y=3，则逻辑运算之后正确的结果及解释如表4.7所示。

表4.7 逻辑运算符的运算结果表

<table>
<tr><th>运算符</th><th>描述</th><th>例 子</th><th>解 释</th></tr>
<tr><td>&&</td><td>and</td><td>(x<10&&y>1)为true</td><td>6<10得到的结果是真，3>1得到的结果也为真，真与真的结果为真</td></tr>
<tr><td>||</td><td>or</td><td>(x==5 ||y==5)为false</td><td>6==5得到的结果是假，3==5得到的结果也为假，假或假的结果为假</td></tr>
<tr><td>!</td><td>not</td><td>!(x==y)为true</td><td>6==3得到的结果是假，非假即真</td></tr>
</table>

4.3.5 条件运算符

JavaScript条件运算符也称为三目运算符，只有一个“?:”，是基于某些条件对变量进行赋值的条件运算符。语法格式如下：

```
(expression) ? if-true-statement : if- false-statement;
```

运算规则是：先对逻辑表达式expression求值，如果逻辑表达式返回true，则执行第二部分的语句；如果逻辑表达式返回false，则返回第三部分的语句。例如，如果变量visitor的值是"PRES"，则为变量greeting赋值"Dear President"；否则赋值"Dear"。

```
var visitor="PRES";
var greeting=(visitor== "PRES")?"Dear President ":"Dear ";
alert(greeting);
```

以上代码运行结果如图4.24所示。

图4.24 条件运算符运算结果

4.3.6 typeof运算符和instanceof运算符

1. typeof运算符

typeof运算符用于判断某个变量的数据类型，它可以作为函数来使用（如typeof(a)可返回变量a的数据类型），也可以作为一个运算符来使用。

不同类型参数使用typeof运算符的返回值类型：undefined 值为undefined；null值为object；布尔型值为boolean；数字型值为number；字符串值为string；对象为object；函数为function。

```
var a=123;
var b=true;
var c="computer";
var d;
alert(typeof(a)+"\n"+typeof(b)+"\n"+typeof(c)+"\n"+typeof(d));
```

以上代码运行结果如图4.25所示。

127.0.0.1:8090 显示
number
boolean
string
undefined
确定

图4.25 typeof运算结果

2. instanceof运算符

instanceof运算符用于判断某个变量是否为指定类型的实例，如果是则返回true，否则返回false。以下代码运行结果如图4.26所示。

```
var testNumber=[123,100];
console.log("testNumber instanceof Object:");
console.log(testNumber instanceof Object);
console.log("testNumber instanceof Array:");
console.log(testNumber instanceof Array);
```

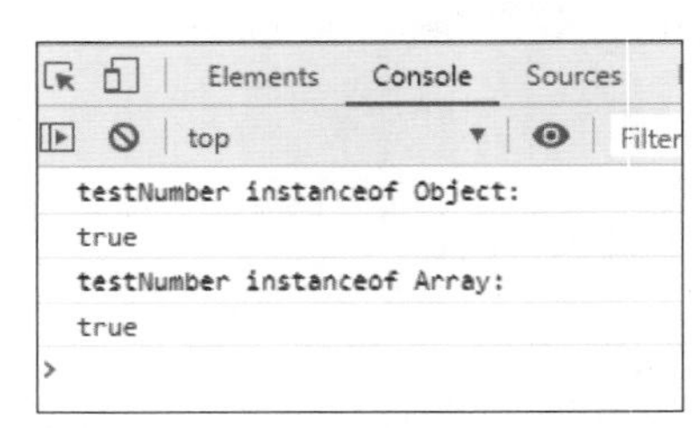

图4.26　instanceof,运算结果

JavaScript中所有的类都是Object的子类，testNumber变量是一个数组，因此运行提示true。

4.4 异常处理

很多时候，我们需要自己预测各种异常，然后在程序里对这些异常进行处理。例如，在进行网站注册时，通常会要求用户输入注册号、邮箱和密码，会被要求按格式来书写，如果不符合要求，就会弹出提示框阻止继续操作。

4.4.1 异常抛出语句

当JavaScript引擎执行JavaScript代码时，会发生各种错误，可能是语法错误，通常是程序员造成的编码错误或错别字；也可能是拼写错误或语言中缺少的功能（可能由于浏览器差异）；或者是由于来自服务器或用户的错误输出而导致的错误。当然，也可能是由于许多其他不可预知的因素造成的错误。当错误发生时，JavaScript引擎通常会停止，并生成一个错误消息。描述这种情况的技术术语是：JavaScript将抛出一个错误。

throw语句允许创建或抛出自定义错误异常（exception）。其语法为throw exception。

4.4.2 异常捕捉语句

JavaScript测试和捕捉错误，try语句允许定义在执行时进行错误测试的代码块。catch语句允许定义当try代码块发生错误时所执行的代码块。JavaScript语句try和catch是成对出现的。

语法如下：

```
try
{
    //在这里运行代码
    catch(err)
    //在这里处理错误
}
```

4.4.3 实例

本例检测输入变量的值，如果值是错误的，会抛出一个异常（错误），catch 会捕捉到这个错误，并显示一段自定义的错误消息。

```
function myFunction() {
    try
    var x = document.getElementById("demo").value;
    if (x == "")
        throw "empty";
    if (isNaN(x)) throw "not a number";
    if (x > 10)
        throw "too high";
    if (x < 5)
        throw "too low";
    catch (err)
    var y = document.getElementById("mess");
    y.innerHTML = "Error:" + err + ".";
}
```

这个函数的意思就是：从网页的demo文本输入框获取一个值给变量x，如果x为空，则抛出错误empty，然后更改页面的mess标签内容为Error: empty；如果x不为数字，则抛出错误not a number，然后更改页面的mess标签内容为Error: not a number；如果x＞10，则抛出错误too high，然后更改页面的mess标签内容为Error: too high；如果x＜5，则抛出错误too low，然后更改页面的mess标签内容为Error: too low。

4.5 流程控制

语言要解决的就是各种各样的问题，通常问题的解决是这样的一个流程：给定初始的条件，然后处理，最后得出结果。但是，事实上，在这个大框架下，有非常多的情况，根据各种情况，大致会产生顺序、分支和循环三种流程， JavaScript为这三种流程的实现提供了相关的语句，下面一一陈述。

4.5.1 顺序

正常情况下，程序的运行就是从第一条开始然后逐条按顺序执行的。例如，最常见的计算器，首先输入两个数，然后执行运算，最后得出结果。

```
var a=20;
var b=45;
var c=a*b;
  alert(c);
```

以上代码运行结果如图4.27所示。

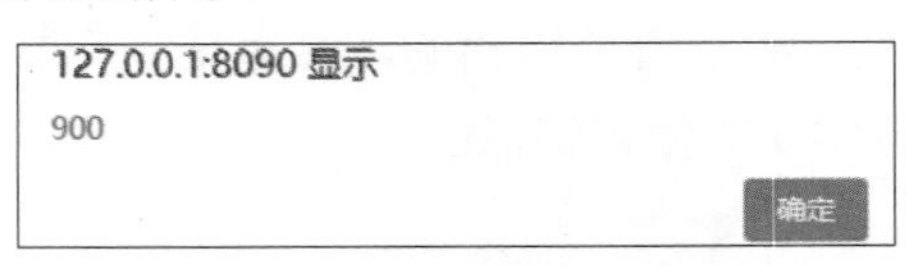

图4.27 顺序结构执行结果

4.5.2 分支

1. if语句

有的时候，情况有些复杂，需要做一些判断，只有当指定条件为true时，某些语句才会被执行，此时提供的就是if语句。

语法如下：

```
if (condition) {
        当条件为true 时执行的代码
}
```

当时间小于20:00时，生成一个Good day问候，例如：

```
var testTime = 12;
if (testTime < 20) {
    testTime = "Good day";
}
alert("testTime的结果是:"+testTime);
```

以上代码运行结果如图4.28所示。

图4.28 if语句运行结果

2. if…else语句

如果情况再复杂些，没关系，JavaScript在if语句的基础上提供了更复杂一些的处理语句if…else。

语法如下：

```
if (condition){
        当条件为true 时执行的代码
}else{
        当条件不为true 时执行的代码
}
```

当时间小于20:00时，将得到问候Good day，否则将得到问候Good evening，例如：

```
var testTime = 22;
if (testTime < 20) {
    testTime = "Good day";
}else{
    testTime = "Good evening";
}
alert("testTime的结果是:"+testTime);
```

以上代码运行结果如图4.29所示。

图4.29 if…else运行结果

3. if…else…else语句

当情况更复杂些时，JavaScript在if…else的基础上提供了更复杂一些的处理语句if…else…else，这个语句我们形象地称之为条件语句的嵌套。

语法如下：

```
if (condition 1) {
      当条件1为true 时执行的代码
}else if (condition 2) {
      当条件2为true 时执行的代码
}else{
      当条件1和条件2都不为true时执行的代码
}
```

如果时间小于10:00，则将发送问候Good morning；如果时间小于20:00，则发送问候Good day；否则发送问候Good evening，例如：

```
var testTime = 2;
if (testTime < 10) {
    testTime = "Good morning";
} else if (testTime < 10) {
    testTime = "Good day";
} else {
```

```
    testTime = "Good evening";
}
alert("testTime的结果是:" + testTime);
```

以上代码运行结果如图4.30所示。

图4.30 if…else…else运行结果

4. switch语句

switch语句用于基于不同的条件来执行不同的动作。

语法如下：

```
switch(n)
case 1:
        执行代码块1
break;
case 2:
        执行代码块2
break;
default:
        n与case1和case2不同时执行的代码
}
```

使用switch语句时首先设置表达式n（通常是一个变量），随后表达式的值会与结构中的每个case的值做比较。如果存在匹配，则与该case关联的代码块会被执行。break在这的作用至关重要，它用来阻止代码进入下一个case语句，并且直接跳出switch语句。default关键词表达的是以上情况都不存在时，就执行default下的语句。

如果今天是2020年5月20日，星期三，不是周六或周日，则会输出默认的消息，例如：

```
var toDay = new Date().getDay();
switch (toDay) {
    case 6:
        x = "Today it's Saturday";
        break;
    case0:
        x = "Today it's Sunday";
        break;
    default:
        x = "Looking forward to the Weekend";
}
alert(x);
```

以上代码运行结果如图4.31所示。

图4.31 switch运行结果

4.5.3 循环

我们常常面对这样的一些要处理的问题，就是不断地重复做同样的事。例如，画满天的星星，重复地画星星，不同的只是位置。所以，如果希望一遍又一遍地运行相同的代码，只是每次有的值不同，那么JavaScript提供了循环语句来解决这个问题。

JavaScript支持不同类型的循环：for 循环，循环代码块一定的次数；for/in循环，循环遍历对象的属性；while循环，当指定的条件为true时循环指定的代码块；do/while循环，也是当指定的条件为true时循环指定的代码块。

1. for循环

语法如下：

```
for(语句1;语句2;语句3) {
    被执行的代码块
}
```

语句1在循环（代码块）开始前执行，我们会使用语句1初始化循环中所用的变量（var i=0）。语句1是可选的，也就是说不使用语句1也可以。语句2定义运行循环（代码块）的条件，语句3在循环（代码块）已被执行之后执行。

例如，计算1+2+3+4+…+100，程序运行结果如图4.32所示。

```
var sum =0;
for (var i = 1; i < 101; i++) {
    sum = sum + i;
}
alert(sum);
```

127.0.0.1:8090 显示
5050
确定

图4.32 for运行结果

可以省略语句1。例如，在循环开始前已经设置了值时：

```
var sum =0;
var i=1;
for (; i < 101; i++) {
```

```
    sum = sum + i;
}
alert(sum);
```

2. for/in循环

JavaScript提供了一条能够循环遍历对象属性的语句：for/in语句。

语法如下：

```
for(变量 in 对象) {
    被执行的代码块
}
```

例如，以下代码采用for/in循环，运行结果如图4.33所示。

```
var testArr = {
    name: "ahh",
    sex: "female",
    machine: "computer",
    method: "auto"
};
for (var x in testArr) {
    console.log(x);
    console.log(testArr[x]);
}
```

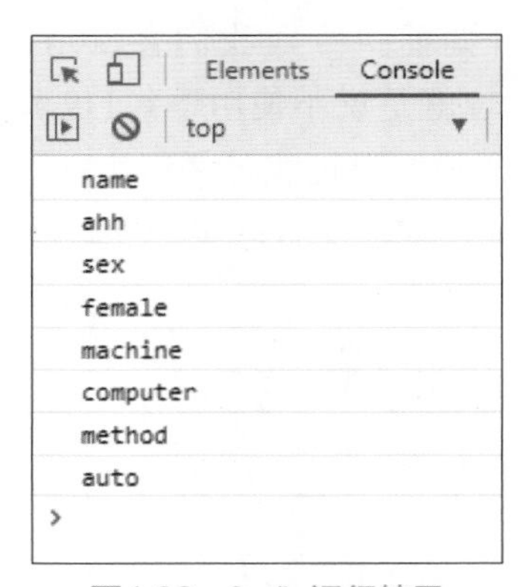

图4.33　for/in运行结果

3. while循环

while循环的意思就是只要指定条件为true，循环就可以一直执行代码。while循环会在指定条件为真时循环执行代码块。

语法如下：

```
while (条件) {
        需要执行的代码
}
```

例如，计算1+2+3+4+…+100，运行结果如图4.34所示。

```
var i =0;
var sum =0;
while (i <= 100) {
    var sum = sum + i;
    i++;
}
alert(sum);
```

图4.34　while运行结果

4. do/while循环

do/while循环是while循环的变体。该循环会在检查条件是否为真之前执行一次代码块，如果条件为真，就会重复这个循环。

语法如下：

```
do
    需要执行的代码
while (条件);
```

例如，计算1+2+3+4+…+100，运行结果如图4.35所示。

```
var i =0;
var sum =0;
do {
    var sum = sum + i;
    i++;
} while (i <= 100)
alert(sum);
```

图4.35　do/while运行结果

5. break语句和continue语句

break语句用于跳出循环，continue语句用于跳过循环中的一个迭代。

1）break语句

我们已经见到过break语句，它用于跳出switch()语句。break语句跳出循环后，会继续执行该循环之后的代码（如果有的话）。例如：

```
var i =0;
var sum =0;
do {
    if(i==10){
        break;
    }
    var sum = sum + i;
    i++;
} while (i <= 100)
alert(sum);
```

程序在i==10时跳出循环，所以，计算的结果是1+2+3+……+9的值，即45，运行结果如图4.36所示。

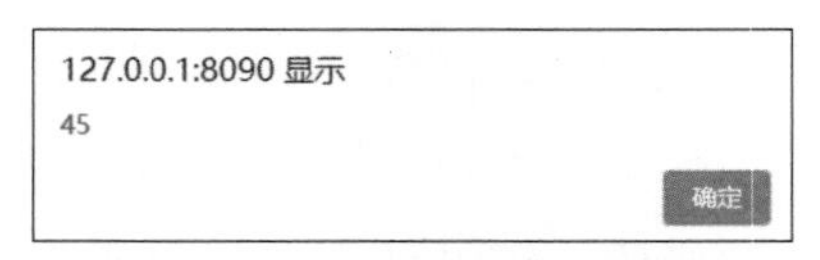
127.0.0.1:8090 显示
45
确定

图4.36　break语句运行结果

2） continue语句

continue语句中断循环中的迭代，如果出现了指定的条件，则继续循环中的下一个迭代。

例如，计算1+2+3+4+…+100，我们在i等于10时，应用了continue语句，所以，这个计算将会绕过10，计算的结果不是5050，而是5040，运行结果如图4.37所示。

```
var sum =0;
for (var i = 1; i <=100; i++) {
    if(i==10){
        continue;
    }
    sum = sum + i;
}
alert(sum);
```

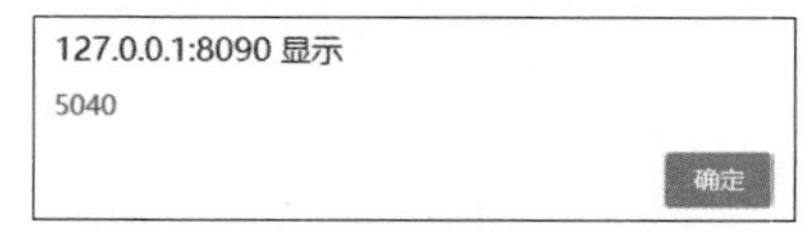
127.0.0.1:8090 显示
5040
确定

图4.37　Continue语句运行结果

4.6 实例

喜欢动画的人应该都看过由皮克斯和迪士尼联合出品的《寻梦环游记》，里面所表达的对死亡的理解：被人遗忘才是真正的死亡。

我的脑海里一直有一幅画。

有一回，我去到伶仃岛，岛上的崖壁上刻着文天祥的诗，我驻足轻轻读完它，依然心潮起伏，悲壮之情涌上心头。

是的，文天祥，生于宋朝，死于宋朝，我固执地认为他死之后宋朝才亡，距离现在741年，他还活着。

岛上的夜晚宁静而美丽，我看星空时，天上飘来那千古诗句。让我们将代码片断与程序思想相结合，回放我脑海里的画面，如图4.38所示。

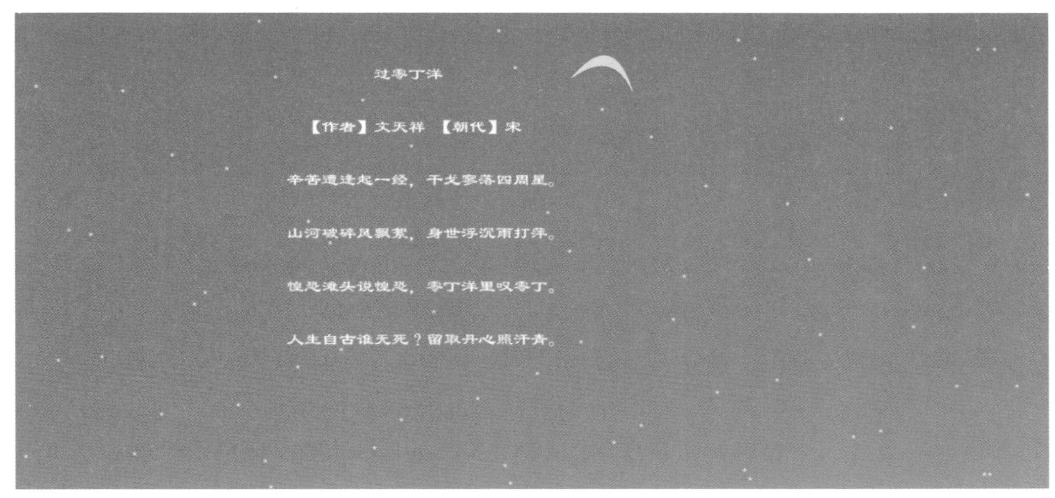

图4.38 美丽的画

1. 启动An

（1）新建一个平台类型为HTML5 Canvas的文件，舞台大小为1920×1080像素。

（2）将图层1改名为actions，在第1帧处添加动作。

2. 画背景

在代码片断里单击HTML5 Canvas左边的小三角，再单击CreateJS API左边的小三角，双击“线性渐变”，修改其中的一些参数。

```
    var corner_radius =0;
    var colors = ["#5884A7", "#E59C73"];
    var ratios = [0, 1];
    var x0 =0;
    var y0 =0;
    var x1 =0;
    var y1 = 1080
    var shape = new createjs.Shape(new createjs.Graphics().beginLinearGradientFill
(colors, ratios, x0, y0, x1, y1).drawRoundRect(0,0, 1920, 1080, corner_radius));
    this.addChild(shape);
```

3. 画月亮

利用二次贝赛尔曲线的原理，保证两个端点不变，而只变控制点的y坐标，画40条这样的曲线，思路如图4.39所示。

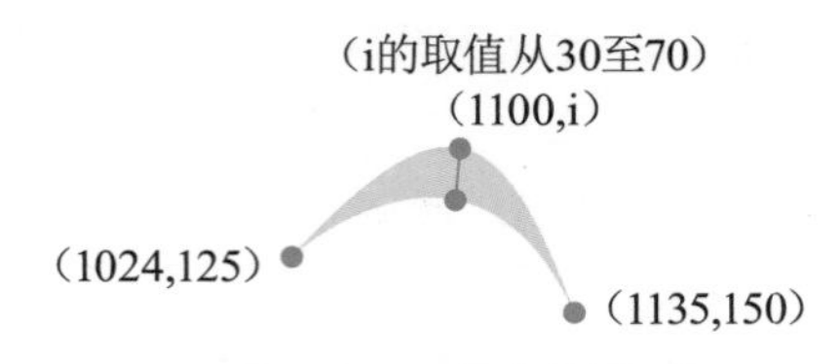

图4.39　画月亮分析图

在代码片断里单击HTML5 Canvas左边的小三角，再单击CreateJS API左边的小三角，双击quadraticCurveTo，修改其中的一些参数。然后，循环40次。

```
for (var i = 30; i < 70; i++) {
    var stroke_color = "#ffFF00";
    var shape = new createjs.Shape(new createjs.Graphics().beginStroke
(stroke_color).moveTo(1024, 125).quadraticCurveTo(1100, i, 1135, 150).
endStroke());
    this.addChild(shape);
}
```

最终效果如图4.40所示。

图4.40　画好的月亮

4. 写诗

在代码片断里单击HTML5 Canvas左边的小三角，再单击“动作”左边的小三角，双击“单击以显示文本”，修改其中的一些参数。（注意：零丁即伶仃。）

```
vv = ["         过零丁洋",
    "   【作者】文天祥【朝代】宋  ",
    "辛苦遭逢起一经,干戈寥落四周星。",
    "山河破碎风飘絮,身世浮沉雨打萍。",
    "惶恐滩头说惶恐,零丁洋里叹零丁。",
    "人生自古谁无死?留取丹心照汗青。"
];
var vvText = new Array();
for (var t =0; t < 6; t++) {
    vvText[t] = new createjs.Text();
    vvText[t].x = 500;
    vvText[t].y = 100 + 100 * t;
    vvText[t].color = "#ffffff";
    vvText[t].font = "32px 隶书";
    vvText[t].text = vv[t];
    this.addChild(vvText[t]);
}
```

5. 画星星

画满天星？这个好办，想要多少个星星，就循环多少次，每次画一个。分布位置？那就让它出现在画布的任意一个位置，想让它有规律，那就用三角函数。

在代码片断里单击HTML5 Canvas左边的小三角，再单击CreateJS API左边的小三角，双击drawPolyStar，修改其中的一些参数。

```
    starX =0;
    for (var j =0; j < 1060; j++) {
        starX += 10;
        starY = Math.sin(j) * 1000;
        var shape = new createjs.Shape(new createjs.Graphics().beginFill
("#ffFF00").drawPolyStar(starX, starY, 5, 5,0.6, -90));
        this.addChild(shape);
    }
```

6. 测试及保存

（1）测试结果如图4.41所示。

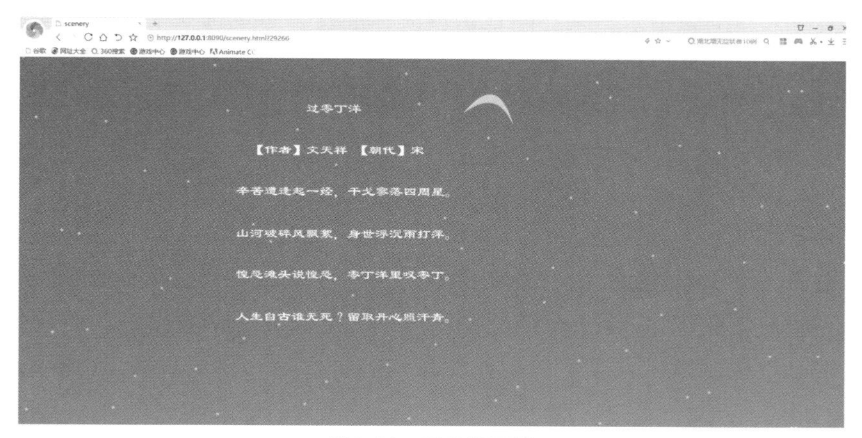

图4.41 最终效果图

（2）选择“文件”→“保存”，保存为FLA源文件，并取个合适的文件名。

4.7 本章小结

本章基本将JavaScript语言的基础语句语法、数据类型、运算符及在网页中常用的异常处理语句、常用的语句控制流程等，都配有相关实例呈现给大家。但是，JavaScript绝不仅限于此，它非常灵活，应用也很广泛，尤其在前端有相当大的应用市场。

习题4

1. JavaScript是什么？
2. 计算1+2+3+4+…+100。
3. 如果给定x=6和y=3，则（x<10&&y>1）的结果是什么？
4. JavaScript数组作为栈使用有两个方法，分别是哪两个？

第5章

CreateJS基础——EaselJS

本章涵盖如下内容：

- CreateJS
- EaselJS文本
- EaselJS绘图
- EaselJS容器

通过第4章的铺垫，不同的人对EaselJS会有两种看法：一种是程序设计语言底子深厚的，如精通C++的人，会觉得太浅；另一种是零基础的，想利用EaselJS写代码、编程的，会觉得似懂非懂。

这就像面对大厨刚做出来的菜，吃过山珍海味的食客感觉稀松平常；习惯家常便饭的人则感觉此菜只应天上有，充满食欲。

本书章节的编排就是希望达到由浅入深、引“读者”入胜的目的。

5.1 EaselJS简介

大家都知道，浏览器识别的是HTML标签语言，自从有了<canvas>标签，情况有所转变。<canvas>有一个基于 JavaScript 的绘图 API。Canvas API是HTML5中新增的标签，用于在网页中实时生成图像，并且可以操作图像内容，它是一个可以用JavaScript操作的位图（bitmap）。

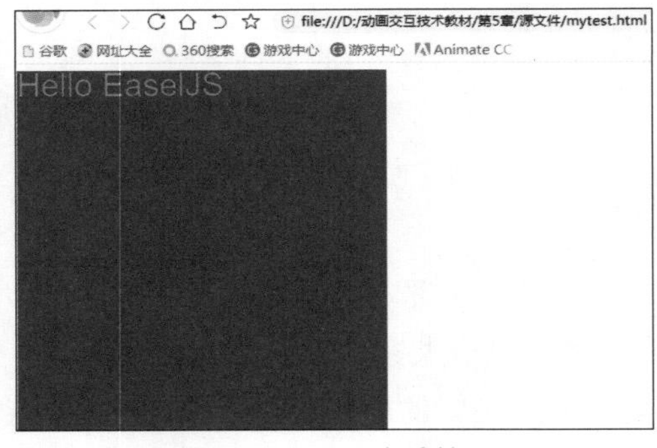

图5.1　HTML文件效果

HTML5文件通过<scriot>标签实现JavaScript语言的加载。在不使用An的情况下，我们在网页上做交互动画需要用到CreateJS时，会先在<scriot>中导入CreateJS的库，然后在使用时，先将canvas转化为舞台，再使用CreateJS工具将文本、图形、图片等放上舞台，并控制它们的动作。

下面以实现图5.1所示的页面效果为例进行讲解。

首先，我们需要写一个HTML文件，取名为myTest.html，在使用EaselJS时，需要<script src="easeljs.min.js"></script>这条语句的支持。我们把将相关文字放在页面上的工作交给app.js，这个文件需要自己写，可以用<script src="app.js"></script>语句实现加载。

HTML文件代码如下：

```
<!DOCTYPE html>
<html>
<head lang="en">
<meta charset="UTF -8">
<title>一个简单的应用EaselJS的实例</title>
<script src="easeljs.min.js"></script>
</head>
<body>
<canvas id="gameView" width="400px" height="400px" style="background-
color: #123456"></canvas>
<script src="app.js"></script>
</body>
</htmL>
```

其中的easeljs.min.js 是从官网上下载的，它需要放在与myTest.html文件相同的路径上。app.js文件是自己写的，也要放在HTML文件同级目录下。文件的结构如图5.2所示。

图5.2 文件存放结构

easeljs.min.js的官网下载地址为www.createjs.com，如图5.3所示。

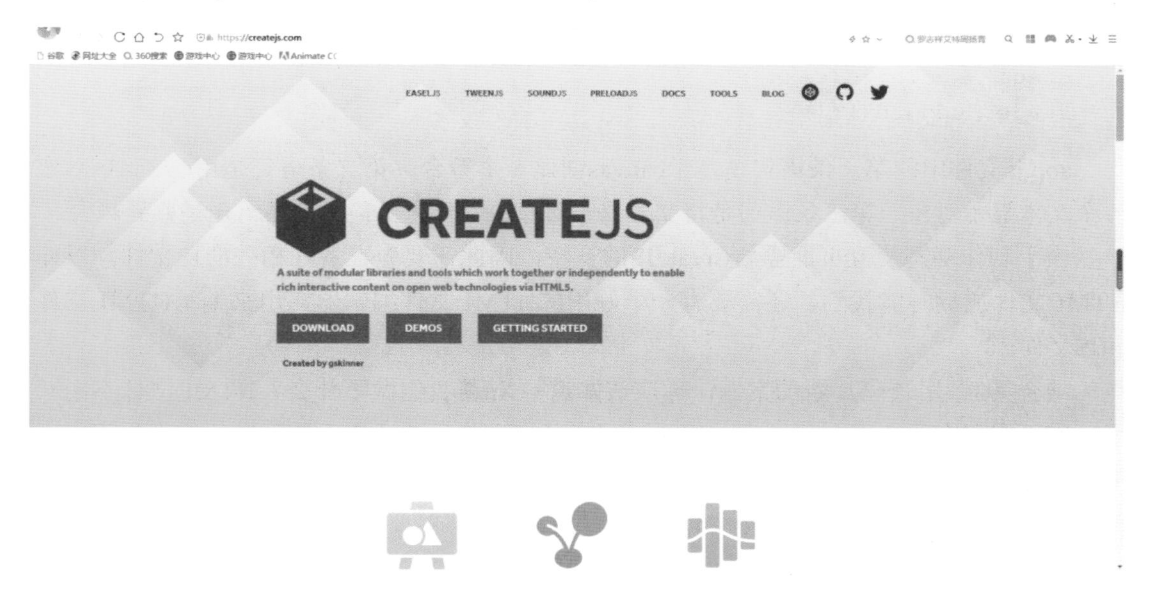

图5.3 官网界面

单击DOWNLOAD按钮进入下载界面，如图5.4所示。在下载界面可以选择需要的应用进行下载。但需要注意的是，解压缩完成后，easeljs.min.js文件在lib文件夹中。

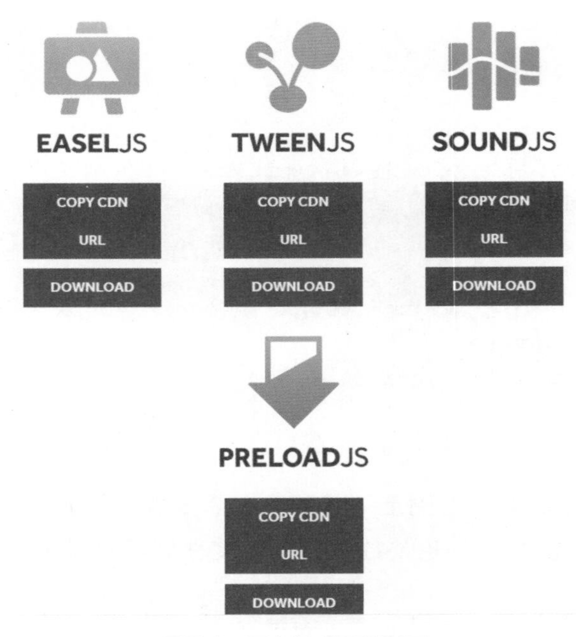

图5.4　四大组成下载界面

app.js实现将相关文字放在画布上，在EaselJS中叫作舞台，所以，需要通过画布创建舞台，再创建显示对象，并将显示对象放到舞台上。因此，app.js文件代码如下：

```
    var stage = new createjs.Stage("gameView");
    var text = new createjs.Text("Hello EaselJS", "36px Arial",
"#ff0000");
    stage. addChild(text);
    stage. update();
```

app.js文件中的第一条语句是基于canvas创建一个舞台，第二条语句是用CreateJS创建一个文本显示对象，第三条语句是将文本显示对象放到舞台上，第四条语句是刷新舞台。

由于制作动态交互页面需要CreateJS的支持，因此需要先准备好相关的JS文件，以便HTML文件加载时能找到，还需要有一个好用的HTML文件编辑器，用来编写HTML文件和JS文件。

结合第3章用代码片断的案例，你应该知道，An帮我们做了什么？HTML文件不用写了，库不用加载了，舞台与画布的连接不用考虑了。你只要选定你所创建的文件的平台类型是HTML5 Canvas即可，其他问题An会帮你解决了。

那么你需要做什么呢？在动作面板里用CreateJS写你的要求就可以了。

5.2 CreateJS概述

CreateJS是基于HTML5开发的一套模块化的库和工具。基于这些库，可以非常快捷地开发出基于HTML5的游戏、动画和交互应用。CreateJS 中包括以下内容。

EaselJS：用于 Sprites、动画、向量和位图的绘制，创建 HTML5 Canvas 上的交互体验（包含多点触控），同时提供 An中的“显示列表”功能，简单来说，就是用来处理HTML5的Canvas。

TweenJS：一个简单的用于制作类似 An 中“补间动画”的引擎，可生成数字或非数字的连续变化效果。简单来说，就是用来处理HTML 5的动画调整和JavaScript属性。

SoundJS：一个音频播放引擎，能够根据浏览器性能选择音频播放方式。将音频文件作为模块，可随时加载和卸载。简单来说，就是用来帮助简化处理音频相关的API。

PrloadJS：帮助你简化网站资源预加载工作，无论加载内容是图形、视频、声音还是JS、数据等。简单来说，就是管理和协调程序加载项的类库。

1. EaselJS

EaselJS是一个使用HTML5 Canvas 的库。它包括一个完整的、层次化的显示列表，一个核心交互模型和一些帮助类，使得使用Canvas 更加容易。你需要在HTML中定义一个Canvas 元素，并在JavaScript 中引用。 EaselJS使用 stage 的概念，它是显示列表的顶级容器（stage 将是Canvas 元素）。

EaselJS提供了一个API，是在HTML5构建高性能2D交互的库，使得使用Canvas 更加容易。

EaselJS提供了功能丰富的显示列表，允许对图形设置动画，同时支持鼠标及移动端触摸交互。它在构建游戏、广告、数据可视化，以及其他高度图形化方面表现优秀，可以独立工作，也可以配合CreateJS其他模块（如SoundJS、PreloadJS、TweenJS）一起工作。

此外，它没有外部依赖，可以与几乎任何框架保持兼容。

2. TweenJS

TweenJS提供了一个简单但功能极其强大的补间动画实现功能，它支持所有数字对象属性和CSS样式属性，并允许用补间和行为一起创建复杂动画。

TweenJS就是直接制作补间动画。其语句语法规则及可用属性将在后面章节中探讨。

3. SoundJS

SoundJS提供了一个简单的API，能让你非常轻松地调用声音。但你到底是怎么做到的呢？有什么好办法吗？我们将在后面章节中探讨这些问题。

4. PrloadJS

PreloadJS 提供多种方式来加载各种文件，无论是图片、数据还是其他，可使效率更高，功能更丰富。怎么加载？如何实现使用文件里的数据？我们将在后面章节中探讨这些问题。

5.3 EaselJS文本

潜心研究CreateJS，从它能把文本、图形搬上舞台开始。更具体地来说，先从将文本放上舞台开始。

5.3.1 开始

我们了解到An帮我们做了很多，我们只需要知道如何把内容放上舞台就能在浏览器里看到结果。那么，舞台是什么？如何将内容放上舞台？舞台上能放的内容有哪些？非常简单，放上舞台的只能是显示对象，那么CreateJS提供了哪些显示对象？显示对象有哪些方法和属性？

1. 舞台

舞台（stage）是显示列表的顶级容器。所有元素最后的显示都是依靠stage这个大容器实现的。stage是绑定在Canvas上的，也就是说，stage其实是Canvas在EaselJS中的代理人，我们在EaselJS中不会直接操作Canvas，而是操作舞台stage，stage与Canvas之间的操作完全交给EaselJS层面去处理。只有更新舞台stage，才会触发舞台上所有显示元素各种属性的更新，最后依托Canvas呈现。

2. 容器

容器（container）是一个可靠的显示列表，允许使用复合显示元素。例如，可以将手臂、腿、躯干和头部的位图实例集中到一个人的容器中，这样你就能将它们作为一个整体进行转换，同时仍然能够相互移动各个部分。

3. 显示对象

CreateJS提供了一些显示对象（DisplayObject），如图片（bitmap）、形状（shape）、文本（text）等，这些显示对象有一些核心的属性和方法。

4. 核心方法

addChild (child)：将子元素添加到显示列表的顶层（adds a child to the top of the display list），其中的参数child是显示对象。

我们一般是将一个显示对象添加到舞台，使用stage. addChild (child)。

我们一般是将显示对象添加到容器中，使用container. addChild (child1, child2, child3,…)，可以不止一个child，child之间用逗号分隔。

addChildAt (child, index)：将指定索引处的子元素添加到显示列表（adds a child to the display list at the specified index），其中的参数child是显示对象，参数index是数字，用法很灵活。

getChildAt (index)：返回索引值处的子元素，参数index是数字。

getChildByName (name)：返回指定名称处的子元素，参数name是字符串。

getChildIndex (child)：返回子元素的索引值，参数child是显示对象。

removeChild (child)：从显示列表中移除子元素，返回值是逻辑值。

removeChildAt (index)：从显示列表中移除指定索引处的子元素，返回值是逻辑值。

getBounds ()：返回一个矩形，表示该对象在其本地坐标系中的边界。缓存的对象将返回缓存的边界。

5. 核心属性

x：显示对象相对于其父对象的 x（水平）位置，默认值是0。

y：显示对象相对于其父对象的 y（垂直）位置，默认值是0。

alpha：显示对象的透明度，介于0和1之间，0是完全透明的，1是完全不透明的。

rotation：显示对象旋转的角度，默认值是0。

scaleX：水平拉伸显示对象的倍数。例如，将 scaleX 设置为2会将显示对象拉伸到其宽度的两倍。水平翻转一个物体时，可以将该属性设置为负数。

scaleY：垂直拉伸显示对象的倍数。例如，将 scaleY设置为2会将显示对象拉伸到其高度的两倍。垂直翻转一个物体时，可以将该属性设置为负数。

CreateJS将显示对象放上舞台，首先创建显示对象，然后对显示对象进行一系列操作。例如，显示对象是图片，则需根据需要对图片的一些参数进行设置，然后添加到舞台。

5.3.2 Text

我们要将文本放上舞台，用到的显示对象就是Text。Text能实现在显示列表中显示一行或多行动态文本（不是用户可编辑的）。Text一次只能显示一种字体样式，要使用多种字体样式时，需要创建多个文本实例，并手动定位它们。CreateJS 文本支持 Web 字体，规则与Canvas 相同。并非所有浏览器都会以完全相同的方式呈现文本。

构造函数为Text ([text],[font],[color])。

三个参数的含义：[text] 字符串选项，描述用于显示的文本；[font] 字符串选项，描述用于显示的字体，任何CSS 字体属性都可以（如bold 36px Arial）；[color] 字符串选项，描述文本的颜色，任何CSS 字体属性都可以（如#F00、red、#FF0000）。

1. 方法

addEventListener, getMatrix, isVisible, setTransform, cache, getMeasuredHeight, localToGlobal, toString, clone, getMeasuredLineHeight, localTol ocal, uncache, dispatchEvent, getMeasuredWidth, off, updateC ache, draw, getMetrics, on, updateContext, getBounds, getTransformedBounds, emoveAllEventListeners, willTrigger, getC acheDataURL, globalToLocal, removeEventListener, getC oncatenatedDisplayProps, hasEventListener, set, getC oncatenatedMatrix, hitTest, setBounds。

2. 属性

alpha, bitmapCache, cacheCanvas, color, compositeOperation, cursor, filters, font, hitArea, id, lineHeight, lineWidth, mask, maxWidth, mouseEnabled, name, outline, parent, regX, regY, rotation, scale, scaleX, scaleY, shadow, skewX, skewY, snapToPixel, stage, text, textAlign, textBaseline, tickEnabled, transformMatrix, visible, x, y。

3. 事件

added, mousedown, pressmove, rollout, click, mouseout, pressup, rollover, dblclick, mouseover, removed, tick。

以上是对Text的所有属性方法和事件的一个罗列，我们发现，Text具有DisplayObject的所有核心属性和方法，Text属于DisplayObject。

4. 实例

现在，我们来试一下，把“数字媒体技术”这几个字搬上舞台。

首先用var testText=new createjs.Text("数字媒体技术","bold 36px 微软雅黑","#ff0000");语句创建一个文本变量testText，它代表加粗的36px的微软雅黑红色的“数字媒体技术”这几个字。

```
testText.x=100;
testText.y=100;
testText.rotation=15;
```

上述三条语句是将testText指定放在舞台上的（100,100）处，rotation=15代表倾斜。

```
stage.addChild(testText);
```

上面这条语句将testText放上舞台。

1）启动An

（1）新建一个平台类型为HTML5 Canvas的文件，舞台大小为1920×1080像素。

（2）将图层1改名为actions，在第1帧处添加动作。

2）编写代码

```
var testText=new createjs.Text("数字媒体技术","bold 36px 微软雅黑",
"#ff0000");
testText.x=100;
testText.y=100;
testText.rotation=15;
stage.addChild(testText);
```

3）测试及保存

（1）测试结果如图5.5所示。

图5.5　文本放上舞台效果

（2）选择“文件”→“保存”，保存为FLA源文件，并取个合适的文件名。

综上可知，将文本放上舞台只需三步：创建显示对象、设置属性调用方法（如果有要求）、放上舞台。

5.3.3 Shadow属性

对文本做阴影处理是由CreateJS调用Shadow()函数实现的，与位置、透明度等不同，阴影只要指定值就可以了。

Shadow函数：Shadow (color, offsetX, offsetY, blur)。

其中参数含义如下。

Color：定义阴影的颜色，可以是任何CSS有效颜色，String类型。

offsetX：定义阴影在x方向上的偏移量，Number类型。

offsetY：定义阴影在y方向上的偏移量，Number类型。

blur：定义模糊效果的大小，Number类型。

Shadow函数引用方法如下：

```
文本.shadow=new createjs.Shadow ( color,offsetX,offsetY,blur );
```

1. 启动An

（1）新建一个平台类型为HTML5 Canvas的文件，舞台大小为1920×1080像素。

（2）将图层1改名为actions，在第1帧处添加动作。

2. 编写代码

```
    var testText=new createjs.Text("数字媒体技术","bold 36px 微软雅黑",
"#ff0000");
    testText.x=100;
    testText.y=100;
    testText.rotation=15;
    testText.shadow=new createjs.Shadow("#23ff66",5,5,20);
    stage.addChild(testText);
```

3. 测试及保存

（1）测试结果如图5.6所示。

图5.6 文本加上阴影效果

（2）选择“文件”→“保存”，保存为FLA源文件，并取一个合适的文件名。

5.3.4 实例

让我们放开思想放飞一下，到处都是五颜六色的“数字媒体技术”这几个字，各种摆放，仿佛“三步”、华尔兹，很美妙。

既然是五颜六色的，就要找一个定义色彩的方法。如何找？可在CreateJS的Graphics对象里找到一个能得到颜色字符串的方法，在JavaScript的Math对象里找到一个能获得随机数的方法。

getRGB (r,g,b,[alpha])：返回一个CSS兼容的颜色字符串，该颜色字符串基于指定的rgb数值。

r Number：色彩中红色组成值，取值范围为0～0xFF (255)。

g Number：色彩中绿色组成值，取值范围为0～0xFF (255)。

b Number：色彩中蓝色组成值，取值范围为0～0xFF (255)。

[alpha] Number optional：色彩的透明度，0是完全透明的，1是完全不透明的。

getHSL (hue,saturation,lightness,[alpha])：返回一个CSS兼容的颜色字符串，该颜色字符串基于指定的 HSL数值。

Hue：色相，取值范围为0～360。

Saturation：色彩饱和度，取值范围为0～100。

Lightness：明度，取值范围为0～100。

[alpha] Number optional：色彩的透明度，0是完全透明的，1是完全不透明的。

random()：返回介于0（包含）～1（不包含）的一个随机数。

如何实现到处都是？例如，放200个可不可以？怎么放200个？解决这个问题可以通过生成一个函数来实现，循环调用这个函数200次即可。

1. 启动An

（1）新建一个平台类型为HTML5 Canvas的文件，舞台大小为1920×1024像素。

（2）将图层1改名为actions，在第1帧处添加动作。

2. 编写代码

```
function textBorn() {
    var testText = new createjs.Text("数字媒体技术", "bold 36px 微软雅黑", createjs.Graphics.getRGB(Math.random() * 255, Math.random() * 255, Math.random() * 255));
    testText.x = Math.random() * 1920;
    testText.y = Math.random() * 1024;
    testText.rotation = Math.random() * 360;
    stage.addChild(testText);
}
for (var i =0; i < 200; i++) {
    textBorn();
}
```

3. 测试及保存

（1）测试结果如图5.7所示。

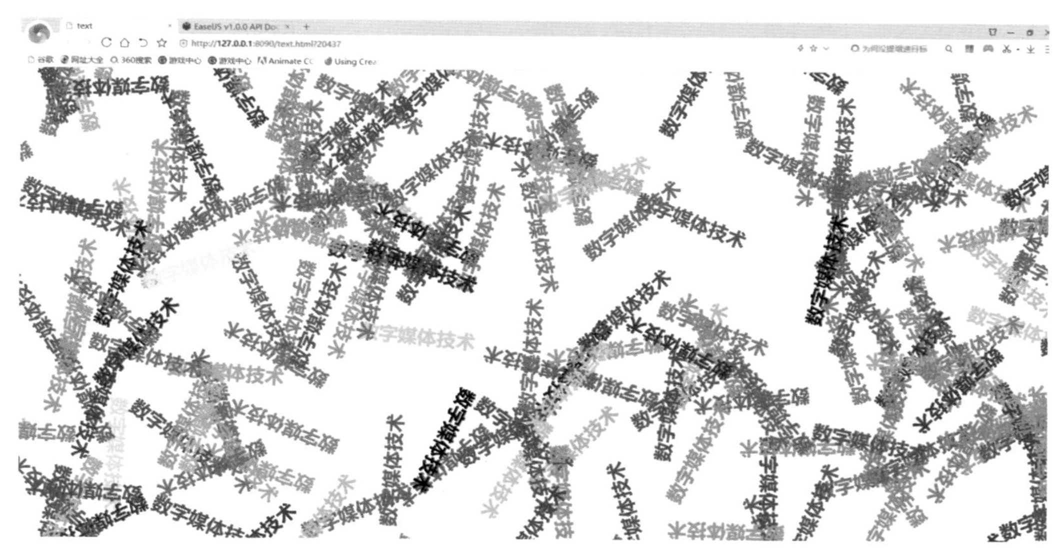

图5.7 一堆文本放上舞台效果

（2）选择“文件”→“保存”，保存为FLA源文件，并取个合适的文件名。

5.4 EaselJS绘图

将图形放上舞台，首先要有图形，图形可以用工具来绘制。An的工具箱里有非常齐全的工具按钮可以绘制矢量图，还能着色，非常漂亮。这里，我们要用Graphics提供的方法来画图，通过Shape把图放上舞台。

5.4.1 开始

EaselJS 提供了一个图形对象，它公开了一个易于使用的API，用于生成矢量绘图指令并将其绘制到指定的上下文。这些命令与普通的HTML5 Canvas 非常相似，EaselJS 也有一些自己的命令。使用EaselJS绘制好的图形可通过形状进行访问。

也就是说，首先需要创建图形对象，然后利用图形对象的方法进行绘图，绘好的图交给形状，形状是显示对象，它能够被放上舞台。

5.4.2 Graphics

使用new createjs.Graphics()函数可以创建一个Graphics对象，Graphics有许多绘制矢量图的方法，所有绘图方法都返回图形实例。

1. 方法

append，arc，arcTo，beginBitmapFill，beginBitmapStroke，beginFill，beginLinearGradientFill， beginLinearGradientStroke，beginRadialGradientFill，beginRadialGradientStroke，beginStroke，bezierCurveTo，clear，clone，closePath，curveTo，decodePath，draw，drawAsPath，drawCircle，drawEllipse，drawPolyStar，drawRect，drawRoundRect，drawRoundRectComplex，endFill，endStroke，getHSL static，getRGB static，isEmpty，lineTo，moveTo，quaraticCuveTo，rect，SetstrokeDash，setStrokeStyle，store，toString，unstore。

2. 常用方法

arc (x,y,radius,startAngle,endAngle,anticlockwise)：绘制一个由半径、起始角和端角参数定义的圆弧，以位置(x,y)为中心。其中，参数x：Number；y：Number；radius：Number；startAngle：Number（以弧度为单位）；endAngle：Number（以弧度为单位）；anticlockwise：Boolean（逆时针）。

例如，画一个以(100, 100)为中心，半径为20的圆，代码为arc(100, 100, 20,0, Math.PI*2);

arcTo (x1,y1,x2,y2,radius)：用指定的控制点和半径绘制一条弧线。其中，参数（x1,y1）代表第一个控制点；（x2,y2）代表第二个控制点；radius代表半径。x1：Number；y1：Number；x2：Number；y2：Number；radius：Number。

quadraticCurveTo (cpx,cpy,x,y)：使用控制点(cpx,cpy)从当前绘制点绘制到(x,y)的二次曲线，其中的参数都是Number类型。

bezierCurveTo (cp1x,cp1y,cp2x,cp2y,x,y)：使用控制点(cp1x,cp1y)和(cp2x,cp2y)绘制从当前绘制点到(x,y)的 bezier 曲线，其中的参数都是Number类型。

drawCircle (x, y, radius)：以(x, y)为圆心，radius为半径画圆，其中的参数都是Number类型。

drawEllipse (x, y, w, h)：绘制以(x,y)为圆心具有指定宽度(w)和高度(h)的椭圆(oval)，其中的参数都是Number类型。

drawPolyStar (x,y,radius,sides,pointSize,angle)：以(x,y)为圆心，radius为半径绘制图形，如果 pointsize ＞0就绘制一个星形，如果 pointsize =0并且具有指定数量的点就绘制一个正多边形。例如，代码drawPolyStar(100,100,50,5,0.6,-9)可绘制一个以(100,100)为中心，半径为50的五角星形状。其中，参数x、y代表圆心；radius代表半径；sides代表星星的点数或多边形的边数；pointSize代表星星点的深度或尖度， pointSize 为0会画一个正多边形（没有点），pointSize 为1不会画任何东西，因为点是无限尖的；angle 代表第一个角的角度。例如，值为0会将第一个点直接画到中心的右边。

drawRect (x,y,w,h)：画一个以(x,y)为圆心具有指定宽度(w)和高度(h)的矩形，其中的参数都是Number类型。

drawRoundRect (x,y,w,h,radius)：画一个以(x,y)为圆心具有指定宽度(w)和高度(h)的倒圆角矩形，倒圆角的半径为radius，其中的参数都是Number类型。

lineTo (x,y)：从当前绘图点绘制一条线到指定位置，该位置成为新的当前绘图点。注意，在第一次画线之前必须用moveto ()指定起始点，其中的参数都是Number类型。

moveTo (x,y)：将绘图点移动到指定位置。

beginFill (color)：指定开始画图的填充色。颜色值可以用括号中的任一方法描述（如red、#FF0000、rgba(255,0,0,0.5)），如果为空，表示没有填充色。

beginStroke (color)：指定开始画图的线条色。颜色值可以用括号中的任一方法描述（如red、#FF0000、rgba(255,0,0,0.5)），如果为空，表示没有线条色。

5.4.3 Shape

形状允许在显示列表中显示矢量图。它组合了一个图形实例，该实例公开了所有的矢量绘制方法。图形实例可以在多个形状实例之间共享，以显示具有不同位置或变换的同一矢量图形。

Shape (graphics)：参数graphics是一个可选项，描述的是要显示的图形实例，如果为空，表示将创建一个图形实例。

1. 方法

addEventListener，cache，clone，dispatchEvent，draw，getBounds，getCacheDataURL，getConcatenatedDisplayProps，getConcatenatedMatrix，getMatrix，getTransformedBounds，globalToLocal，hasEventListener，hitTest，isVisible，localToGlobal，localTolocal，off，on，removeAllEventlisteners，removeEentListener，set，setBounds，setTransform，toString，uncache，updateCache，updateContext，willTrigger。

2. 属性

alpha，bitmapCache，cacheCanvas，compositeOperation，cursor，filters，graphics，hitArea，id，mask，mouseEnabled，name，parent，regX，regY，rotation，scale，scaleX，scaleY，shadow，skewX，skewY，snapToPixel，stage，tickEnabled，transformMatrix，visible，x，y。

3. 事件

added，click，dblclick，mousedown，mouseout，mouseover，pressmove，pressup，removed，rollout，rollover，tick。

以上是对Shape的所有属性方法和事件的一个罗列，我们发现Shape具有DisplayObject的所有核心属性和方法，Shape属于DisplayObject。

4. 实例

现在，我们来试一下，把一个红色的圆搬上舞台。

```
    var testGraphics = new createjs.Graphics ();(用这条语句创建一个Graphics。)
    testGraphics.beginFill("#ff0000"); (用这条语句调用Graphics的方法指定填充色为红色。)
    testGraphics.drawCircle(100,100,50);(用这条语句调用Graphics的方法画圆,以(100,100)为圆心,以50为半径。)
```

```
    var testShape = new createjs.Shape(testGraphics);(用这条语句创建一个基于刚画好的图形的形状。)
    stage.addChild(testShape);(这条语句将testShape放上舞台。)
```

1）启动An

（1）新建一个平台类型为HTML5 Canvas的文件，舞台大小为1920×1080像素。

（2）将图层1改名为actions，在第1帧处添加动作。

2）编写代码

```
var testGraphics = new createjs.Graphics ();
testGraphics.beginFill("#CB258D");
testGraphics.drawCircle(100,100,50);
var testShape = new createjs.Shape(testGraphics);
stage.addChild(testShape);
stage.addChild(testShape);
```

3）测试及保存

（1）测试结果如图5.8所示。

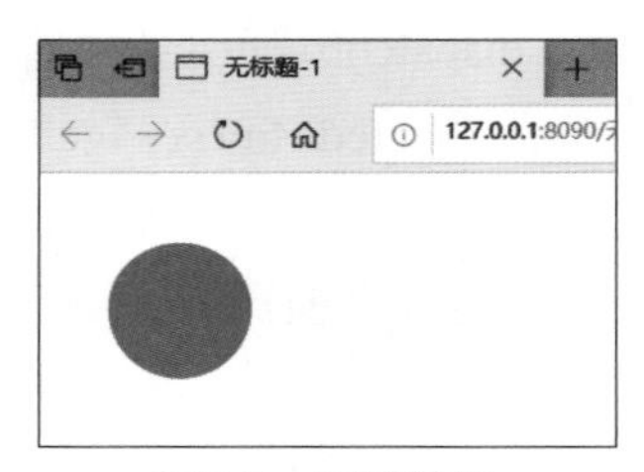

图5.8　画圆效果

（2）选择“文件”→“保存”，保存为FLA源文件，并取个合适的文件名。

5.4.4　Filter属性

滤镜在图形里的使用非常广泛，与常用属性在大小、位置、引用上不相同。

使用滤镜需要应用缓冲方法cache ()。如果对象发生更改，则需要再次缓存它，或者使用updatecache()（注意：滤镜必须在缓存之前应用）。EaselJS配备了许多滤镜。但是，有些滤镜并没有编译到EaselJS的简化版本中。如果要使用它们，必须手动添加。

那么，cache ()是什么？显示对象的 cache ()方法将显示对象绘制到新画布中，用于后续绘制。复杂内容不能经常改变（例如，一个不能移动的拥有许多子元素的容器，或者是一个复杂的形状），软件为这些复杂内容提供了快速渲染，因为这些内容不需要每帧都重新渲染。

缓存的显示对象可以自由移动、旋转、褪色等，但是如果其内容发生变化，则必须通过再次调用 updatecache ()或 cache ()手动更新缓存。必须通过 x、y、w 和 h 参数指定缓存区域，这样可使用显示对象的坐标呈现缓存的矩形。缓存通常不应该在位图类上使用，因为它会降低性能，但是如果你想在位图上使用滤镜，那么必须缓存它。

EaselJS支持五大滤镜：AlphaMapFilter、AlphaMaskFilter、BlurFilter、ColorFilter和ColorMatrixFilter。

注意：filters的数据类型是Array。只有滤镜对象数组才能应用于显示对象。只有在对显示对象调用缓存或更新缓存时才应用或者更新滤镜，并且只应用于缓存的区域。

具体用法如下：

```
显示对象.filters = [
    new createjs.五大滤镜之一
];
显示对象.cache ( x,y,width,height,[scale=1],[options=undefined] );
```

cache (x,y,width,height,[scale=1],[options=undefined])：用于定义显示滤镜效果的缓冲区的大小。

x：Number 类型，缓存区域的 x 坐标原点。

y：Number类型，缓存区域的 y 坐标原点。

Width：Number类型，缓存区域的宽度。

Height：Number类型，缓存区域的高度。

[scale=1]：可选项，Number 类型，缓存创建的规模。例如，如果使用 myshape.cache (0,0,100,100,2)缓存一个矢量形状，那么生成的 cachecanvas 将是200×200像素。这使得用户可以更准确地缩放和旋转缓存的元素。默认值是1。

[options=undefined]：可选项，Object 类型，为缓存逻辑指定其他参数。

现在，我们学习几个适合图形形状的滤镜：BlurFilter、ColorFilter和ColorMatrixFilter。

1. BlurFilter

BlurFilter ([blurX=0],[blurY=0],[quality=1])：将垂直和水平模糊映射到显示对象。

[blurX=0]：可选项，Number 类型，描述水平模糊半径。

[blurY=0]：可选项，Number 类型，描述垂直模糊半径。

[quality=1]：可选项，Number 类型，描述模糊质量。

例如，在上一个案例中加上如下代码：

```
testShape.filters = [new createjs.BlurFilter(10, 15, 20)];
testShape.cache(-100, -100, 500, 500);
```

运行程序就能得到如图5.9所示的滤镜效果。

图5.9　画圆加阴影效果

2. ColorFilter

ColorFilter ([redMultiplier=1],[greenMultiplier=1],[blueMultiplier=1],[alphaMultiplier=1], [redOffset=0],[greenOffset=0],[blueOffset=0],[alphaOffset=0])：实现显示对象的颜色转换。

[redMultiplier=1]：可选项，Number 类型，与红色通道相乘的量，范围为0～1。

[greenMultiplier=1]：可选项，Number 类型，与绿色通道相乘的量，范围为0～1。

[blueMultiplier=1]：可选项，Number 类型，与蓝色通道相乘的量，范围为0～1。

[alphaMultiplier=1]：可选项，Number 类型，与alpha通道相乘的量，范围为0～1。

[redOffset=0]：可选项，Number 类型，红色偏移量，范围为-255～255。

[greenOffset=0]：可选项，Number 类型，绿色偏移量，范围为-255～255。

[blueOffset=0]：可选项，Number 类型，蓝色偏移量，范围为-255～255。

[alphaOffset=0]：可选项，Number 类型，alpha通道偏移量，范围为-255～255。

例如，只需要在上个案例中加上以下滤镜效果，就能将紫红色的圆变成蓝色，如图5.10所示。

```
testShape.filters = [new createjs.ColorFilter(0,0,0,1,0,0,255,0)];
testShape.cache(-100, -100, 500, 500);
```

图5.10　画圆加ColorFilter效果

3. ColorMatrixFilter

ColorMatrixFilter (matrix)：使用颜色矩阵转换图像颜色。

其中参数matrix：Array|ColorMatrix（数组或颜色矩阵），描述要执行的颜色操作的4×5矩阵。

例如：创建一个红色的圆，反转色调，然后调饱和度使它变亮。

1）启动An

（1）新建一个平台类型为HTML5 Canvas的文件，舞台大小为1920×1080像素。

（2）将图层1改名为actions，在第1帧处添加动作。

2）编写代码

```
//绘制一个红色的圆
var shape = new createjs.Shape().set({
    x: 100,
    y: 100
```

```
    });
    shape.graphics.beginFill("#ff0000").drawCircle(0,0, 50);
    //使用颜色矩阵转换图像颜色,adjustHue(180)反转色调,adjustSaturation(100)调
饱和度
    var matrix = new createjs.ColorMatrix().adjustHue(180).adjustSaturation
(100);
    //用滤镜属性改变圆的色彩
    shape.filters = [
        new createjs.ColorMatrixFilter(matrix)
    ];
    shape.cache(-50, -50, 100, 100);
    stage.addChild(shape);
```

3）测试及保存

（1）测试结果如图5.11所示。

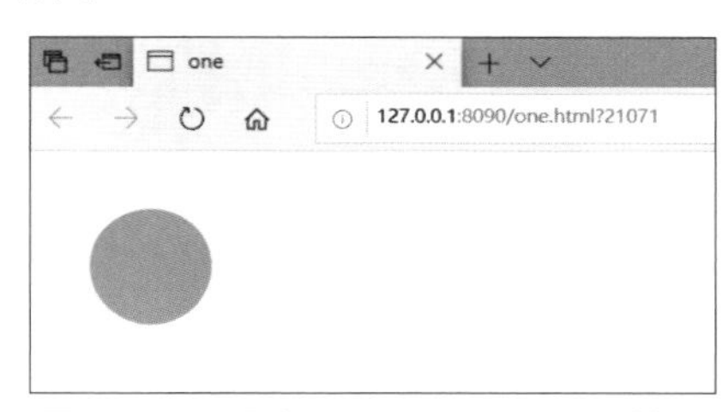

图5.11　画圆加ColorMatrixFilter效果

（2）选择“文件”→“保存”，保存为FLA源文件，并取个合适的文件名。

5.4.5　Shadow属性

图形形状的阴影属性与文本的阴影属性是一样的，这里就不重复了。要注意的是，图形并没有阴影属性，形状才有。例如，对上面画的紫红色的圆加阴影，则一定是对testShape.shadow 才有作用。

1. 启动An

（1）新建一个平台类型为HTML5 Canvas的文件，舞台大小为1920×1080像素。

（2）将图层1改名为actions，在第1帧处添加动作。

2. 编写代码

```
var testGraphics = new createjs.Graphics();
testGraphics.beginFill("#CB258D");
testGraphics.drawCircle(100, 100, 50);
var testShape = new createjs.Shape(testGraphics);
testShape.shadow = new createjs.Shadow("#cb16ed",10,20,20);
stage.addChild(testShape);
```

3. 测试及保存

（1）测试结果如图5.12所示。

图5.12　画圆加阴影效果

（2）选择“文件”→“保存”，保存为FLA源文件，并取个合适的文件名。

5.4.6　实例一

图5.13所示的曲线效果模拟的是中国古代的乐器箜篌。非常漂亮！

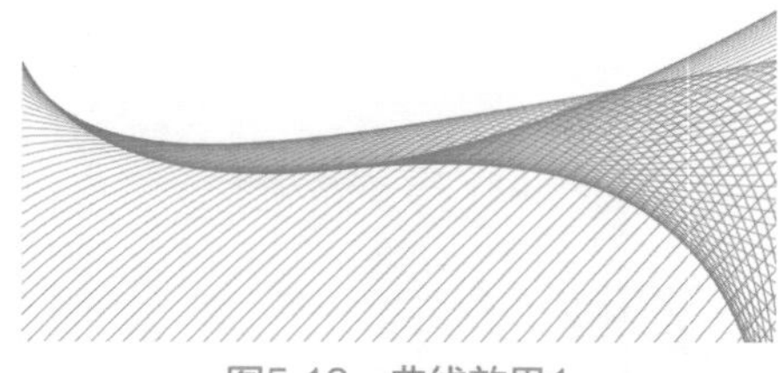
图5.13　曲线效果1

1. 准备

贝赛尔是一个工程师，他并不是数学家，他研究函数生成曲线是用在汽车上的，大家现在看到的汽车外观完美而顺滑的曲线就是他的成果，人们为了纪念他就将这个曲线命名为贝赛尔曲线。

bezierCurveTo (cp1x,cp1y,cp2x,cp2y,x,y)：使用控制点(cp1x,cp1y)和(cp2x,cp2y)绘制从当前绘制点到(x,y)的 bezier 曲线。

思路：起始点从(0,0)变到(0,不断加大)，终止点从(1024,0)变到(1024,不断加大)，一个控制点位于直线y=400−x上，一个控制点位于y=1000−x上，如图5.14所示。

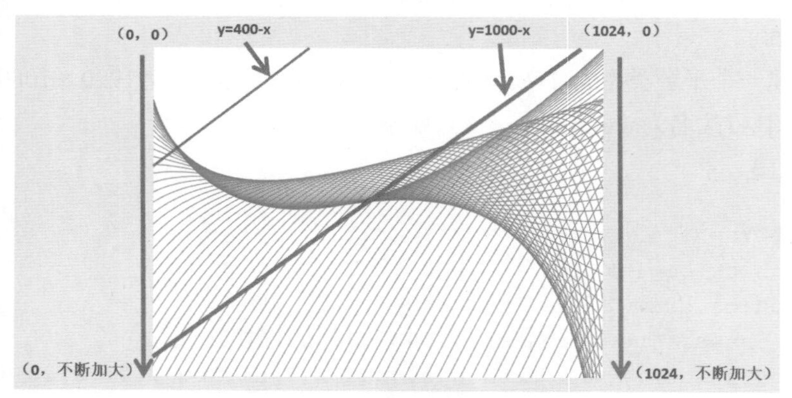

图5.14　曲线生成分析图

2. 启动An

（1）新建一个平台类型为HTML5 Canvas的文件，舞台大小为1920×1024像素。

（2）将图层1改名为actions，在第1帧处添加动作。

3. 编写代码

```
var myG = new createjs.Graphics();
var myS = new createjs.Shape(myG);
myG.beginStroke("#FF0000");
var x1=0;
var x2=400;
var stX=-20;
var stY=0;
var enX=1024;
var enY=0;
for (var i = 1; i < 100; i++) {
     stY=stY+i*1;
     enY=enY+i*1;
     x1=x1+i*0.5
     y1=400-x1;
     x2=x2+i*0.5;
     y2=1000-x2;
     myG.moveTo(stX, stY);
     myG.bezierCurveTo(x1, y1, x2, y2, enX, enY);
     stage.addChild(myS);
}
```

4. 测试及保存

（1）测试结果如图5.15所示。

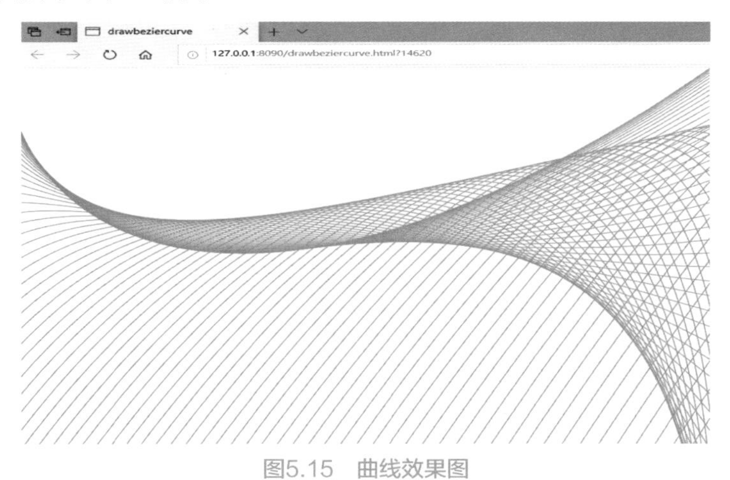

图5.15　曲线效果图

（2）选择“文件”→“保存”，保存为FLA源文件，并取个合适的文件名。

5.4.7　实例二

图5.16所示的曲线效果挺有意思，像散开的蒲扇，像神秘的眼珠，像定海宝物，都挺

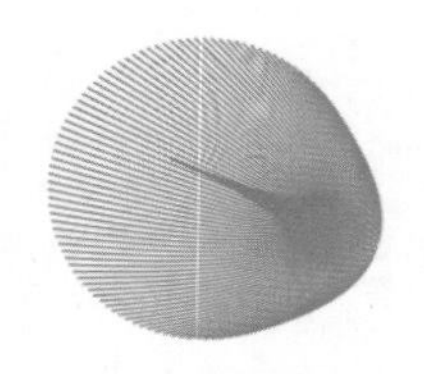
图5.16　曲线效果2

像的，实际上仔细看它的构成，是一条条曲线。

1. 准备

依然用贝赛尔曲线，这次我们用二次贝赛尔曲线。

quadraticCurveTo (cpx,cpy,x,y); 其中，(cpx,cpy)为第一个控制点的坐标；(x,y)为终点坐标。

思路：起始点和控制点不变，终止点发生变化。

假如起始点为(120,120)，控制点为(300,200)，则终止点为（100*Math.cos(Math.PI/60*i)+140,100*Math.sin(Math.PI/60*i)+140），其中i=0,1,⋯,120。

怎么来的呢？

终止点在蓝色的圆上，蓝色圆的半径为100，圆上每个点的x=r*cos(α);y=r*sin(α)，为了使α的取值范围为0～2π，只要PI/60*i中的i=0,1,⋯,120，正好PI/60*i的取值范围为0～2π，这样，100*cos(PI/60*i),100*sin(PI/60*i)就能取到圆上的每个点，如图5.17所示。

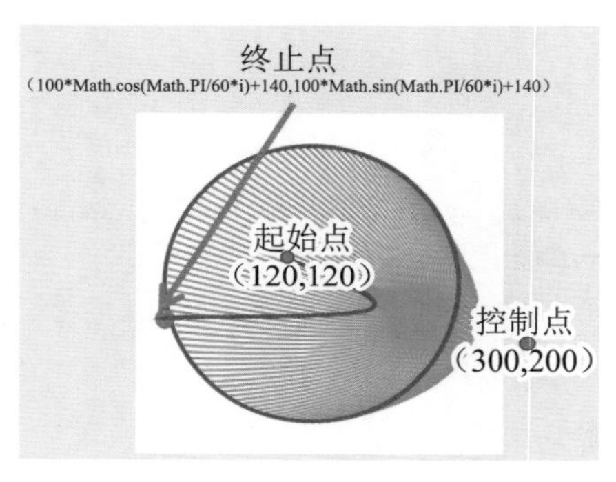

图5.17　曲线生成分析图

2. 启动An

（1）新建一个平台类型为HTML5 Canvas的文件，舞台大小为1920×1024像素。

（2）将图层1改名为actions，在第1帧处添加动作。

3. 编写代码

```
    var myGraphic=new createjs.Graphics();
    myGraphic.beginStroke("#ff0000");
    for(i=0;i<120;i++){
    myGraphic.moveTo(120,120);
    myGraphic.quadraticCurveTo(300,200,100*Math.cos(Math.PI/60*i)
+140,100*Math.sin(Math.PI/60*i)+140);
        }
    var myShape=new createjs.Shape(myGraphic);
    stage.addChild(myShape);
```

4. 测试及保存

（1）测试结果如图5.18所示。

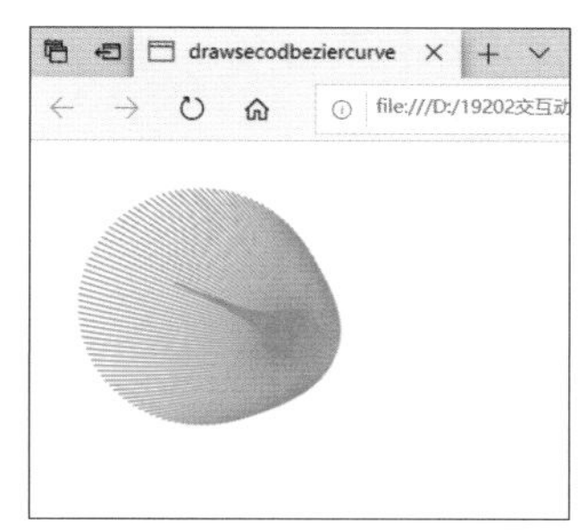

图5.18 曲线效果

（2）选择“文件”→“保存”，保存为FLA源文件，并取个合适的文件名。

5.5 EaselJS容器

容器，就像它的名称一样，里面可以装很多东西，容器方便控制，如移动、缩放、透明度等操作都可以一次性完成。需要注意的是，容器里的显示对象的位置是相对于容器而言的。

一张有趣而生动的图如图5.19所示，由很多黑边黄底中心有一条半径线的圆组成。它们散乱地分布在舞台上，有不同的大小、形状和清晰度。

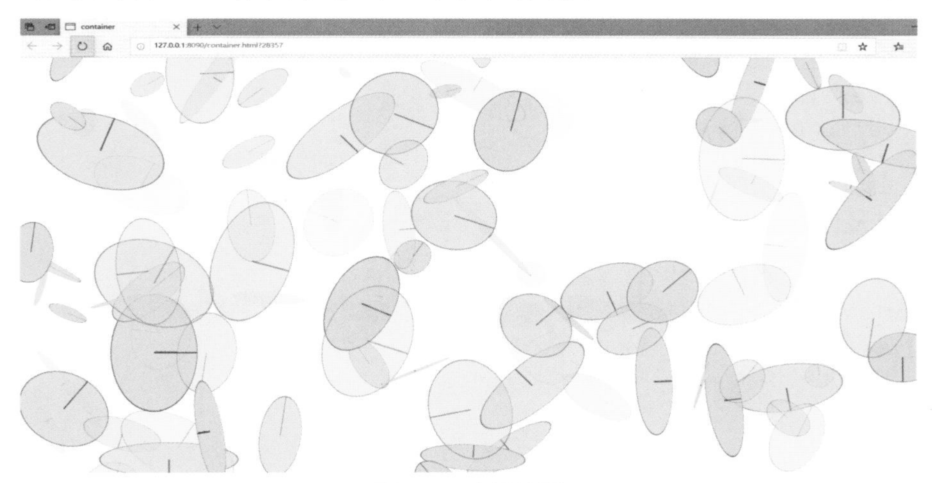

图5.19 有趣的图

1. 启动An

（1）新建一个平台类型为HTML5 Canvas的文件，舞台大小为1920×1024像素。

（2）将图层1改名为actions，在第1帧处添加动作。

2. 编写代码

```
function yellowBorn() {
//创建容器myContainer
    var myContainer = new createjs.Container();
//画线条图形myL,并创建形状var myLine1
```

```
    var myL=new createjs.Graphics();
    myL.beginStroke("#000000");
    myL.moveTo(0, 50);
    myL.lineTo(50, 50);
    var myLine1 = new createjs.Shape(myL);
//用画圆图形创建形状myCircle,用画圆线图形创建形状myLine
    var myCircle = new createjs.Shape();
    var myLine = new createjs.Shape();
    myLine.graphics.beginStroke("#000000").drawCircle(50, 50, 50);
    myCircle.graphics.beginFill("#ffff00").drawCircle(50, 50, 50);
//把创建好的圆、圆线及中心线都归入容器myContainer
    myContainer.addChild(myLine, myCircle,myLine1);
//设计容器的透明度、位置、旋转和缩放
    myContainer.alpha = Math.random();
    myContainer.x = Math.random() * 1920;
    myContainer.y = Math.random() * 1024;
    myContainer.rotation = Math.random() * 360;
    myContainer.scaleX = Math.random() * 2;
    myContainer.scaleY = Math.random() * 3;
//将容器搬上舞台
    stage.addChild(myContainer);
}
//在舞台上生成100个建好的容器
for (var i =0; i < 100; i++) {
    yellowBorn();
}
```

3. 测试及保存

（1）测试结果如图5.20所示。

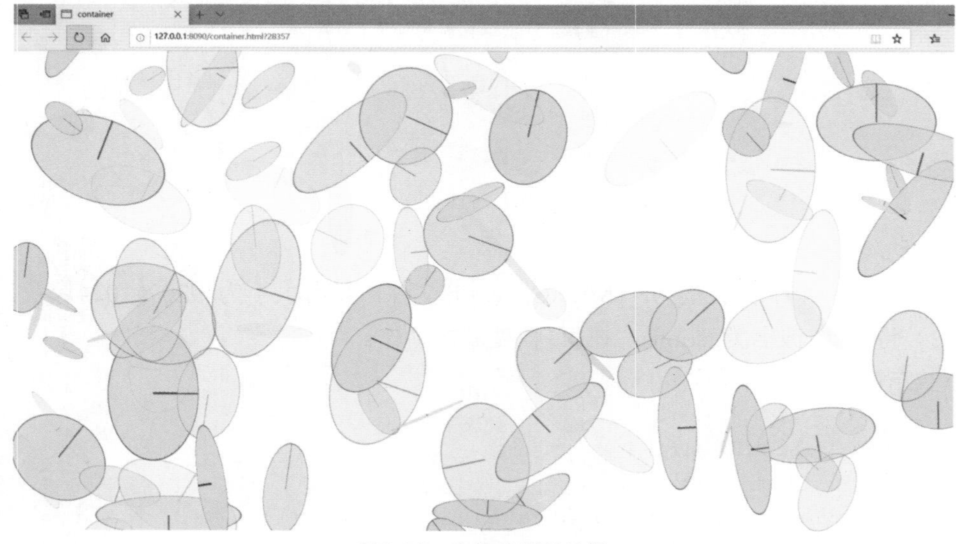

图5.20　有趣的图的效果

（2）选择“文件”→“保存”，保存为FLA源文件，并取个合适的文件名。

5.6 本章小结

本章详细陈述了做一个动态交互的页面需要得到CreateJS的支持，要先准备好相关的JS文件，以便HTML文件加载时能找到；要找一个好用的HTML文件编辑器，用来写HTML文件和JS文件。在使用An时，只需要在关键帧上添加动作，直接写交互语句即可。本章针对CreateJS展开阐述，对四大组成的基本功能和EaselJS的文本、绘图及容器做了细致讲解，并列举生动有趣的实例帮助读者理解。

习题5

1. 什么是CreateJS？
2. 什么是EaselJS？
3. 什么是TweenJS？
4. 什么是SoundJS？
5. 什么是PrloadJS？
6. 文本是如何放到舞台上的？
7. 列举几个常用的绘图方法。
8. 容器是什么？

第6章 CreateJS基础——EaselJS图片

本章涵盖如下内容：

- EaselJS图片
- EaselJS图片的重要属性
- Sprite

学习本章前，如果你已经认真阅读并理解和实践过前几章的内容，你心中可能会留有许多疑问，本章将对可能的疑问进行解答。

例如，你会问，EaselJS能将图片放到舞台上去吗？这太重要了，如何将图片放上舞台的呢？图片是很占存储空间，难道只能用第5章所用的方法吗？要知道在网上同时运行的网页数以亿计，这是要保证速度的，打开得越快越能被人们认可，那么除了提高网速提高带宽，更具体的做法是不是将要显示的内容最小化？

下面阶梯性一一解答。

6.1 EaselJS图片

除了使用EaselJS中的Shape()来创建图形，EaselJS中还提供Bitmap可以很方便地载入图片，与使用Shape一样只需要创建一个Bitmap实例即可。

6.1.1 图片

1. 方法

addEventListener，cache，clone，dispatchEvent，draw，getBounds，getCacheDataURL，getConcatenatedDisplayProps，getConcatenatedMatrix，getMatrix，getTransformedBounds，globalToLocal，hasEventListener，hitTest，isVisible，localToGlobal，localToLocal，off，on，removeAllEventListeners，removeEventListener，set，setBounds，setTransform，toString，uncache，updateCache，updateContext，willTrigger。

2. 属性

Alpha，bitmapCache，cacheCanvas，compositeOperation，cursor，filters，hitArea，id，image，mask，mouseEnabled，name，parent，regX，regY，rotation，scale，scaleX，scaleY，shadow，skewX，skewY，snapToPixel，sourceRect，stage，tickEnabled，transformMatrix，visible，x，y。

3. 事件

Added，click，dblclick，mousedown，mouseout，mouseover，pressmove，pressup，removed，rollout，rollover，tick。

4. 构造函数

Bitmap (imageOrUri):

imageOrUri：CanvasImageSource、String或Object 类型，表示要显示的源图像。

源图像可以是 canvasimagesource（图像、视频、画布），是具有 getimage 方法的对象，该方法返回 canvasimagesource或返回图像的字符串url。如果是后者，则使用 url 作为其 src 的新图像实例。

例如，代码var bg = new createjs.Bitmap("./background.jpg");可创建一个图片显示对象，图片在是源文件同路径下的"background.jpg"。

注意：这里的图片所在路径是一个相对路径，其中，“./”代表的根是源文件所在的文件夹。例如，在one.fla中调用图片background.jpg，如果使用的是“./”，那么这两个文件是放在一个文件夹中的，如图6.1所示。

background.jpg
one.fla

图6.1　源文件与素材

下面实现完整案例，将图片放上舞台。

1）启动An

（1）新建一个平台类型为HTML5 Canvas的文件，舞台大小为1920×1080像素。

（2）将图层1改名为actions，在第1帧处添加动作。

2）编写代码

```
var bg = new createjs.Bitmap("./background.jpg");
stage.addChild(bg)
```

3）测试及保存

（1）测试结果如图6.2所示。

图6.2　图片放上舞台效果

（2）选择“文件”→“保存”，保存为FLA源文件，并取个合适的文件名。

综上可知，使用Bitmap方法将图片放上舞台也只需三步，即创建显示对象、设置属性调用方法（如果有要求）、放上舞台。

6.1.2 sourceRect属性

大家玩过拼图游戏吧，它的原理是把一张完整的图片切成等分的小图片，然后打乱顺序，在玩家玩的时候，判断玩家有没有将小图片重排成原始的图片。如果有，则游戏结束，如果没有，则继续游戏。基于此，如果我们并不需要整张图片，只需要这张图片的某一部分，那怎么办？

图片的sourceRect属性与EaselJS内置的Rectangle方法相结合就能达到切开图片的目的，也就是为图片对象创建一个选取框，显示图片的某一部分。

Rectangle ([x=0],[y=0],[width=0],[height=0])：表示由点(x,y)和(width,height)定义的矩形。

[x=0]：可选项，Number 类型，定义x位置。

[y=0]：可选项，Number 类型，定义y位置。

[width=0]：可选项，Number 类型，定义矩形的宽度。

[height=0]：可选项，Number 类型，定义矩形的高度。

例如，只显示图6.2（100,100）处的一个100×100的矩形图片，即图6.3所示小黑框内的部分。

图6.3　取图位置示例图

```
var rect = new createjs.Rectangle(100,100,100,100);
bg.sourceRect = rect;
```

1. 启动An

（1）新建一个平台类型为HTML5 Canvas的文件，舞台大小为1920×1080像素。

（2）将图层1改名为actions，在第1帧处添加动作。

2. 编写代码

```
var bg = new createjs.Bitmap("./background.jpg");
var rect = new createjs.Rectangle(100,100,100,100);
bg.sourceRect = rect;
stage.addChild(bg);
bg.x=100;
bg.y=100;
```

3. 测试及保存

（1）测试结果如图6.4所示。

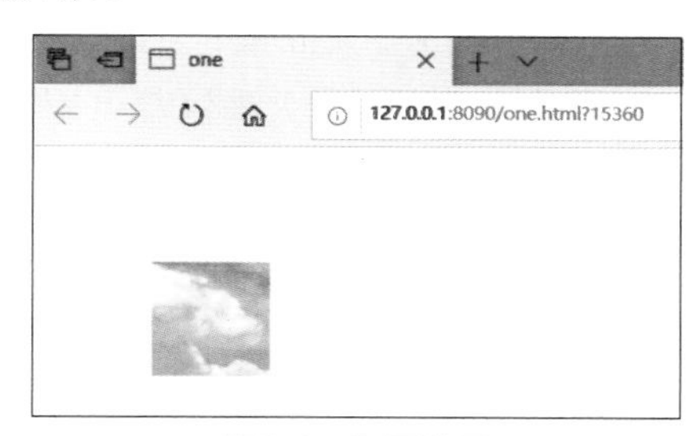

图6.4　取图效果

（2）选择“文件”→“保存”，保存为FLA源文件，并取个合适的文件名。

6.1.3　Shadow属性

图片的阴影属性与前述一致，这里就不重复了。直接举个例子，将背景图片缩小一半，然后添加阴影属性，代码如下：

```
bg.shadow=new createjs.Shadow("#66ffff",20,20,50);
```

1. 启动An

（1）新建一个平台类型为HTML5 Canvas的文件，舞台大小为1920×1080像素。

（2）将图层1改名为actions，在第1帧处添加动作。

2. 编写代码

```
var bg = new createjs.Bitmap("./background.jpg");
bg.scaleX=bg.scaleY=0.5;
bg.shadow=new createjs.Shadow("#66ffff",20,20,50);
stage.addChild(bg);
```

3. 测试及保存

（1）测试结果如图6.5所示。

图6.5　阴影效果

（2）选择“文件”→“保存”，保存为FLA源文件，并取个合适的文件名。

6.1.4 Filter属性

在第5章的滤镜属性里，EaselJS支持五大滤镜：AlphaMapFilter、AlphaMaskFilte、BlurFilter、ColorFilter和ColorMatrixFilter，这五大滤镜都可应用到图片处理上。

1. AlphaMapFilter (alphaMap)

AlphaMapFilter (alphaMap)：将灰度图像映射到显示对象的 alpha 通道。

其中，参数alphaMap：HTMLImageElement|HTMLCanvasElement灰度图像（或画布），描述用作结果的 alpha 值，要与目标尺寸完全一样。

例如，绘制一个红蓝渐变色填充的矩形，并缓存该矩形，然后使用缓存画布作为100×100像素图像的alpha映射。

1）启动An

（1）新建一个平台类型为HTML5 Canvas的文件，舞台大小为1920×1080像素。

（2）将图层1改名为actions，在第1帧处添加动作。

2）编写代码

```
//图片放上舞台
var bg = new createjs.Bitmap("./background.jpg");
stage.addChild(bg);
createjs.Ticker.addEventListener('tick', update);
function update(event) {
    bg.cache(0,0, bg.image.width, bg.image.height);
}
//绘制一个红蓝渐变色填充的矩形,并缓存该矩形
var box = new createjs.Shape();
box.graphics.beginLinearGradientFill(["#ff0000", "#0000ff"], [0, 1],
80, 10,0, 100);
box.graphics.drawRect(0,0, 1024, 647);
box.cache(0,0, 1024, 647);
//给图片加滤镜
bg.filters = [
    new createjs.AlphaMapFilter(box.cacheCanvas)
];
```

3）测试及保存

（1）测试结果如图6.6所示。

（2）选择“文件”→“保存”，保存为FLA源文件，并取个合适的文件名。

2. AlphaMaskFilter (mask)

AlphaMaskFilter (mask): 将图像的 alpha 通道映射到显示对象的 alpha 通道。

其中，参数mask代表HTMLImageElement | HTMLCanvasElement灰度图像（或画布）。

例如，绘制一个渐变框，并缓存该渐变框，然后使用cache canvas作为100×100像素图像的 alpha 映射。

图6.6 AlphaMapFilter效果

1）启动An

（1）新建一个平台类型为HTML5 Canvas的文件，舞台大小为1920×1080像素。

（2）将图层1改名为actions，在第1帧处添加动作。

2）编写代码

```
    var bg = new createjs.Bitmap("./background.jpg");
    stage.addChild(bg);
    createjs.Ticker.addEventListener('tick', update);
    function update(event) {
        bg.cache(0,0, bg.image.width, bg.image.height);
    }
    var box = new createjs.Shape();
    box.graphics.beginLinearGradientFill(["#000000", "rgba(0,0,0,0.2)"],
[0, 1],0,0, 100, 100);
    box.graphics.drawRect(0,0, 1024, 647);
    box.cache(0,0, 1024, 647);
    bg.filters = [
        new createjs.AlphaMaskFilter(box.cacheCanvas)
    ];
```

3）测试及保存

（1）测试结果如图6.7所示。

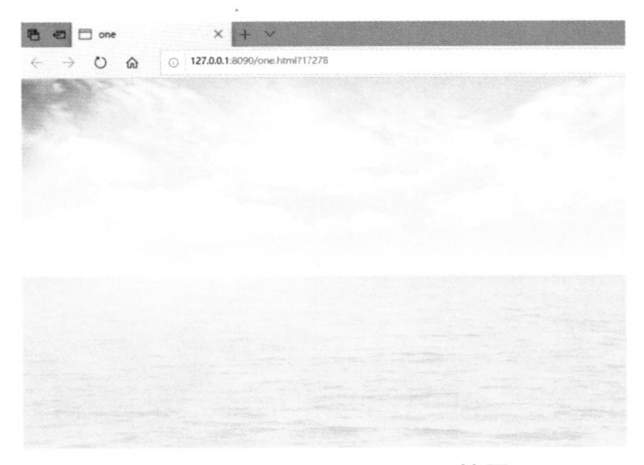

图6.7 AlphaMaskFilter效果

（2）选择“文件”→“保存”，保存为FLA源文件，并取个合适的文件名。

3. ColorMatrixFilter (matrix)

ColorMatrixFilter (matrix)：使用颜色矩阵转换图像颜色。

例如，使用该属性更改滤镜。

1）启动An

（1）新建一个平台类型为HTML5 Canvas的文件，舞台大小为1920×1080像素。

（2）将图层1改名为actions，在第1帧处添加动作。

2）编写代码

```
var bg = new createjs.Bitmap("./background.jpg");
stage.addChild(bg);
createjs.Ticker.addEventListener('tick', update);
function update(event) {
    bg.cache(0,0, bg.image.width, bg.image.height);
}
var matrix = new createjs.ColorMatrix().adjustHue(180).adjustSaturation
(100);
bg.filters = [new createjs.ColorMatrixFilter(matrix)];
```

3）测试及保存

（1）测试结果如图6.8所示。

图6.8　ColorMatrixFilter效果

（2）选择“文件”→“保存”，保存为FLA源文件，并取个合适的文件名。

4. BlurFilter

BlurFilter在第5章已经详细讲过，这里就不重复了，我们举例应用。

1）启动An

（1）新建一个平台类型为HTML5 Canvas的文件，舞台大小为1920×1080像素。

（2）将图层1改名为actions，在第1帧处添加动作。

2）编写代码

```
var bg = new createjs.Bitmap("./background.jpg");
stage.addChild(bg);
createjs.Ticker.addEventListener('tick', update);
function update(event) {
    bg.cache(0,0, bg.image.width, bg.image.height);
}
var blur = new createjs.BlurFilter(20, 15, 20);
    bg.filters = [blur];
```

3）测试及保存

（1）测试结果如图6.9所示。

图6.9 BlurFilter效果

（2）选择“文件”→“保存”，保存为FLA源文件，并取个合适的文件名。

5. ColorFilter

ColorFilter在第5章也详细讲过，这里就不重复了，我们举例应用。

1）启动An

（1）新建一个平台类型为HTML5 Canvas的文件，舞台大小为1920×1080像素。

（2）将图层1改名为actions，在第1帧处添加动作。

2）编写代码

```
var bg = new createjs.Bitmap("./background.jpg");
stage.addChild(bg);
createjs.Ticker.addEventListener('tick', update);
function update(event) {
    bg.cache(0,0, bg.image.width, bg.image.height);
}
var colorChange = new createjs. ColorFilter(1, 2, 3, 1, 21, 100, 32,0);
bg.filters = [colorChange];
```

3）测试及保存

（1）测试结果如图6.10所示。

图6.10 ColorFilter效果

（2）选择“文件”→“保存”，保存为FLA源文件，并取个合适的文件名。

6.1.5 Mask属性

添加遮罩，首先要创建一个Shape图形，确定图形的大小，并确定遮罩区域在图片上的位置，也就是图片上要显示的部分，最后修改图片的Mask属性赋值为创建的Shape并把Shape添加到stage上。

还以大海的图片为例，我们试一下。

1. 启动An

（1）新建一个平台类型为HTML5 Canvas的文件，舞台大小为1920×1080像素。

（2）将图层1改名为actions，在第1帧处添加动作。

2. 编写代码

```
var bg = new createjs.Bitmap("./background.jpg");
var shape = new createjs.Shape();
shape.graphics.beginFill("#000").drawCircle(0,0, 100);
shape.x = 200;
shape.y = 100;
bg.mask = shape;
stage.addChild(bg);
```

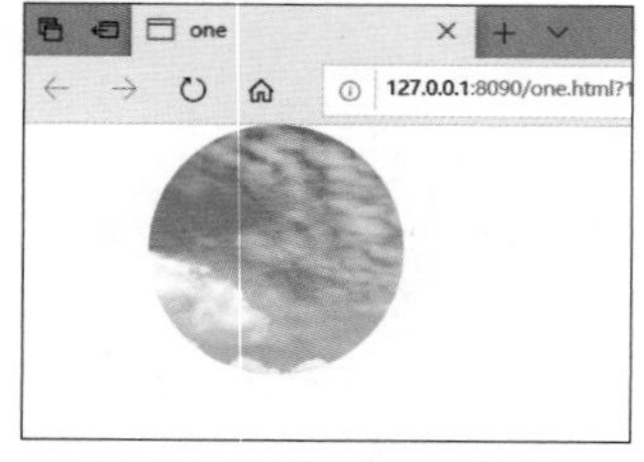

图6.11 圆做mask效果

3. 测试及保存

（1）测试结果如图6.11所示。

（2）选择“文件”→“保存”，保存为FLA源文件，并取个合适的文件名。

4. 修改遮罩的形状

（1）修改遮罩形状的代码如下：

```
    shape.graphics.beginFill("#000").drawPolyStar(100,100,140,
5,0.6,-90);
```

（2）测试结果如图6.12所示。

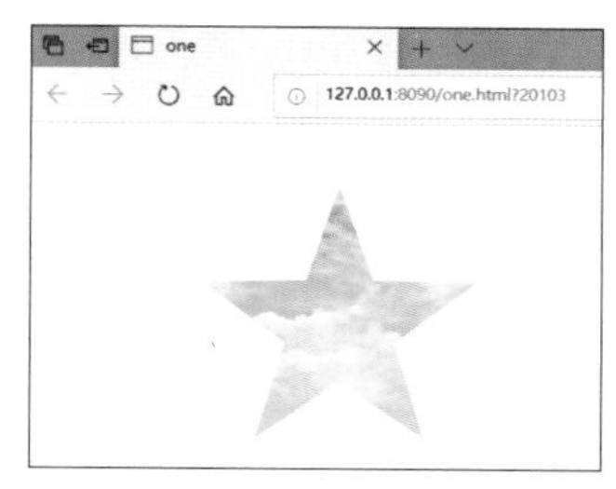

图6.12　星星做mask效果

（3）选择“文件”→“保存”，保存为FLA源文件，并取个合适的文件名。

6.1.6 实例

我们把图片的相关内容综合一下，例如加上滤镜和多个遮罩形状，会发现有意想不到的效果。

1. 启动An

（1）新建一个平台类型为HTML5 Canvas的文件，舞台大小为1920×1080像素。

（2）将图层1改名为actions，在第1帧处添加动作。

2. 编写代码

```
    function colorFil() {
        var bg = new createjs.Bitmap("./background.jpg");
        stage.addChild(bg);
        createjs.Ticker.addEventListener('tick', update);
        function update(event) {
            bg.cache(0,0, bg.image.width, bg.image.height);
        }
        var matrix=new createjs.ColorMatrix().adjustHue(Math.random() * 360).
adjustSaturation(100);
        bg.filters = [new createjs.ColorMatrixFilter(matrix)];
    }
    function maskCircle() {
        var bg = new createjs.Bitmap("./background.jpg");
        var shape = new createjs.Shape();
        shape.graphics.beginFill("#000").drawCircle(0,0, 100);
        shape.x = Math.random() * 1024;
        shape.y = Math.random() * 647;
        shape.scaleX = shape.scaleY = Math.random() * 2;
        bg.mask = shape;
        stage.addChild(bg);
    }
```

```
    function maskStar() {
        var bg = new createjs.Bitmap("./background.jpg");
        var shape = new createjs.Shape();
        shape.graphics.beginFill("#000").drawPolyStar(100, 100, 140, 5,
0.6, -90);
        shape.x = Math.random() * 1024;
        shape.y = Math.random() * 647;
        shape.scaleX = shape.scaleY = Math.random() * 2;
        bg.mask = shape;
        stage.addChild(bg);
    }
    colorFil() ;
    for (var i =0; i < 10; i++) {
        maskCircle();
        maskStar();
    }
```

3. 测试及保存

（1）测试结果如图6.13所示。

（a）（b）（c）（d）

图6.13　综合使用滤镜效果

（2）选择“文件”→“保存”，保存为FLA源文件，并取个合适的文件名。

6.2 Sprite

CSS Sprites是一种网页图片应用处理方式，国内很多人称其为CSS精灵。它允许你将一个页面涉及的所有零星图片都包含到一张大图中去，这样一来，当访问该页面时，载入的图片就不会像以前那样一幅一幅地慢慢显示出来了。对于当前的网络速度而言，不高于200KB的单张图片的载入时间基本是相同的，所以无须顾忌这个问题。

加速的关键不是降低占内存大小而是减少个数。传统切图讲究精细，图片规格越小越好，占内存大小越小越好，其实规格大小无所谓，计算机统一都按字节计算。客户端每显示一张图片都会向服务器发送请求。所以，图片越多请求次数越多，造成延迟的可能性也就越大。

以上是对CSS Sprites的一个通用的解释。显而易见，Sprite是实现网页加速浏览的一个非常重要的概念。

基于概念，我们发现它的优点非常明显。首先，利用CSS Sprites能很好地减少网页的http请求，从而大大地提高页面的性能；其次，CSS Sprites能减少图片的字节，而且解决了网页设计师在图片命名上的困扰，只需对一张集合的图片命名就可以了，不需要对每一个小元素进行命名，从而提高了网页的制作效率；最重要的是利用CSS Sprites更换风格方便，只需要在一张或少量图片上修改图片的颜色或样式，整个网页的风格就可以改变。维护起来更加方便。

在EaselJS中，也提供了一个Sprite，含义与CSS Sprites是一样的，只是它是用来创建动画的。

6.2.1 Sprite

EaselJS中的Sprite通过Sprite实例显示一帧或一系列帧（动画）。 SpriteSheet是一系列图像（通常是动画帧）组合成一个单一的图像。例如，一个由8张100×100像素图像组成的动画可以组合成一张400×200像素的雪碧纸。可以显示单个帧，作为一个动画播放帧，甚至播放序列动画。

创建Sprite与创建其他EaselJS对象实例一样，格式如下：

```
Sprite ( spriteSheet [frameOrAnimation] )
```

其中，参数spriteSheet代表返回 spritesSheet 实例，包括源图像、帧尺寸和帧数据；[frameOrAnimation]代表可选项，字符串或数字类型（String/Number optional），定义最初播放的帧数或动画。

1. 方法

addEventListener，advance，cache，clone，dispatchEvent，draw，getBounds，getCacheDataURL，getConcatenatedDisplayProps，getConcatenatedMatrix， getMatrix，getTransformedBounds，globalToLocal，gotoAndPlay，gotoAndStop，hasEventListener，hitTest，isVisible，localToGlobal，localToLocal，off，on，play，removeAllEventListeners，removeEventListener，set，setBounds，setTransform，stop，toString，uncache，updateCache，updateContext，willTrigger。

2. 属性

alpha，bitmapCache，cacheCanvas，compositeOperation，currentAnimation，currentAnimationFrame，currentFrame，cursor，filters，framerate，hitArea，id，mask，mouseEnabled，name，parent，paused，regX，regY，rotation，scale，scaleX，scaleY，shadow，skewX，skewY，snapToPixel，spriteSheet，stage，tickEnabled，transformMatrix，visible，x，y。

3. 事件

Added，animationend，change，click，dblclick，mousedown，mouseout，mouseover，pressmove，pressup，removed，rollout，rollover，tick。

4. 常用方法

play()：播放当前动画。如果调用“停止”或“前进并停止”，则CSS Sprites将暂停。单帧动画将保持不变。

gotoAndPlay (frameOrAnimation)：设置暂停为 false 并播放指定的动画名称、命名帧或帧号。

frameOrAnimation：String | Number播放头应该移动到已开始播放的帧数或动画名称。

gotoAndStop (frameOrAnimation)：设置暂停为 true 并寻找指定的动画名称、命名帧或帧号。

frameOrAnimation：String | Number播放头应该移动到已开始播放的帧数或动画名称。

stop()：停止播放动画。调用 gotoandplay 或 play 将重新播放。

6.2.2 SpriteSheet

SpriteSheet可以理解为一个运行动画所需要的数据集合，包含动画的原始图像（一般都是将动画的每一帧合并为一个大图），每一帧的尺寸数据，以及动画的帧数（每个动画的名称及包含哪几个帧）。

如何构造一个SpriteSheet呢？在EaselJS中，首先要创建一个用于创建SpriteSheet的数据集合作为参数，包含定义SpriteSheet所必需的信息。格式如下：

SpriteSheet (data)：创建的SpriteSheet，其中，data是描述SpriteSheet数据的对象。

参数data：包含使用的图像源（单个图像或多个图像）、单个图像帧的位置、组成动画的帧序列（可选）和目标的播放帧率（可选）。

也就是说，SpriteSheets 是一个具有两个必需属性（图像和帧）和两个可选属性（帧和动画）的对象。这使得它们很容易在JavaScript 代码或JSON文件中定义。

现在，我们把data参数包含的内容进行分类说明。

1. 图像

图像是指一个源图像数组。图像可以是 htmlimage 实例，也可以是指向图像的 url。建议采用前者。例如，images: [image1, '/xxx/images/xx.png']。

2. 帧

帧是指定义好的单个帧。帧数据有两种支持的格式：

1）当所有帧的大小相同（在网格中）时

当所有帧的大小相同（在网格中）时，使用一个具有 width、 height、 regX、 regY 和 count 属性的对象。width和height：定义帧的宽度和高度。regX和regY：标明帧的注册点或原点。spacing：标明帧和帧之间的间隙。margin：指定图像周围的边距。count：允许指定 spritesSheet 中的总帧数；如果省略此项，将根据源图像和帧的尺寸计算总帧数。帧将根据它们在源图像中的位置（从左到右，从上到下）被分配索引。

例如，frames: {width: 64, height: 64, count: 20, regX: 32, regY: 64, spacing:0, margin:0} 定义各个帧，支持两种形式的帧数据。

2）当帧具有不同尺寸时

当帧具有不同尺寸时，使用数组来定义帧。每个帧一个数组，包含4个必须元素和3个可选元素。顺序为4个必须元素：x、y、width、height，定义帧的矩形形状；第5个元素（可选元素）：imageIndex，指定源图像的索引（默认是0）；最后2个元素（可选元素）：regX和regY，指定帧的注册点。

```
frames: [     // x, y, width, height, imageIndex, regX, regY
    [64,0, 96, 64],
    [0,0, 64, 64, 1, 32, 32],
]
```

3. 动画

animations是可选项。其格式为对象格式，可定义帧序列，播放指定的动画。每个属性对应同名的动画。每个动画必须指定要播放的帧，还可以包括相对播放速度（如2是指以2倍速度播放，0.5是指以0.5倍速度播放），以及播放完成后，下一个要播放的动画名称（next元素表示）。支持以下3个定义方法，可按需要混合使用。

1）对于单帧动画

可以简单地指定帧索引。

```
animations: {
        sit: 7
    }
```

2）对于连续帧的动画

可以使用两个必需的数组和两个可选项：start、 end、 next 和 speed，将播放的帧从开始到结束包括在内。

```
    animations: {
        // start, end, next*, speed*
        run: [0, 8],
        jump: [9, 12, "run", 2]
    }
```

3）对于非连续帧

可以使用具有 frames 属性的对象，该对象定义一个帧索引数组，可按顺序播放。对象还可以指定 next 和 speed 属性。

```
    animations: {
        walk: {
            frames: [1,2,3,3,2,1]
        },
        shoot: {
            frames: [1,4,5,6],
            next: "walk",
            speed:0.5
        }
    }
```

speed属性是在EaselJS0.7.0中添加的。早期的版本有一个频率属性，即速度的倒数。例如，值4在早期版本中是正常速度的1/4，但在EaselJS0.7.0中是指正常速度的4倍。

framerate代表可选项，表示默认的播放的 spritesSheet 的帧率，这个帧率只在帧循环舞台刷新时使用。

```
    framerate: 20
    createjs.Ticker.on("tick", handleTick);
        function handleTick(event) {
            stage.update(event);
        }
```

4. 实例

定义一个简单的 spritesSheet。源图像为sprites. jpg，帧大小为50×50像素，有3个动画：stand显示第1帧，run循环1～5帧，jump播放6～8帧，然后回到run。

```
    var data = {
        images: ["sprites.jpg"],
        frames: {width:50, height:50},
        animations: {
            stand:0,
            run:[1,5],
            jump:[6,8,"run"]
        }
    };
```

```
    var spriteSheet = new createjs.SpriteSheet(data);
    var animation = new createjs.Sprite(spriteSheet, "run");
```

6.2.3 一帧动画

只有一帧的动画，其实就是一张静止的图片。很多时候，尤其是编写前端CSS时，很多人喜欢把用到的所有图片合成为一个大图，在使用CreateJS制作游戏时也是如此，然后再使用sprite把其中的每个图片分解出来，当然也可以用Bitmap中的Rectangle来选取部分图片。例如，有一个素材的图片包含游戏用到的所有角色的图片，如图6.14所示。

图6.14　角色图片

使用Sprite把图片逐个分离出来。

1. 启动An

（1）新建一个平台类型为HTML5 Canvas的文件，舞台大小为1920×1080像素。

（2）将图层1改名为actions，在第1帧处添加动作。

2. 编写代码

```
var gameData = {
    "images": ["./gameImg.jpg"],
    "frames": [
        [0,0, 210, 330],//左上角的坐标和图片的宽和高
        [220,0, 210, 330],
        [440,0, 210, 330],
        [0, 330, 210, 330],
        [220, 330, 210, 330],
        [440, 330, 210, 330]
    ],
    "animations": {
        "man1": [0],
        "man2": [1],
        "man3": [2],
```

```
            "man4": [3],
            "man5": [4],
            "man6": [5]
        }
    }
    var gameSheet = new createjs.SpriteSheet(gameData);
    var man1 = new createjs.Sprite(gameSheet, "man1");
    var man2 = new createjs.Sprite(gameSheet, "man2");
    var man3 = new createjs.Sprite(gameSheet, "man3");
    var man4 = new createjs.Sprite(gameSheet, "man4");
    var man5 = new createjs.Sprite(gameSheet, "man5");
    var man6 = new createjs.Sprite(gameSheet, "man6");
    stage.addChild(man1);
    stage.addChild(man2);
    stage.addChild(man3);
    stage.addChild(man4);
    stage.addChild(man5);
    stage.addChild(man6);
    man1.x = 2;
    man1.y = 2;
    man2.x=300;
    man2.y=0;
    man3.x = 700;
    man3.y =0;
    man4.x=100;
    man4.y=350;
    man5.x = 400;
    man5.y = 400;
    man6.x=800;
    man6.y=440;
```

3. 测试及保存

（1）测试结果如图6.15所示。

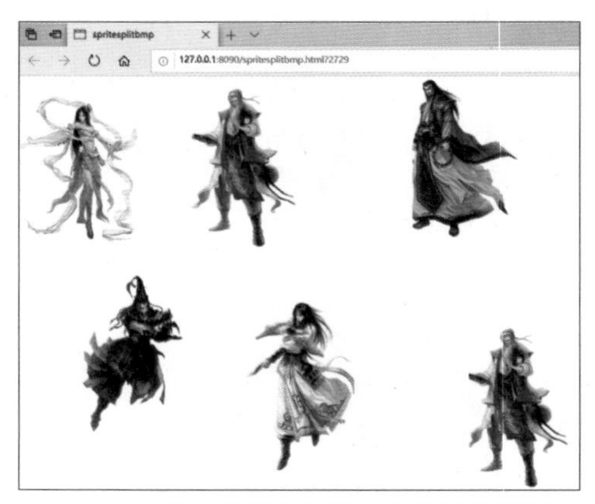

图6.15　角色分离后在给定的位置呈现图

（2）选择“文件”→“保存”，保存为FLA源文件，并取个合适的文件名。

6.2.4 动画

如图6.16所示，有一组男孩走路的图片，请使用Sprite把图片组合起来做成一个走路的动画。

图6.16 男孩走路单张图片

1. 启动An

（1）新建一个平台类型为HTML5 Canvas的文件，舞台大小为1920×1080像素。

（2）将图层1改名为actions，在第1帧处添加动作。

2. 编写代码

```
var data = {
    "images": ["./boy.jpg"], //图片路径
    "frames": {
        "height": 500,
        "width": 307,
        "count": 12,
        "regX":0,
        "regY":0
    }, //每帧的尺寸,count是总帧数
    "animations": {
        "walk": [0, 12, "run",0.5], //[开始帧,结束帧,动画完成后的动作,速度]
    }
}
var spriteSheet = new createjs.SpriteSheet(data);
//方法一
sprite = new createjs.Sprite(spriteSheet);
sprite.gotoAndPlay("run");
//方法二
sprite = new createjs.Sprite(spriteSheet,"run");
```

```
stage.addChild(sprite);
sprite.x = 100;
```

3. 测试及保存

（1）测试结果如图6.17所示。

图6.17 男孩走路效果

（2）选择“文件”→“保存”，保存为FLA源文件，并取个合适的文件名。

6.3 本章小结

本章讲解的是EaselJS图片和Sprite。具体讲解了如何将图片放上舞台，并对其常用的属性如sourceRect、Shadow、Filter、Mask进行了详细的讲解。对于Sprite则细致讲解到每一个参数。对静态帧图片的获取和利用Sprite生成动画都利用相关案例进行了实践。

习题6

1. 如何获取图片的某一个部分？
2. 图片的阴影效果可以通过哪条语句实现？
3. 要得到图片的真正的滤镜效果需要注意哪两个问题？
4. Sprite指的是什么？
5. spriteSheet里的数据参数指的是什么？

第7章 CreateJS基础——EaselJS事件

本章涵盖如下内容：

- 动画基础
- 事件
- 事件处理函数

重点来了。

前面之所以学那么多，就是为了做动画，精确的说法是做交互动画。

那么，什么是交互？所谓“交互”就是有问有答。那么谁来问？谁来答？怎么答？

上面三个问题实际上问的就是“谁”？侦听到了什么事件？侦听到事件之后，是如何处理的？这就是动画交互技术中的连环三问。谁，通常指显示对象。事件，基本上有两种，一种是帧循环，另一种是单击或手指触摸等。处理，通常交给处理函数。

JavaScript用的是事件侦听机制来实现动画，这其实很容易理解，也很简单，那么，难点在哪呢？难点在逻辑上，要有缜密的推理逻辑和设计思路。

还是回到EaselJS，回答第一问，还记得显示对象Display Object吗？文本Text、图片Bitmap、舞台stage、容器container等都是显示对象。下面我们趁热打铁，继续学习。

7.1 帧循环事件

回答第二问的第一种情况，帧循环事件也就是tick事件。

帧循环实现的就是动画，为什么这样说呢？因为动画就是运动，就像一个物体随着时间的推移在空间中改变它的位置，前一时刻它在这里，下一时刻它到了那里。但是动画并不仅仅就是运动，它还包括对任意可视属性的变化，如形状、大小、方向与颜色等。例如，以某种频率改变大量形状不一的蓝色像素的色调就可以模拟水的流动，从而创造出一个瀑布，而在此过程中没有一个物体的位置发生了变化。

我们发现这里面时间起到关键性的作用，可以说时间是动画的基本组成部分。没有时间就没有运动，动画也就变成了静止的图像。同理，没有运动，我们也无法感知时间的存在，即使是现在正在发生的事情。没有时间，图像中就不会发生任何变化。

在动画世界里，有一个很重要的概念：帧。几乎所有的动画制作都采用帧实现运动。帧是将一系列离散的图像以极快的速度连续播放从而模拟物体运动或变化。

利用帧实现动画的概念很简单：当我们连续播放一系列有略微差别的图像时，大脑会将它们想象成一幅不断运动的图像。生物依据是人眼有一个视觉暂留现象，能做到在看后一幅画时还有前一幅的影像，所以就连续起来了，但是这里有个前提条件就是速度，什么样的速度播放能完成再现现实（虽然实际上它们仍然是静止的图片）。这个速度我们把它叫作帧频，那以每秒播多少帧为计量单位（f/s），研究表明将频率保持在24f/s，人们就会把这些帧视为一张运动的图像。如果低于此频率，人们就会察觉到跳帧，也就打破了这种运动的假象。并且人类的眼睛似乎无法区分比这更高的频率，每秒播放100帧并不会让你的动画显得更真实，尽管更高的帧率在电脑动画中会带来更好的互动感和流畅度。

当对动画里帧的理解深刻之后，我们就很容易明白EaselJS的帧循环事件了，那么谁来启动这个事件呢？

7.1.1 Ticker

1. Ticker

一般情况下，我们会用Ticker，Ticker 英文翻译是发滴答声的东西，可以理解成钟、表，是一个名词。

这里Ticker提供了一个主要的定时对象。它主要的目的就是把stage渲染的工作集中起来，也就是说定时调用stage.update()方法，定时刷新舞台，Ticker设置的理想的帧速率是60 f/s。

注意：在CPU使用率过高时，Ticker可能会比设定的要慢。它是一个集中的间隔广播，侦听tick时间后再设定的时间间隔会调用侦听函数。Ticker使用静态接口（如30），并且不能被实例化。

对于Ticker，官网上有详细的方法和属性，具体如下。

1）方法

addEventListener，dispatchEvent，getEventTime，getMeasuredFPS，getMeasuredTickTime，getTicks，getTime，hasEventListener，init，off，on，removeAllEventListeners，removeEventListener，reset static，toString，willTrigger。

2）属性

framerate，interval，maxDelta，paused，RAF，RAF_SYNCHED，TIMEOUT，timingMode。

3）事件

tick。

2. 常用的属性

1）interval

interval用来设置间隔的时间，以毫秒（ms）为单位。默认为50ms。在RAF模式下，这个参数会被忽略。

2）framerate

framerate用来直接设置帧频，其内部实现就是设置interval，即interval=1000/framerate。

3）maxDelta

maxDelta指定tick事件中的delta最大值。推荐这个值为interval的两倍。

4） paused

在ticker暂停时，所有的侦听器仍然会接收到tick事件，但是事件中的paused为true。

5）timingMode

timingMode指定tick的3种timing模式：TIMEOUT、RAF和RAF_SYNCHEN。

（1）TIMEOUT，在这种模式下就是用setTimeOut方法实现的，是timingMode的默认模式。

（2）RAF，在这种模式下使用requestAnimationFrame，完全忽略Ticker的帧频。如果requestAnimationFrame API不支持就用TIMEOUT模式。

（3）RAF_SYNCHEN，在这种模式下使用requestAnimationFrame，并试图与Ticker的帧频同步。如果requestAnimationFrame API不支持就用TIMEOUT模式。

3. 常用的方法

1）getTime ([runTime=false])

返回Ticker初始化以后的总时间，如果没有初始化就返回-1（初始化时在添加第一个侦听时进行的）。参数runTime表示返回是否包含暂停时间，如果是true就表示只有tick运行的时间，如果是false就表示包含所有时间。

2）getEventTime (runTime)

与getTime功能类似，但是返回的是最近一次tick事件的时间。

3）getMeasuredFPS()

获得当前的实际帧频。

4）getMeasuredTickTime

获得平均一次tick所用的时间，大概就是在这一次tick所用的时间。

5）getTicks (pauseable)

获得初始化后所有tick的次数，参数表明是否包含暂停的tick。

6）reset()

停止Ticker并移除所有侦听。

7.1.2 侦听器

这个也是Ticker的常用方法，非常重要。

addEventListener就是一个事件的侦听方法，它能被所有需要侦听事件的对象使用，可以是Ticker，也可以是Text、Bitmap、Container、stage等。

addEventListener (type,listener,[useCapture])：Function 或Object类型，添加指定的事件侦听器。注意：向同一函数添加多个侦听器将激发多个回调。

参数含义如下：

type：String类型，描述事件。

Listener：Function 或Object类型，描述一个具有 handleevent 方法的对象，或者一个在事件发送时将被调用的函数。

[useCapture]：可选项，Boolean 类型，指示是否侦听捕获阶段、冒泡阶段或目标阶段的事件。

例如，侦听到了单击事件，代码如下：

```
displayObject.addEventListener("click", handleClick);
 function handleClick(event) {
    // Click happened.
 }
```

7.1.3 Ticker使用

1. 准备

有了Ticker，也掌握了调用事件侦听方法addEventListener()。下面用Ticker侦听tick事件，然后去执行相应的侦听函数，如果侦听函数完成的就是让一个球的x坐标加1，那么帧循环后，你会看到一个从左向右滚动的球。

```
createjs.Ticker.addEventListener("tick", handleTick);
function handleTick(event) {
    //todo
}
```

这里，解释一下在handleTick()中的event。event.paused 表示Ticker是否处于暂停状态；event.delta表示在上一次tick事件之后到这次事件的时间间隔，以毫秒（ms）为单位；event.time表示在Ticker被初始化以后的时间总和，以毫秒（ms）为单位；event.runTime表示在Ticker被初始化以后没有暂停的时间总和，以毫秒（ms）为单位。

2. 实例

下面来实现上文说到的从左向右滚动的球。

1）启动An

（1）新建一个平台类型为HTML5 Canvas的文件，舞台大小为1920×1024像素。

（2）将图层1改名为actions，在第1帧处添加动作。

2）编写代码

（1）先绘制一个球。

```
var testBall=new createjs.Shape();
testBall.graphics.beginFill("#FF53BA").drawCircle(100,100,50);
stage.addChild(testBall);
```

（2）侦听到事件，然后实现球从左向右滚。

```
createjs.Ticker.addEventListener("tick",moveBall);
function moveBall(){
    testBall.x+=10;
}
```

（3）测试结果如图7.1所示。

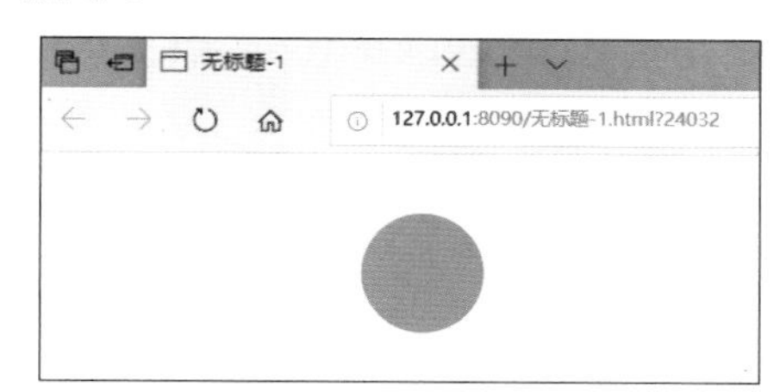

图7.1 测试效果图

3）解决会遇到的两个问题

（1）频闪。加上createjs.Ticker.setFPS(60);，可以在一定程度上解决这个问题。

（2）滚出去就回不来了。加上一个条件判断就能解决。

```
if(testBall.x>1024){
        testBall.x=0;
    }
```

如果来回滚呢？其实也好办。设一个标志，判断是往右还是往左，往右就做加法，往左就做减法。例如，设tga=true做加法，tga=false做减法。

```
var tga=true;
createjs.Ticker.addEventListener("tick",moveBall);
function moveBall(){
    if(tga){
        testBall.x+=10;
        if(testBall.x>=1000){
            tga=false;
        }
    }else{
        testBall.x-=10;
        if(testBall.x<=0){
            tga=true;
        }
    }
}
```

测试结果如图7.2所示。

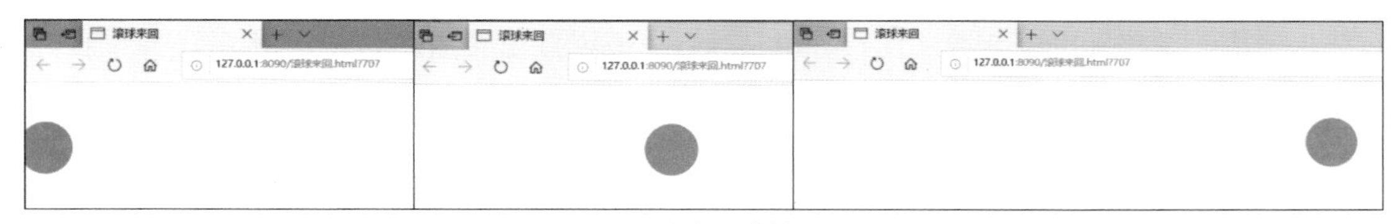

图7.2 球来回滚效果图

3. 总结

我们发现，这里的帧其实是程序帧。也就是说，帧上的图片并不是真实存在的，而是通过动态程序生成的，这个叫作动态动画。动态动画包含一幅图片的起始描述和后续每一帧图像的变化规则。上例的规则就是testBall.x+=10;或者testBall.x-=10;。

7.2 动画基础

事情变得越来越有意思了。

我们潜心研究规则就能做出非常有趣的动画。例如，将数学与物理原理运用到动画中的物体上，如让一个物体往任意方向移动，然后给它加一些重力，它就会不断下落；如果给它施加阻力，让它碰到地面后弹起，并且限制弹起的高度，最终它会落到地面并停在那里。怎么样都行，让物体如何运动可以自由发挥你的想象。

7.2.1 三角学

说到数学和物理，为了让我们的想象呈现出来，现在补一下相关的知识。先看三角学，通过将不断计算出来的距离和角度数值赋值给显示对象，可使显示对象的运动变得魔幻。

下面我们借助美国Billy Lamberta编著的《HTML5+JavaScript动画基础》一书来梳理一下三角学知识。

三角学主要研究三角形以及它们的边角关系。如果某个三角形的一个角扩大，那么它所对应的边就会拉长（假设另外两条边保持原有长度），并且另外两个角也会随之变小。有一类特殊的三角形包含一个 90° 的角，它称为直角三角形并由一个位于直角处的小方块加以标识。直角三角形的边角关系比较简单，可以很容易地利用一些基本公式推算出结果。

1. 弧度和角度

角的度量单位包括角度与弧度两大系统。我们常用的是角度，一个圆包含360° 的说法深深地扎根在我们的脑海里，我们常常会说转了180° 弯时，意味着是转向了相反的方向。但是，计算机更倾向于使用弧度的概念。弧度可以用角度来说明，一个完整的圆（360° ）的弧度是6.2832，与π（3.1416）的关系为360° =2π，以此推算，有180° =π，90° =π/2……更直观的描述如图7.3所示。如果我们用radians 代表弧度，用degrees代表角度，那么它们的转换公式如下：

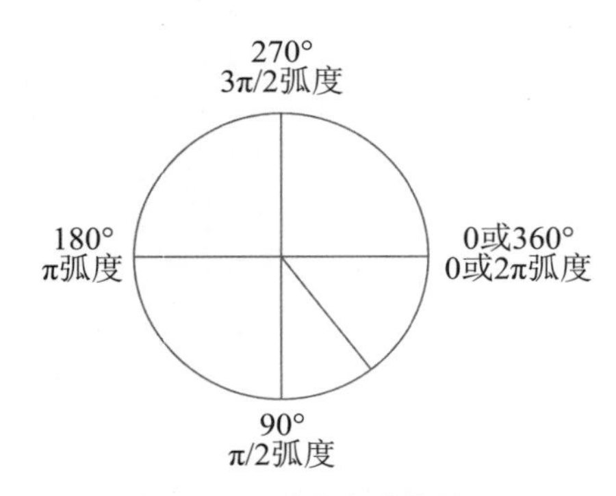

图7.3　弧度与角度的关系

```
radians = degrees * Math. PI/180
degrees = radians * 180/Math. PI
```

2. canvas坐标系和角度测量

在动画的世界里，最离不开的就是位置的变化，在此，我们要非常精准地理解canvas

坐标系也就是舞台坐标系，因为它与我们学过的数学坐标系有一点不同。

最常见的二维坐标系以x轴作为水平坐标，以y轴作为垂直坐标，canvas 元素也遵循同样的原则。通常情况下，二维坐标系原点坐标(0,0)会显示在空间的正中心，x轴的坐标值向右以正数形式不断增大，向左以负数形式不断变小，y轴的坐标值向上以正数形式不断增大，向下以负数形式不断变小，如图7.4（a）所示。而canvas元素却是基于视频画面的坐标系，其中(0,0)处在空间的左上角，如图7.4（b）所示，x轴的坐标值还是从左往右不断增大，而y轴的坐标值则与标准坐标系相反，向下以正数形式不断增大，向上以负数形式不断变小。这个坐标系有它的历史背景，因为电子枪是从左往右，从上往下扫描屏幕的。不过这一背景并不是很重要，你只需要知道它就是这么定义的，而且短时间内不会发生变化。

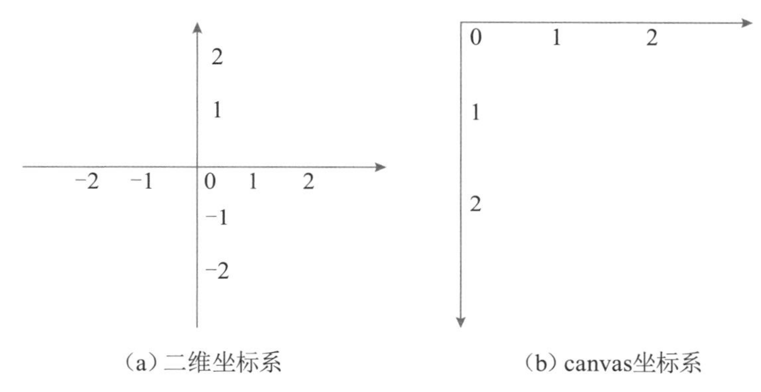

（a）二维坐标系　　（b）canvas坐标系

图7.4　二维坐标系和canvas坐标系

还有一个关键性的问题，就是角度。在大多数系统中，角度是以逆时针方向为正值的，0° 表示一条线沿着x轴正方向延伸。而在canvas元素中，角度则以顺时针的方向为正值，如图7.5所示。

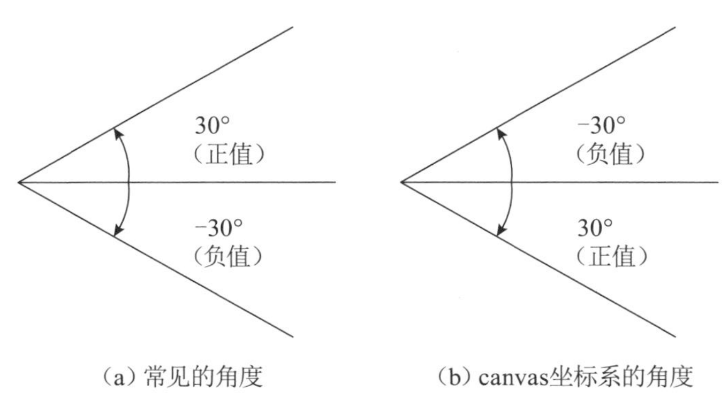

（a）常见的角度　　（b）canvas坐标系的角度

图7.5　常见的角度测量和canvas坐标系角度测量

基于上面两种情况，我们要适应canvas坐标系系统，在每次计算时注意这个问题，不要出错。

3. 三角函数

JavaScript包含用于计算多种三角关系的三角函数，如正弦、反正弦、余弦、反余弦、正切、反正切、勾股定理等。

1）正弦

一个角的正弦表示与该角相对的直角边与斜边的比例。在JavaScript中，可以使用Math.sin(angle)进行计算，这里的angle是弧度。

例如，我们计算一个30°角的正弦值，该角的对边长度为1，斜边长度为2，如图7.6所示。对边长度与长边长度的比为1∶2，用数字表示即1/2或0.5。因此，我们可以认为30°角的正弦值为0.5。在用公式计算时，一定要将30°转换成弧度，30 × Math.PI / 180是30°的弧度值。正确的表达式是：Math.sin(30 × Math.PI / 180)=0.5。

但是，对于图7.6所示的三角形来说，在canvas坐标系中，上述说法就不对了，因为在canvas坐标系中，垂直往下的坐标值以及逆时针的角度才是正值。所以，在上面这个例子中，角的对边和角自身都是负值，如图7.7所示。此时，对边和斜边的比率变成了-1∶2，而正弦值所对应的角度也变成了-30°。因此30°角的正弦值为-0.5。Math.sin(-30 × Math.PI / 180)= -0.5。

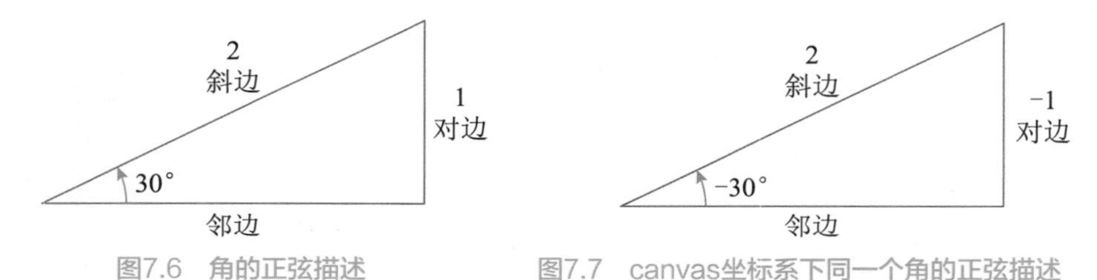

图7.6　角的正弦描述　　图7.7　canvas坐标系下同一个角的正弦描述

一个角的反正弦就是正弦的逆运算。在JavaScript中，可以使用Math.asin (ratio)进行计算，这里得到的值是弧度。通常，反正弦在一般的动画场景中也不太有用。

Math.asin(0.5) × 180 / Math.PI=30，注意将弧度通过公式转化成角度。

2）余弦

一个角的余弦表示与该角相邻的直角边与斜边的比例。在JavaScript中，可以使用Math. cos (angle)进行计算，这里的angle是弧度。

仍以图7.7所示的三角形为例，加注邻边长度的近似值1.73，因为这条边相对于角向右方延伸，所以在x轴上它的长度是正值。因此，它的余弦是1.73/2即0.865，表达式为Math.cos(-30 × Math.PI / 180)=0.865。

一个角的反余弦就是余弦的逆运算。在JavaScript中，可以使用Math. acos (ratio)进行计算，这里得到的值是弧度。通常，反余弦在一般的动画场景中也不太有用。

Math.acos(0.865) × 180 / Math.PI=-30，注意将弧度通过公式转化成角度。

3）正切

一个角的正切表示与该角相对的直角边与相邻的直角边的比例。在JavaScript中，可以使用Math.tan (angle)进行计算，这里的angle是弧度。

仍以图7.7所示的三角形为例，可以得到-30°角的正切等于对边与邻边的比值，即-1/1.73或-0.578。动画代码中很少用到正切。尽管正切可以创建一些有趣的特效，但是你会发现反正切更为有用。

4）反正切

反正切与前面所说的反正弦、反余弦一样，它就是正切的逆运算。输入角的对边与邻边的比值，通过计算反正切可以得到角的弧度。JavaScript 提供了两个函数用于计算反正切。

第一个函数：Math.atan (ratio)，从之前的讨论中可知30°角的正切值为0.578（经过四舍五入）。将该值代入反正切计算公式，可得到其对应的角度， Math.atan(0.578) × 180 / Math. PI=30。

第二个函数：Math.atan2 (y,x)，它是JavaScript中的另一个反正切函数。相对而言，它显得更加重要。原因如下：

这要从象限说起，如图7.8所示，图中有4个不同的三角形：A、B、C和D。三角形A、B的x轴坐标为正值。三角形C、D的x轴坐标则延伸至x轴的负方向。同理，三角形A、D处于y轴的负方向，而三角形B、C处于y轴的正方向。因此，对于4个内部角，可以得到以下的正切值：A的正切值为-1/2，即-0.5；B的正切值为1/2，即0.5；C的正切值为1/(-2)，即-0.5；D的正切值为(-1)/(-2)即，0.5。那么问题来了，B和D的正切值是一样的，反正切得到的角度Math.atan(0.5)=26.57也是一样的，此时无法分辨这个三角形是B还是D。此时，通过对边-邻边的方法进行计算，就能解决这个问题，如D的算法，采用Math.atan2(-1,-2) × 180 / Math.PI)得到的结果为-153.43；B的算法，采用Math.atan2(1, 2) × 180 / Math.PI)得到的结果为26.57，这样有效地区分了B和D。

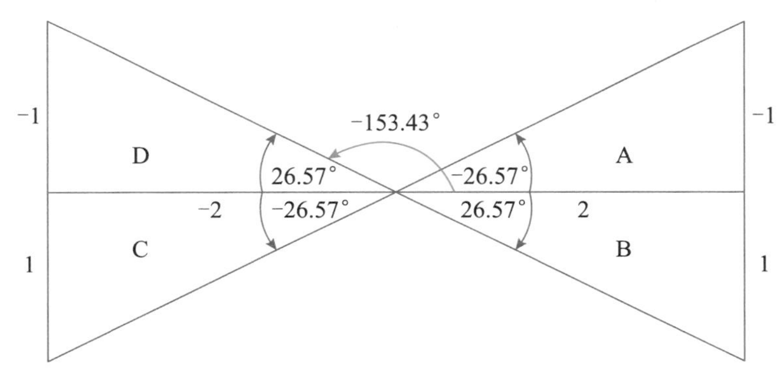

图7.8 canvas坐标系下角的描述

5）勾股定理

勾股定理是由希腊数学家、哲学家毕达哥拉斯提出的，他因为提出了一种计算三角形边长的简便方法而被载入史册。这个方法就是勾股定理：$A^2+B^2=C^2$，也就是直角三角形两条直角边的平方和等于斜边的平方。

这个公式被广泛用于计算两点之间的距离。如图7.9所示，我们要计算两点的距离，首先要算出dx=x2-x1和dy=y2-y1，然后根据勾股定理求出distance=$\sqrt{(dx)^2+(dy)^2}$。用JavaScript 描述如下：

```
var dx=x2-x1;
var dy = y2-y1,
dist = Math.sqrt(dx * dx + dy*dy) ;
```

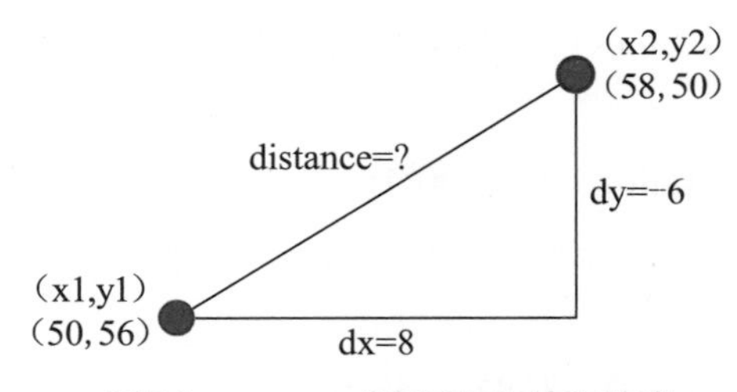

图7.9　canvas坐标系下两点间距离

4. 三角函数案例

终于把常用的基本的概念介绍完了，让我们来运用一下。例如，我现在脑子里有一根一端带圆球的小棍，类似一根火柴棍，我想让它以不带圆球的顶点为中心旋转，旋转的角度取决于它与下面那个左右滚动的圆球之间的距离，如图7.10所示。

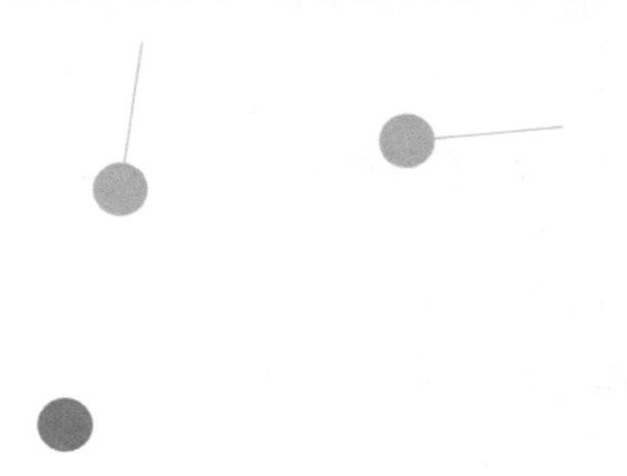

图7.10　案例效果图

1）启动An

（1）新建一个平台类型为HTML5 Canvas的文件，舞台大小为1920×1024像素。

（2）将图层1改名为actions，在第1帧处添加动作。

2）完整代码及解释

```
//画一个漂亮的外框picFrame
var picFrame = new createjs.Shape();
picFrame.graphics.beginStroke("#FFB152").drawRect(0,0, 420, 600);
stage.addChild(picFrame);
//画小棍rope
var ropeG = new createjs.Graphics();
ropeG.beginStroke("#FFB152");
ropeG.moveTo(0,0);
ropeG.lineTo(100, 50);
var rope = new createjs.Shape(ropeG);
//在小棍的一端画圆球ball
var ball = new createjs.Shape();
ball.graphics.beginFill("#FFB152").drawCircle(0,0, 20);
```

```
//创建容器clockWall
var clockWall = new createjs.Container();
clockWall.addChild(rope, ball);
stage.addChild(clockWall);
clockWall.x = 200;
clockWall.y = 220;
//在小棍下方画一个红色的球myCircle
var myCircle = new createjs.Graphics();
var myScircle = new createjs.Shape(myCircle);
myCircle.beginFill("red");
myCircle.drawCircle(0, 300, 20);
stage.addChild(myScircle);
myScircle.x =0;
myScircle.y = 100;
//让红色的球左右滚动
var tga = true;
createjs.Ticker.setFPS(60);
createjs.Ticker.addEventListener("tick", moveBall);
function moveBall() {
    if (tga) {
        myScircle.x += 1;
        if (myScircle.x >= 400) {
            tga = false;
        }
    } else {
        myScircle.x -= 1;
        if (myScircle.x <=0) {
            tga = true;
        }
    }
//计算红球和火柴之间的距离dx和dy
    var dx = myScircle.x - clockWall.x;
    var dy = myScircle.y - clockWall.y;
//计算红球和火柴之间的角度,即计算火柴的旋转角度
    clockWall.rotation = Math.atan2(dy, dx) * 180 / Math.PI;
}
```

3）测试及保存

（1）测试结果如图7.11所示。

（2）选择“文件”→“保存”，保存为FLA源文件，并取个合适的文件名。

4）可以再做得有意思一点，如弄个娃娃脸，让她的眼珠滴溜溜地跟着红色的球转。

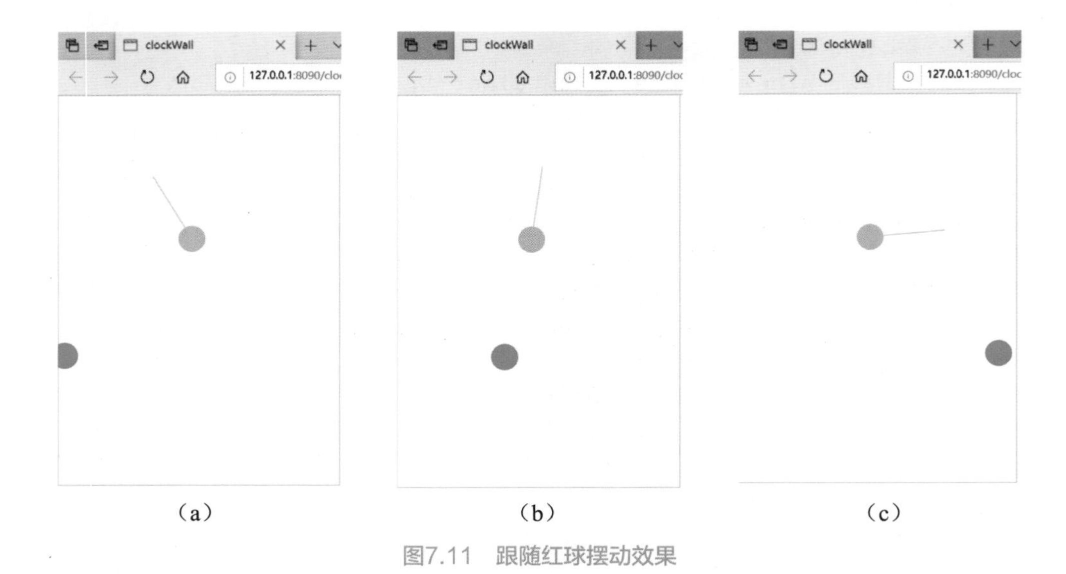

图7.11　跟随红球摆动效果

```
//画脸faceG
var faceG = new createjs.Graphics();
faceG.beginStroke("#ff0000");
faceG.beginFill("#ffff00");
faceG.drawCircle(200, 200, 100);
//画左右眼珠和眼底eyelG、eyelbG、eyerG、eyerbG
var eyelG = new createjs.Graphics();
eyelG.beginFill("#000000");
eyelG.drawEllipse(0,0, 20, 20);
var eyelbG = new createjs.Graphics();
eyelbG.beginFill("#ffffff");
eyelbG.drawCircle(0,0, 20);
var eyerG = new createjs.Graphics();
eyerG.beginFill("#000000");
eyerG.drawEllipse(0,0, 20, 20);
var eyerbG = new createjs.Graphics();
eyerbG.beginFill("#ffffff");
eyerbG.drawCircle(0,0, 20);
//把画好的红球都放到舞台的相应位置
var faceS = new createjs.Shape(faceG);
stage.addChild(faceS);
var eyelbS = new createjs.Shape(eyelbG);
stage.addChild(eyelbS);
eyelbS.x = 150;
eyelbS.y = 180;
var eyelS = new createjs.Shape(eyelG);
stage.addChild(eyelS);
eyelS.x = 150;
eyelS.y = 180;
```

```
var eyerbS = new createjs.Shape(eyerbG);
stage.addChild(eyerbS);
eyerbS.x = 250;
eyerbS.y = 180;
var eyerS = new createjs.Shape(eyerG);
stage.addChild(eyerS);
eyerS.x = 250;
eyerS.y = 180;
//画嘴mouthG,把画好的红球都加到舞台的相应位置
var mouthG = new createjs.Graphics();
mouthG.beginFill("#ff0000");
mouthG.drawCircle(200,250,10);
var mouthS = new createjs.Shape(mouthG);
stage.addChild(mouthS);
//让红球左右滚动
var myCircle = new createjs.Graphics();
var myScircle = new createjs.Shape(myCircle);
myCircle.beginFill("red");
myCircle.drawCircle(0, 300, 20);
stage.addChild(myScircle);
myScircle.x =0;
myScircle.y = 100;
var tga = true;
createjs.Ticker.setFPS(60);
createjs.Ticker.addEventListener("tick", moveBall);
function moveBall() {
    if (tga) {
        myScircle.x += 5;
        if (myScircle.x >= 400) {
            tga = false;
        }
    } else {
        myScircle.x -= 5;
        if (myScircle.x <=0) {
            tga = true;
        }
    }
    var dLx = myScircle.x-eyelS.x;        //计算左眼与红球的距离dLx
    var dLy = myScircle.y-eyelS.y;        //计算左眼与红球的距离dLy
    var dRx = myScircle.x-eyerS.x;        //计算左眼与红球的距离dRx
    var dRy = myScircle.y-eyerS.y;        //计算左眼与红球的距离dRy
    eyelS.rotation = Math.atan2(dLy, dLx) * 180 / Math.PI;
                                          //计算左眼旋转角度
    eyerS.rotation = Math.atan2(dLy, dLx) * 180 / Math.PI;
                                          //计算右眼旋转角度
}
```

测试结果如图7.12所示。

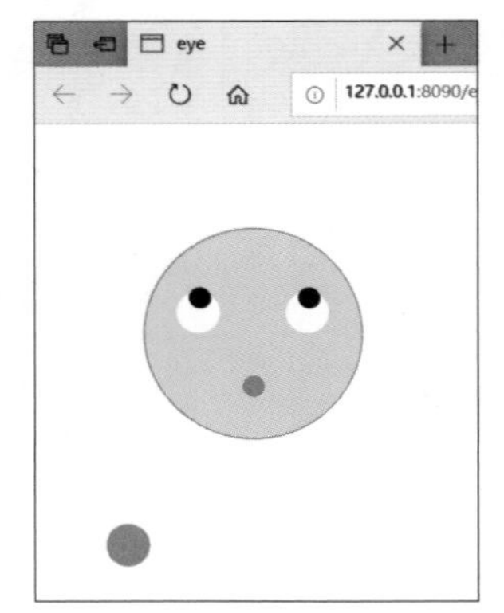
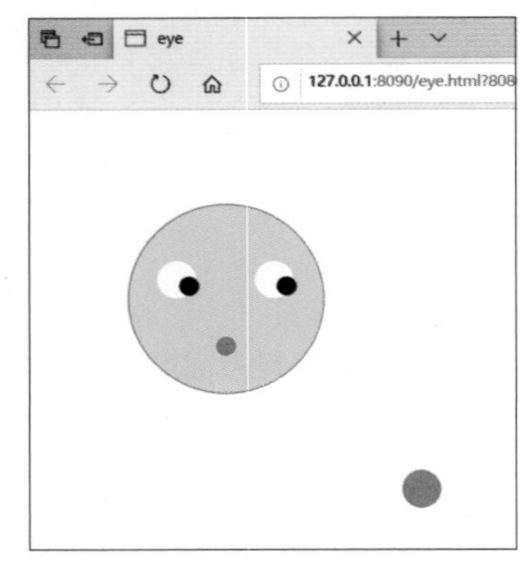

图7.12　眼珠跟着圆球转

7.2.2 圆与椭圆

1. 圆

1）圆的计算

三角函数带来的好处是我们可以通过余弦函数获得圆上某点x坐标的大小，通过正弦函数获得圆上某点y坐标的大小，从而获得圆上每个点的位置。如图7.13所示的圆，圆心为(x,y)，圆上有一个点(x1,y1)，圆半径为r，(x1,y1)与圆心的连线和水平线的夹角为α，则可以很快求出圆上点的坐标值：x1 = x + Math.sin(α)×r；y1 = y+ Math.cos(α)×r。

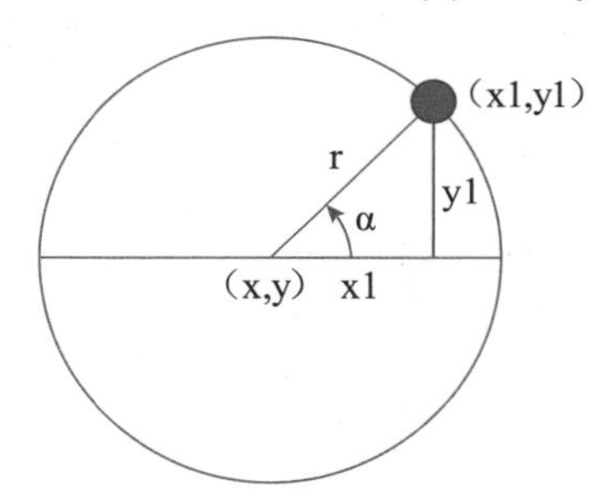

图7.13　圆上点的计算

这意味着当我们有了tick之后，程序帧的内容就出来了，每帧获取圆上每个点的位置，然后通过画线方法跟进。这样，一个画圆的页面就出来了，这就是圆周运动。

2）画圆

将圆周运动的轨迹画出来，如以(200,200)为圆心，100为半径，画圆。

（1）新建一个平台类型为HTML5 Canvas的文件，舞台大小为1920×1024像素。

（2）将图层1改名为actions，在第1帧处添加动作。

（3）编写代码，完整代码如下：

```
var myG = new createjs.Graphics();
myG.beginStroke("#ff0000");
```

```
var startX =0;
var startY =0;
var changeAngle =0;
createjs.Ticker.addEventListener('tick', testdrawLine);
function testdrawLine() {
    changeAngle +=0.1;
    startX = 200 + Math.sin(changeAngle) * 100;
    startY = 200 + Math.cos(changeAngle) * 100;
    myG.lineTo(startX, startY);
    var myS = new createjs.Shape(myG);
    stage.addChild(myS);
}
```

（4）测试结果如图7.14所示。

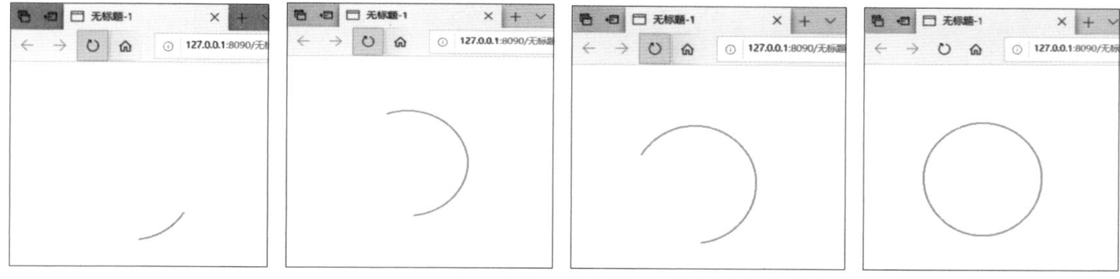

图7.14 圆周运动

（5）选择“文件”→“保存”，保存为FLA源文件，并取个合适的文件名。

2. 椭圆

1）椭圆的形成

尽管圆形很好看，不过有些时候你并不想要一个完美的圆形，某些时候你可能需要一个椭圆。修改一下就好了，圆之所以圆，是因为上下沿（y轴）运动和前后沿（x轴）运动的范围是一致的，如果使用不同的半径计算x与y的坐标位置，也就是上下沿（y轴）运动和前后沿（x轴）运动的范围是不一致的，这样，就得到了一个椭圆。

2）画椭圆

将椭圆运动的轨迹画出来，如以(200,200)为圆心，100为y轴半径，200为x轴半径，画椭圆。

（1）新建一个平台类型为HTML5 Canvas的文件，舞台大小为1920×1024像素。

（2）将图层1改名为actions，在第1帧处添加动作。

（3）编写代码，完整代码如下：

```
var myG = new createjs.Graphics();
myG.beginStroke("#ff0000");
var startX =0;
var startY =0;
var changeAngle =0;
```

```
createjs.Ticker.addEventListener('tick', testdrawLine);
function testdrawLine() {
    changeAngle +=0.1;
    startX = 300 + Math.sin(changeAngle) *200;
    startY = 200 + Math.cos(changeAngle) * 100;
    myG.lineTo(startX, startY);
    var myS = new createjs.Shape(myG); stage.addChild(myS);
}
```

（4）测试结果如图7.15所示。

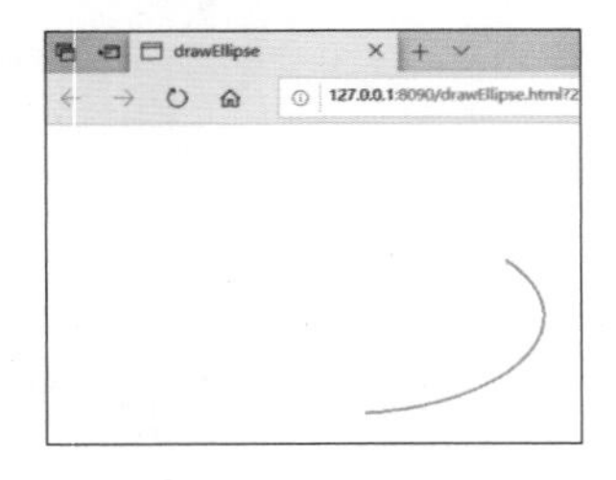

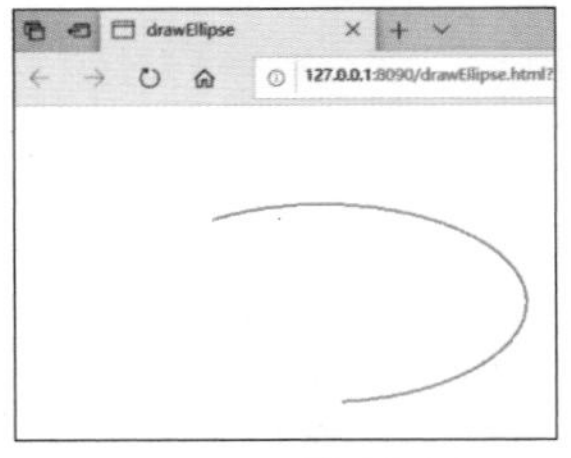

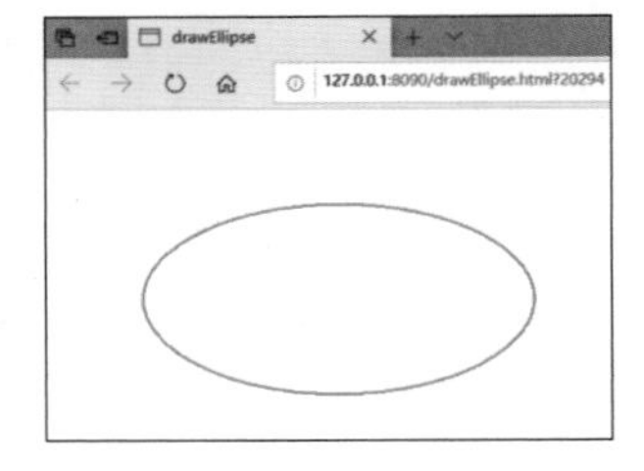

图7.15　椭圆运动

（5）选择“文件”→“保存”，保存为FLA源文件，并取个合适的文件名。

3）转眼珠

如果把图7.12中娃娃脸的参照物圆球的运动轨迹改成椭圆，娃娃脸的眼珠会上下左右骨碌碌地跟着圆球转，下面进行实践。

想一想，其实只需要将圆球的左右运动改成圆周运动就可以了。代码如下：

```
var myCircle = new createjs.Graphics();
var myScircle = new createjs.Shape(myCircle);
myCircle.beginFill("red");
myCircle.drawCircle(0,0, 20);
stage.addChild(myScircle);
myScircle.x =0;
myScircle.y =0;
var changeAngle =0;
createjs.Ticker.setFPS(20);
createjs.Ticker.addEventListener("tick", moveBall);
function moveBall() {
    changeAngle +=0.1;
    myScircle.x = 200 + Math.sin(changeAngle) * 200;
    myScircle.y = 200 + Math.cos(changeAngle) * 200;
    var dLx = myScircle.x-eyelS.x;
    var dLy = myScircle.y-eyelS.y;
    var dRx = myScircle.x-eyerS.x;
    var dRy = myScircle.y-eyerS.y;
    eyelS.rotation = Math.atan2(dLy, dLx) * 180 / Math.PI;
    eyerS.rotation = Math.atan2(dLy, dLx) * 180 / Math.PI;
}
```

测试结果如图7.16所示。

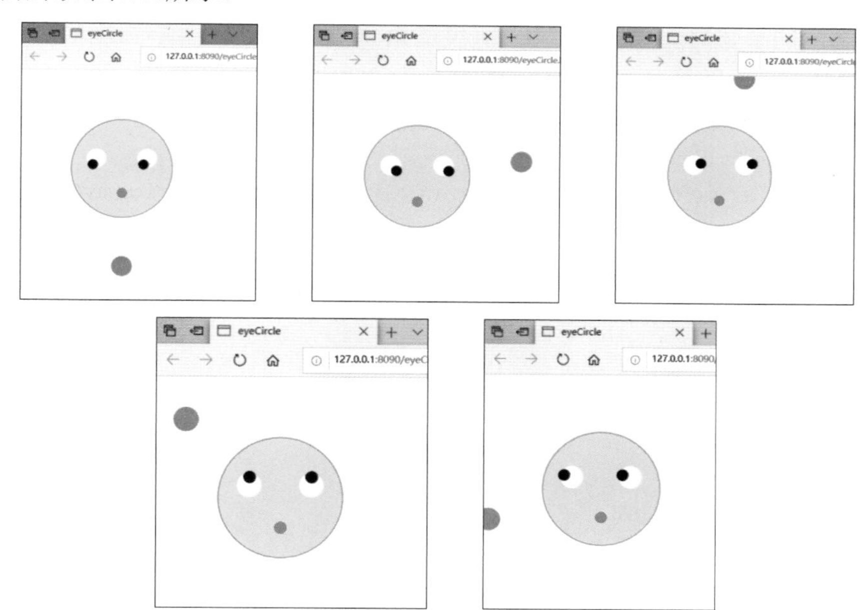

图7.16 眼珠跟着椭圆球运动效果图

选择“文件”→“保存”，保存为FLA源文件，并取个合适的文件名。

7.2.3 波

1. 正弦波和余弦波

1）正弦波

正弦波是正弦函数y= Math.sin(x)所对应的图像。x涵盖了从0°～360°（0～2π弧度）的所有值，y轴则对应了这些角度的正弦值。如图7.17所示，我们标注了一些特殊值，其中，0°的正弦值是0，90°或π/2弧度的正弦值是1，180°或π弧度的正弦值又变回0，270°或3π/2弧度的正弦值是-1，360°或2π弧度的正弦值再次变回0。

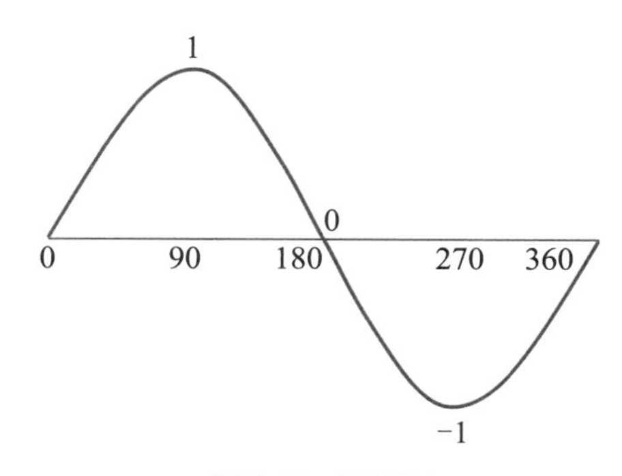

图7.17 正弦图

2）余弦波

余弦波是余弦函数y= Math.cos(x)所对应的图像。x涵盖了从0°～360°（或0～2π弧度）的所有值，y轴则对应了这些角度的正弦值。如图7.18所示，我们标注了一些特殊值，其中，0°的余弦值是1，90°或π/2弧度的余弦值是0，180°或π弧度的余弦值是-1，270°或3π/2弧度的余弦值是0，360°或2π弧度的余弦值再次变回1。

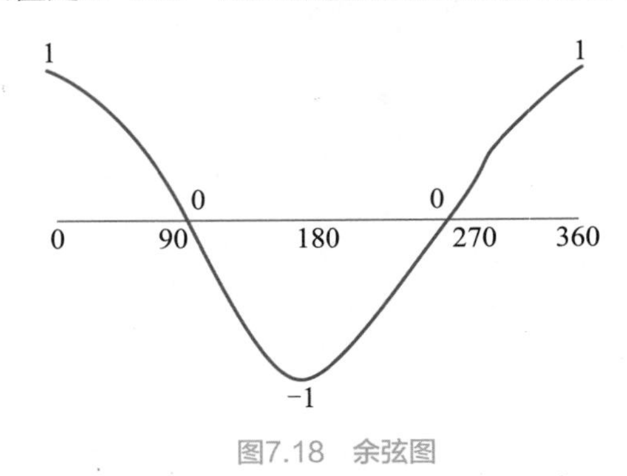

图7.18 余弦图

2. 画正弦波和余弦波

1）画正弦波

用正弦函数y= Math.sin(x)可以绘制出正弦波，只要角度不断变化，函数值就会在0～1变化，这条曲线是上下震动的，如果想震动幅度大一些，可以乘以某个值，这个值也称为振幅。例如，画一条振幅为100的正弦曲线，关键语句就是startY = 200 + Math.sin(changeAngle) × 100，根据changeAngle的不断变化，形成不同的y轴上的值，如图7.19所示。

图7.19 正弦波图

具体实现步骤如下。

（1）新建一个平台类型为HTML5 Canvas的文件，舞台大小为1920×1024像素。

（2）将图层1改名为actions，在第1帧处添加动作。

（3）编写代码，完整代码如下：

```
var myG = new createjs.Graphics();
myG.beginStroke("#ff0000");
var startX =0;
var startY =0;
var changeAngle =0;
createjs.Ticker.addEventListener('tick', testdrawLine);
function testdrawLine() {
    startX += 4;
    changeAngle +=0.1;
    startY = 200 + Math.sin(changeAngle) * 100;
```

```
    myG.lineTo(startX, startY);
    var myS = new createjs.Shape(myG);     stage.addChild(myS);
}
```

（4）测试结果如图7.20所示。

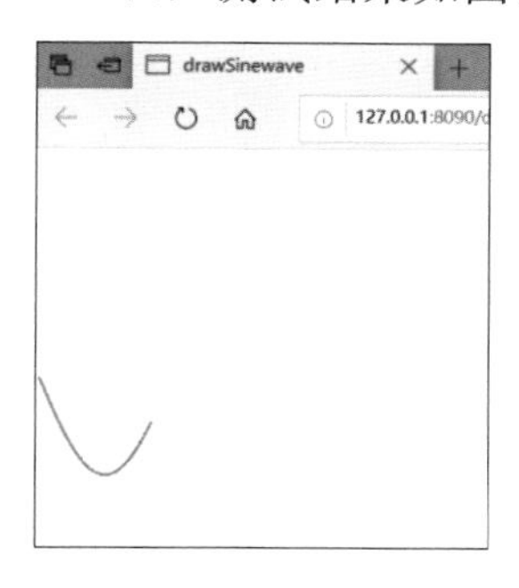

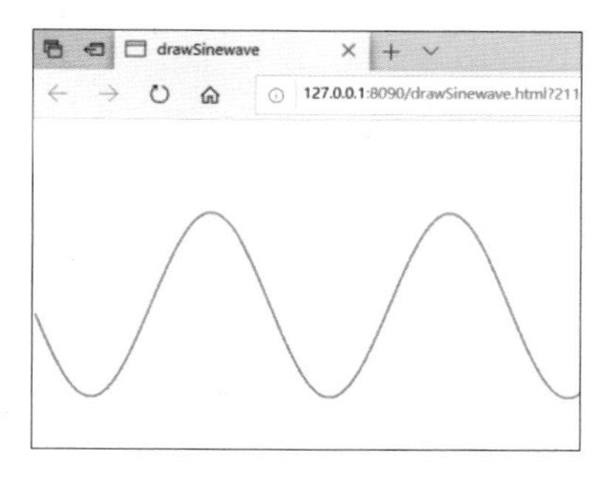

图7.20　画正弦波效果图

（5）选择“文件”→“保存”，保存为FLA源文件，并取个合适的文件名。

2）画余弦波

用余弦函数y= Math.sin(x)可以绘制出余弦波，只要角度不断变化，函数值就会在0～1变化，这条曲线是上下震动的，如果想震动幅度大一些，可以乘以某个值，这个值也称为振幅。例如，画一条振幅为100的余弦曲线，关键语句就是startY = 200 + Math.cos(changeAngle) × 100，根据changeAngle的不断变化，形成不同的y轴上的值。

具体实现步骤如下。

（1）新建一个平台类型为HTML5 Canvas的文件，舞台大小为1920×1024像素。

（2）将图层1改名为actions，在第1帧处添加动作。

（3）编号代码，完整代码如下：

```
var myG = new createjs.Graphics();
myG.beginStroke("#ff0000");
var startX =0;
var startY =0;
var changeAngle =0;
createjs.Ticker.addEventListener('tick', testdrawLine);
function testdrawLine() {
    startX += 4;
    changeAngle +=0.1;
    startY = 200 + Math.cos(changeAngle) * 100;
    myG.lineTo(startX, startY);
    var myS = new createjs.Shape(myG);
    stage.addChild(myS);
}
```

（4）测试结果如图7.21所示。

（5）选择“文件”→“保存”，保存为FLA源文件，并取个合适的文件名。

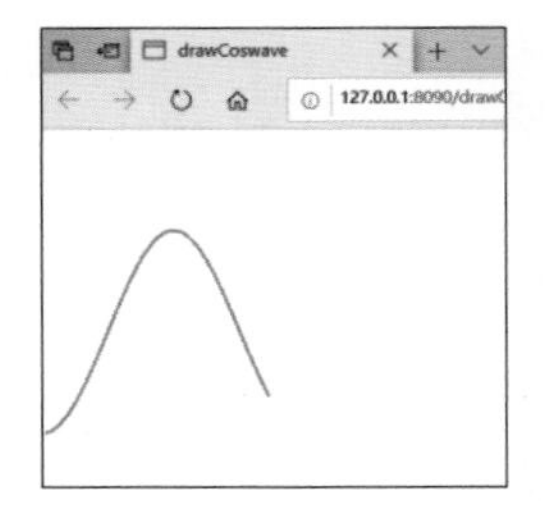
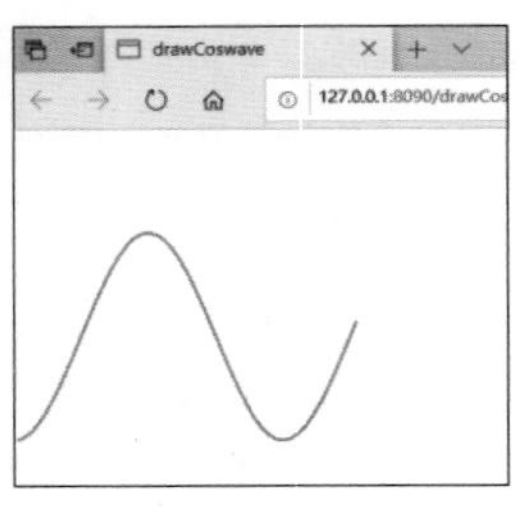
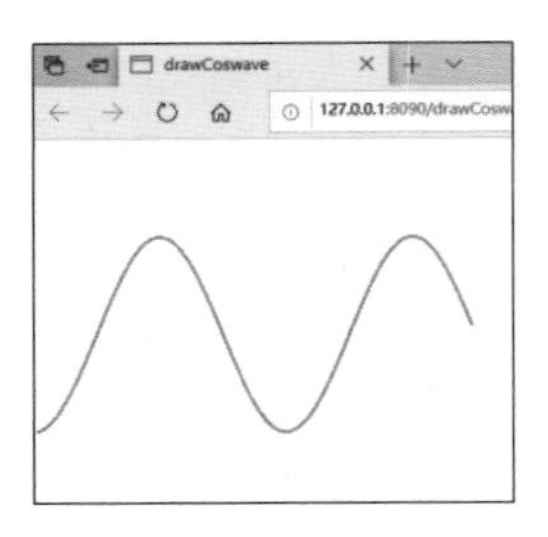

图7.21　画余弦波效果图

3. 平滑的上下运动

我们发现，正弦波和余弦波都可以实现上下运动。如果将运动轨迹给某一个物体，如前面例子中的圆球，让它做平滑的上下运动，就可以通过正弦函数和余弦函数实现。

下面我们实现让星星做上下运动，具体实现步骤如下。

（1）新建一个平台类型为HTML5 Canvas的文件，舞台大小为1920×1024像素。

（2）将图层1改名为actions，在第1帧处添加动作。

（3）编写代码，完整代码如下：

```
var arrowRationG = new createjs.Graphics();
arrowRationG.beginFill("#ff0000");
arrowRationG.drawPolyStar(0,0, 20, 8,0.8);
var arrowRation = new createjs.Shape(arrowRationG);
stage.addChild(arrowRation);
arrowRation.x = 400;
var changeAngle =0;
createjs.Ticker.addEventListener('tick', testRotation);
function testRotation() {
    changeAngle +=0.1;
    if (changeAngle < Math.PI * 2) {
arrowRation.y = Math.sin(changeAngle)*50+200;
    } else {
        changeAngle =0;
    }
}
```

（4）测试结果如图7. 22所示。

图7.22　星星跳动效果图

（5）选择“文件”→“保存”，保存为FLA源文件，并取个合适的文件名。

4. 脉冲运动

改变对象的坐标，可以实现对象位置的变化达到上下运动的效果，如果将正弦函数或余弦函数应用于对象的其他属性。例如，使用正弦函数改变星星的比例，制造出脉冲的效果，这效果就像夜空中一闪一闪的星星。具体实现步骤如下。

（1）新建一个平台类型为HTML5 Canvas的文件，舞台大小为1920×1024像素。

（2）将图层1改名为actions，在第1帧处添加动作。

（3）编写代码，完整代码如下：

```
    var arrowRationG = new createjs.Graphics();
    arrowRationG.beginFill("#ff0000");
    arrowRationG.drawPolyStar(0,0, 20, 8,0.8);
    var arrowRation = new createjs.Shape(arrowRationG);
    stage.addChild(arrowRation);
    arrowRation.x = 400;
    arrowRation.y = 200;
    var changeAngle =0;
    createjs.Ticker.addEventListener('tick', testRotation);
    function testRotation() {
        changeAngle +=0.1;
        if (changeAngle < Math.PI * 2) {
            arrowRation.scaleX = arrowRation.scaleY=Math.sin(changeAngle)
* 5 ;
        } else {
            changeAngle =0;
        }
    }
```

（4）测试结果如图7. 23所示。

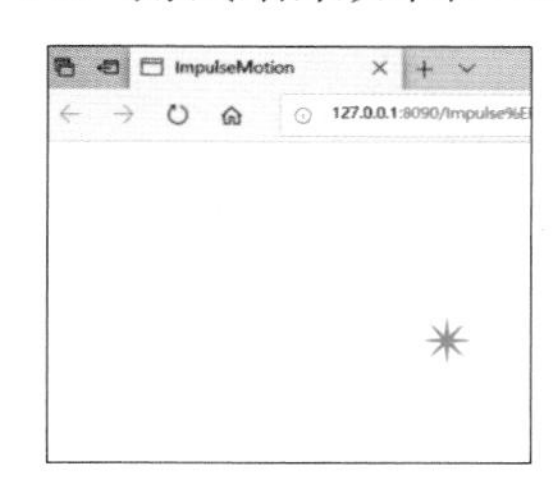

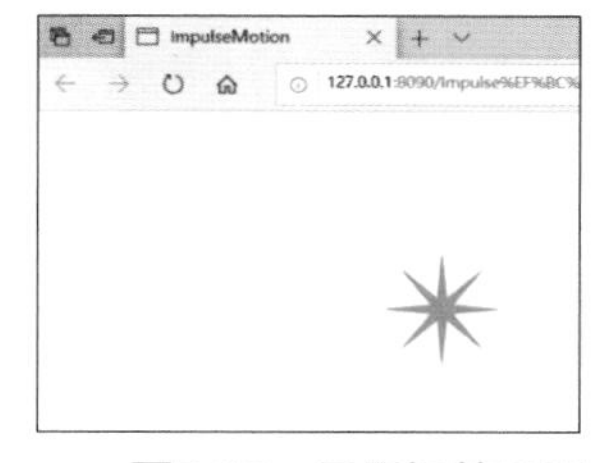

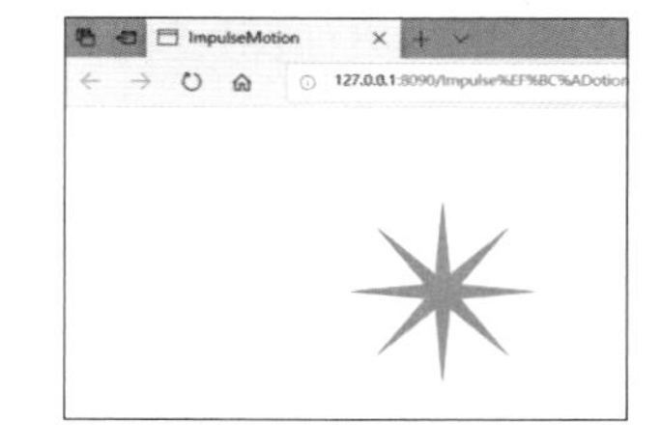

图7.23　星星闪效果图

（5）选择“文件”→“保存”，保存为FLA源文件，并取个合适的文件名。

5. 使用两个角的产生波

现实中很多物体的运动是无规律的，如蚊子的飞行轨迹，能不能模拟出来？当然可以。正弦函数产生的是有规律的波形，我们也知道波形来自角度的变化，那可不可以使用两个角度产生的波形来做这件事？让我们为两个角度设置不同的中心点和速度。然后将其中一个角度的正弦波应用于物体的某个属性，再将另一个角度的正弦波应用于物体的另一个属性。例如，上例画的星星的位置和比例属性。现在，我们用其中一个角度的正弦波改变星星的x轴坐标，用另一个角度的正弦波改变星星的y轴坐标。这样产生的效果就像一只虫子在房间里飞来飞去。

（1）新建一个平台类型为HTML5 Canvas的文件，舞台大小为1920×1024像素。

（2）将图层1改名为actions，在第1帧处添加动作。

（3）编写代码，完整代码如下：

```
var arrowRationG = new createjs.Graphics();
arrowRationG.beginFill("#ff0000");
arrowRationG.drawPolyStar(0,0, 20, 8,0.8);
var arrowRation = new createjs.Shape(arrowRationG);
stage.addChild(arrowRation);
var changeAngleX =0;
var changeAngleY =0;
createjs.Ticker.addEventListener('tick', testRotation);
function testRotation() {
    changeAngleX +=0.5;
    changeAngleY +=0.8;
    if (changeAngleX < Math.PI * 2) {
        arrowRation.x = Math.sin(changeAngleX) * 100+400 ;
    } else {
        changeAngleX =0;
    }
    if (changeAngleY < Math.PI * 2) {
        arrowRation.y = Math.sin(changeAngleY) * 100+200 ;
    } else {
        changeAngleY =0;
    }
}
```

（4）测试结果如图7.24所示。

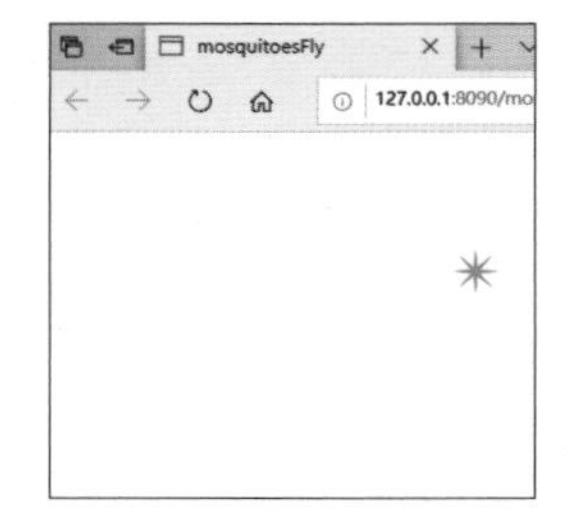

图7.24　星星乱飞效果图

（5）选择“文件”→“保存”，保存为FLA源文件，并取个合适的文件名。

7.3 遮罩动画

遮罩动画是有非常奇特效果的动画，这个我们在学习第2章中就领会过了，用程序帧是不是也能实现遮罩动画？

答案是可以的，当我们拥有了图片显示对象以及知道了它有一个mask属性之后，这个遮罩动画就有了实现的基础，现在tick事件来了，问题便迎刃而解。

7.3.1 程序帧实现遮罩动画原理

让mask动起来，就是原理。

之前，我们只是让图片的mask属性是一个形状，形状是静止的，现在我们让这个形状动起来，这样，我们看到的就是遮罩动画了。

做一个圆让它从左到右运动，然后将它赋给图片的属性mask，具体实现步骤如下。

（1）新建一个平台类型为HTML5 Canvas的文件，舞台大小为1920×1024像素。

（2）将图层1改名为actions，在第1帧处添加动作。

（3）编写代码，完整代码如下：

```
var bg = new createjs.Bitmap("./images/2.jpg");
var shape = new createjs.Shape();
shape.graphics.beginFill("#000").drawCircle(0,0, 300);
shape.x = 200;
shape.y = 300;
bg.mask = shape;
stage.addChild(bg);
createjs.Ticker.setFPS(60);
createjs.Ticker.addEventListener('tick', update);
function update(event) {
    shape.x += 5;
    if (shape.x > bg.getBounds().width) {
        shape.x =0;
    }
    stage.update();
}
```

（4）测试结果如图7.25所示。

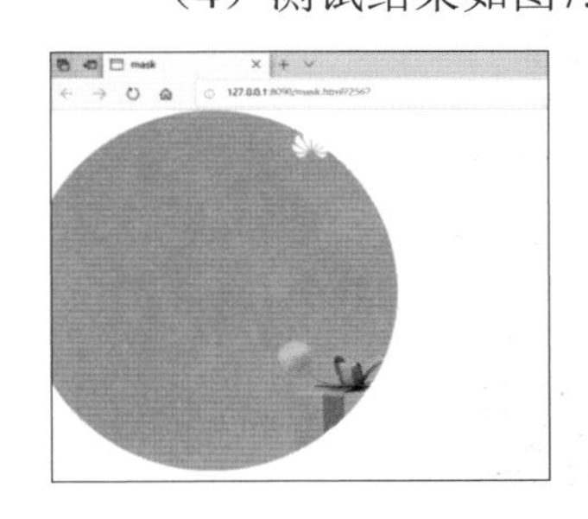
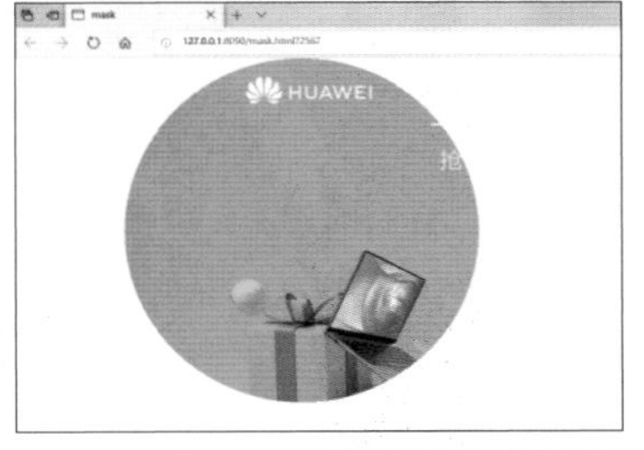

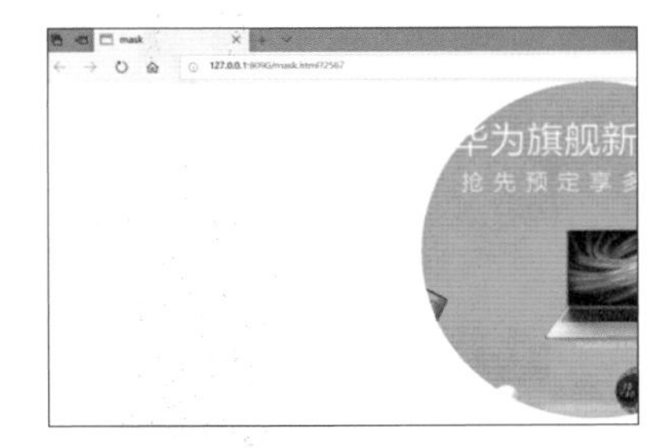

图7.25　罩遮动画效果图

（5）选择“文件”→“保存”，保存为FLA源文件，并取个合适的文件名。

7.3.2 X光机

接下来再延伸一下，将技术应用到极致。例如，医院里的X光机，明明站上去的是一个人，X光机照出来的却全是骨骼。这跟遮罩动画的原理很接近，下面进行模拟，首先准备两张图片，一张人体图upX.jpg和一张骨骼图downX.jpg，将这两张图叠放在一起添加到stage，同时给骨骼图添加一个随鼠标移动的Shape遮罩，这样页面上只显示人体图和骨骼图的遮罩部分，效果就像X光一样。具体实现步骤如下。

（1）新建一个平台类型为HTML5 Canvas的文件，舞台大小为1920×1024像素。

（2）将图层1改名为actions，在第1帧处添加动作。

（3）编写代码，完整代码如下：

```
var up = new createjs.Bitmap("./images/upX.jpg");
stage.addChild(up);
var down = new createjs.Bitmap("./images/downX.jpg");
var shape = new createjs.Shape();
shape.graphics.beginFill("#000").drawCircle(0,0, 100);
shape.x = 200;
shape.y = 100;
down.mask = shape;
stage.addChild(down);
createjs.Ticker.setFPS(60);
createjs.Ticker.addEventListener('tick', update);
function update(event) {
    shape.x = stage.mouseX;
    shape.y = stage.mouseY;
    stage.update();
}
```

（4）测试结果如图7. 26所示。

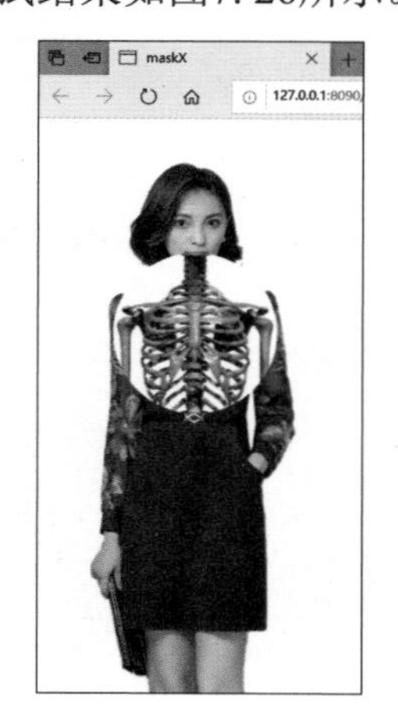

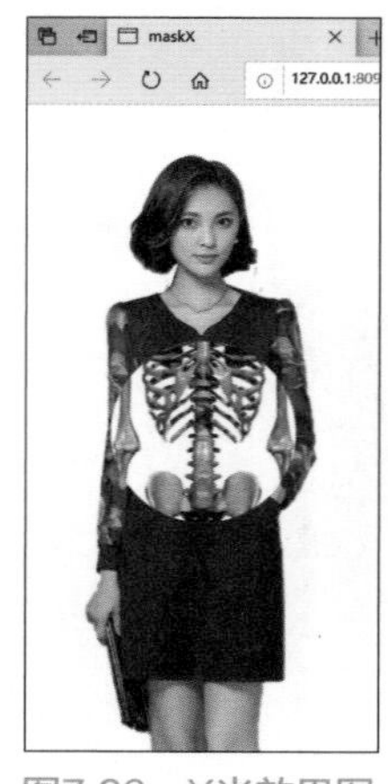

图7.26　X光效果图

（5）选择“文件”→“保存”，保存为FLA源文件，并取个合适的文件名。

7.3.3 你看见了什么

创建一个类似X光的小游戏。表面是数学书，实际光标移到哪就露出底下的语文课文，像不像作弊？实现起来是很简单的，只需要把上面的代码稍加修改，换两张图片即可，up.jpg是数学封面，down.jpg是语文课文。

实现代码如下：

```
var up = new createjs.Bitmap("./images/up.jpg"); var down = new
createjs.Bitmap("./images/down.jpg");
```

测试结果如图7.27所示。

图7.27 X光小游戏效果图

7.4 神奇的tick事件

当我们一次一次用函数绘制出不同图形的时候，一方面沉浸在自己的创造的乐趣中，一方面也在想，我们真的无视An的工具箱，抛弃它绘制矢量图的优点及制作动画的方法吗？

如果这样，找个记事本不是更方便？怎么将它们联系起来呢？

很简单。背景图是可以直接用An绘图工具画的，运动或需要变化的显示对象也可以用An绘图工具画，只需要将它们画在一个元件里，如何使元件变成显示对象，如何将它放上舞台并能跟前面创建的显示对象的引用方法一样，只需要做两件事：第一，当你创建好一个元件后，在库里产生一个链接，为它取个名；第二，通过元件链接创建显示对象（var 变量名 = new lib.链接名();）。下面我们通过实例融合两种方法，各取所长。

7.4.1 下雪

动画里常常会需要有风、雨、雷、电、雪这些自然界的景色，做背景或者实景。这些景色有的很美，有的很壮观，我们已经有足够的能力将这些景色制作在动画里，将其称为特效。下面我们来做个雪花飘落的动画。

1. 准备

整理一下思路：先找一个有气氛的背景图，也可以用An绘图工具画一个背景图；然后准备一朵雪花，可以用画圆的函数来实现并让这朵雪花落下来；接下来准备50朵雪花，并让每一朵雪花都下落。这样，就满天飘雪了。

2. 启动An

（1）新建一个平台类型为HTML5 Canvas的文件，舞台大小为1920×1024像素。

（2）将图层1改名为actions，在第1帧处添加动作。

3. 编写代码

（1）绘一朵雪花，先写一个白色的圆，代码如下：

```
var mySnow = new createjs.Shape();
    mySnow.graphics.beginFill("#ffffff").drawCircle(0,0,5);
    mySnow.x = Math.random() * 1920;
    mySnow.y = Math.random() * 1200;
    mySnow.scaleX = mySnow.scaleY = Math.random() * 10;
    mySnow.alpha=Math.random();
```

（2）将它放进for循环，循环50次，每次都放进一个容器，也就是说，让这个容器装了50朵雪花。

```
var snowContainer = new createjs.Container();
for (var i =0; i < 50; i++) {
    第1)部分代码
    snowContainer.addChild(mySnow);
    stage.addChild(snowContainer);
}
```

（3）从容器里找到每一朵雪花，用getNumChildren()获取每一朵雪花在容器中的索引号，用getChildAt(n)通过索引号找到那朵特定的雪花，然后，让每一朵雪花下落。

```
var numSnow = snowContainer.getNumChildren();
for (var n =0; n < numSnow; n++) {
    specialSnow = snowContainer.getChildAt(n);
    var speed = Math.random()*80;
    specialSnow.y += speed;
    if (specialSnow.y >= 1000) {
        specialSnow.y =-200;
    }
}
```

（4）将每一朵雪花下落的实现代码放进tick事件。

```
createjs.Ticker.addEventListener("tick", tick);
```

```
function tick() {
    (3)的代码
}
```

（5）实现雪花飘落的完整代码如下：

```
var snowContainer = new createjs.Container();
for (var i =0; i < 50; i++) {
    var mySnow = new createjs.Shape();
    mySnow.graphics.beginFill("#ffffff").drawCircle(0,0,5);
    mySnow.x = Math.random() * 1920;
    mySnow.y = Math.random() * 1200;
    mySnow.scaleX = mySnow.scaleY = Math.random() * 10;
    mySnow.alpha=Math.random();
    snowContainer.addChild(mySnow);
    stage.addChild(snowContainer);
}
createjs.Ticker.timingMode = createjs.Ticker.RAF;
createjs.Ticker.setFPS(60);
createjs.Ticker.addEventListener("tick", tick);
function tick() {
    var numSnow = snowContainer.getNumChildren();
    for (var n =0; n < numSnow; n++) {
        specialSnow = snowContainer.getChildAt(n);
        var speed = Math.random()*80;
        specialSnow.y += speed;
        if (specialSnow.y >= 1000) {
            specialSnow.y =-200;
        }
    }
    stage.update();
}
```

4. 测试及保存

（1）测试结果如图7.28所示。

图7.28　下雪效果图

（2）选择“文件”→“保存”，保存为FLA源文件，并取个合适的文件名。

图7.28所示效果，有没有满屏雀斑的感觉？

问题出在那个写出来的雪花上，将雪花改成用An绘图工具画，新建一个元件snow，在里面画雪花，将链接取名为snow1。然后用代码var mySnow = new lib.snow1();取代如下代码：

```
var mySnow = new createjs.Shape();
mySnow.graphics.beginFill( “#ffffff” ).drawCircle(0,0,5);
```

效果如图7.29所示，比图7.28所示的效果好了很多，浪漫的气息都弥漫整个屏幕。

图7.29　元件实现下雪效果图

7.4.2　冒泡

既然能下雪为什么不能冒泡？什么地方会冒泡呢？当然是水杯了，这样，下面的动画诞生了，如图7.30所示。

1. 准备

先用An绘图工具做一个水泡元件，放在库里，取名为“水泡”，链接取名为H2O，如图7.31所示。

图7.30　杯中冒泡效果图

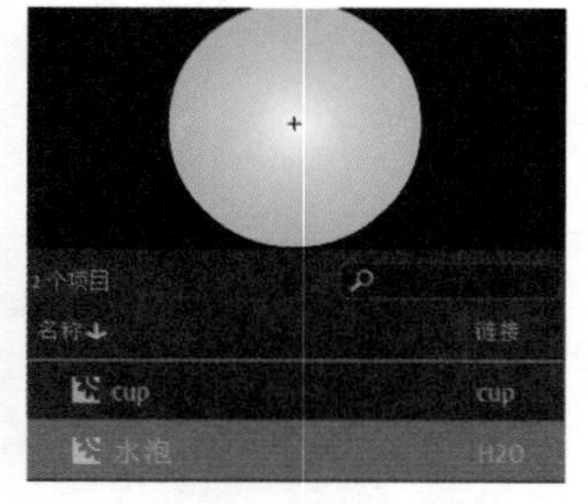

图7.31　泡泡元件

2. 启动An

（1）新建一个平台类型为HTML5 Canvas的文件，舞台大小为1920×1024像素。

（2）将图层1改名为actions，在第1帧处添加动作。

3. 编写代码

与雪花飘落实例不同的是，本例用var bubb = new lib.H2O()创建显示对象，水泡做的是向上的运动，所以做减法（specialBubb.y -= speed;）。还有一个比较重要的问题，水泡产生的范围是在水杯中间，如X方向上是在350～570，Y方向上是在550～900，使用bubb.x = Math.random() * 220+350; bubb.y = Math.random() * 350+550;这两条语句可以准确实现。

完整代码如下：

```
var bubbContainer = new createjs.Container();
for (var i =0; i < 50; i++) {
    var bubb = new lib.H2O();
    bubb.x = Math.random() * 220+350;
    bubb.y = Math.random() * 350+550;
    bubb.scaleX = bubb.scaleY = Math.random() * 2;
    bubbContainer.addChild(bubb);
    stage.addChild(bubbContainer);
}
createjs.Ticker.timingMode = createjs.Ticker.RAF;
createjs.Ticker.setFPS(60);
createjs.Ticker.addEventListener("tick", tick);
function tick() {
    var numBubb = bubbContainer.getNumChildren();
    for (var n =0; n < numBubb; n++) {
        specialBubb = bubbContainer.getChildAt(n);
        var speed = Math.random() * 20;
        specialBubb.y -= speed;
        if (specialBubb.y <= 200) {
            specialBubb.y = 800;
        }
    }
    stage.update();
}
```

4. 测试及保存

（1）测试结果如图7.32所示。

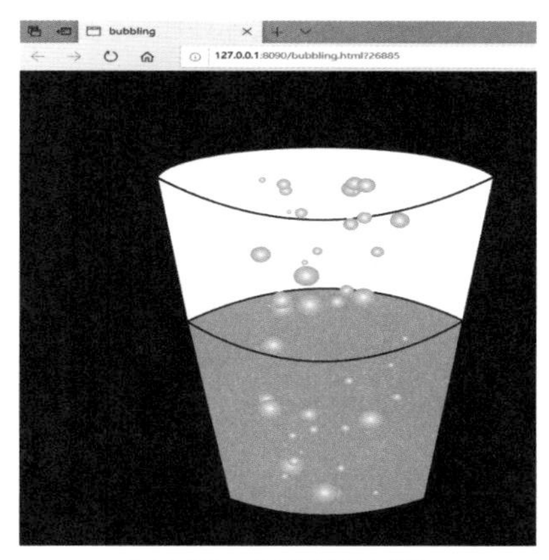

图7.32 杯中泡效果图

（2）选择“文件”→“保存”，保存为FLA源文件，并取个合适的文件名。

7.4.3 红包雨

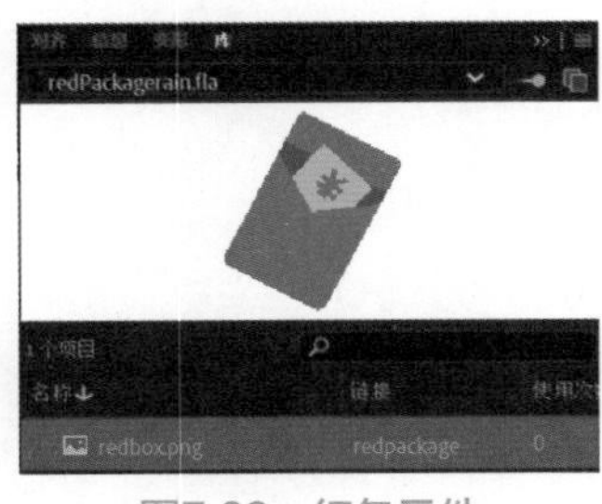

图7.33　红包元件

现在我们来制作红包雨动画，继续使用An，但不用An的绘图工具，只是借用它的元件。

1. 启动An

（1）新建一个平台类型为HTML5 Canvas的文件，舞台大小为960×640像素。

（2）将图层1改名为actions，在第1帧处添加动作。

（3）新建一个元件，把红包图片放进去，稍稍处理一下，只剩下斜斜的红包，如图7.33所示。

2. 编写代码

完整代码如下：

```
var redContainer=new createjs.Container();
for(var i=0;i<50;i++){
    var redPackage=new lib.redpackage();
    redPackage.x=Math.random()*450;
    redPackage.y=Math.random()*850;
    redPackage.scaleX=redPackage.scaleY=0.1;
    redPackage.rotate=Math.random()*100;
    redContainer.addChild(redPackage);
    stage.addChild(redContainer);
}
createjs.Ticker.setFPS(60);
createjs.Ticker.addEventListener("tick",down);
function down(){
    var redBag = redContainer.getNumChildren();
    for (var n =0; n < redBag; n++) {
        specialBag = redContainer.getChildAt(n);
        var speed = Math.random()*80;
        specialBag.y += speed;
        if (specialBag.y >= 1000) {
            specialBag.y =-200;
        }
    }
    stage.update();
}
```

3. 测试及保存

（1）测试结果如图7.34所示。

（2）选择“文件”→“保存”，保存为FLA源文件，并取个合适的文件名。

图7.34 红包雨效果图

7.4.4 数字雨

再变化一下，落下的东西可变，例如数字，从0变到9。

这次要用绘图函数，在文本对象里有个文本属性，我们让它不再是一个具体的字符，用随机函数来生成它的值，random()能产生0～1的任意一个数，乘以10就能得到0～10的任意一个数，这里不需要小数，那就再对计算得到的数取整，round(10*Math.random())。

1. 启动An

（1）新建一个平台类型为HTML5 Canvas的文件，舞台大小为1024×768像素。

（2）将图层1改名为actions，在第1帧处添加动作。

2. 编写代码

完整代码如下：

```
var numContainer=new createjs.Container();
for(var i=0;i<150;i++){
    var numberStrem=new createjs.Text();
    numberStrem.text=(Math.round(10*Math.random()));
    numberStrem.color="#00ff00";
    numberStrem.x=Math.random()*1900;
    numberStrem.y=Math.random()*1900;
    numberStrem.scaleX=numberStrem.scaleY=1.8;
    numberStrem.rotate=Math.random()*100;
    numContainer.addChild(numberStrem);
    stage.addChild(numContainer);
}
createjs.Ticker.setFPS(60);
createjs.Ticker.addEventListener("tick",down);
function down(){
    var numNum = numContainer.getNumChildren();
    for (var n =0; n < numNum; n++) {
        specialnum = numContainer.getChildAt(n);
        var speed = Math.random()*80;
        specialnum.y += speed;
        if (specialnum.y >= 1000) {
            specialnum.y =-200;
        }
    }
    stage.update();
}
```

3. 测试及保存

（1）测试结果如图7.35所示。

图7.35　数字雨效果图

（2）选择“文件”→“保存”，保存为FLA源文件，并取个合适的文件名。

7.4.5　动态曲线

说好的让曲线动起来呢？前面惊叹于贝赛尔曲线，优美到令人窒息，我们还可以让它动起来。实现的原理并不难，将画曲线的过程呈现出来，不就动起来了吗？将之前绘制曲线时用的for循环用tick事件替代，是不是就可以了呢？原理上是可行的，下面试一试。

1. 启动An

（1）新建一个平台类型为HTML5 Canvas的文件，舞台大小为1024×768像素。

（2）将图层1改名为actions，在第1帧处添加动作。

2. 编写代码

这是之前绘制贝赛尔曲线的代码，运行之后，就会得到贝赛尔曲线图形。

```
for(i=0;i<120;i++){
myGraphic.moveTo(120,120);
myGraphic.quadraticCurveTo(300,200,100*Math.cos(Math.PI/60*i)+140,100*Math.sin(Math.PI/60*i)+140);
    }
```

现在，我们把绘制曲线的两条语句放在tick事件激活的方法update()中，如果要让每次循环画不同的曲线，同样需要变量更新，此时的i需要在update()外先定义好，在update()里面通过i++;实现更新。这样，每次tick事件激活的方法update()就会画出不同的有规律的曲线。

```
createjs.Ticker.addEventListener('tick', update);
var i =0;
function update(event) {
    myGraphic.moveTo(120, 120);
    myGraphic.quadraticCurveTo(300, 200, 100 * Math.cos(Math.PI / 60 * i) + 140, 100 * Math.sin(Math.PI / 60 * i) + 140);
```

```
        i++;
        var myShape = new createjs.Shape(myGraphic);
        stage.addChild(myShape);
        stage.update();
    }
```

完整代码如下：

```
    var myGraphic = new createjs.Graphics();
    myGraphic.beginStroke("#ff0000");
    createjs.Ticker.setFPS(60);
    createjs.Ticker.addEventListener('tick', update);
    var i =0;
    function update(event) {
        myGraphic.moveTo(120, 120);
        myGraphic.quadraticCurveTo(300, 200, 100 * Math.cos(Math.PI / 60
* i) + 140, 100 * Math.sin(Math.PI / 60 * i) + 140);
        i++;
        var myShape = new createjs.Shape(myGraphic);
        stage.addChild(myShape);
        stage.update();
    }
```

3. 测试及保存

（1）测试结果如图7.36所示。

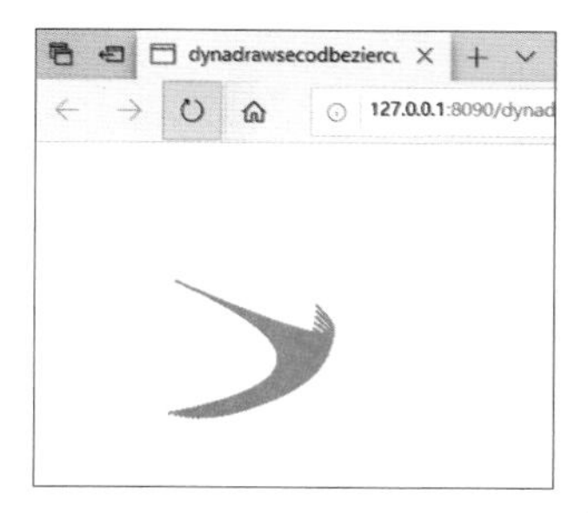

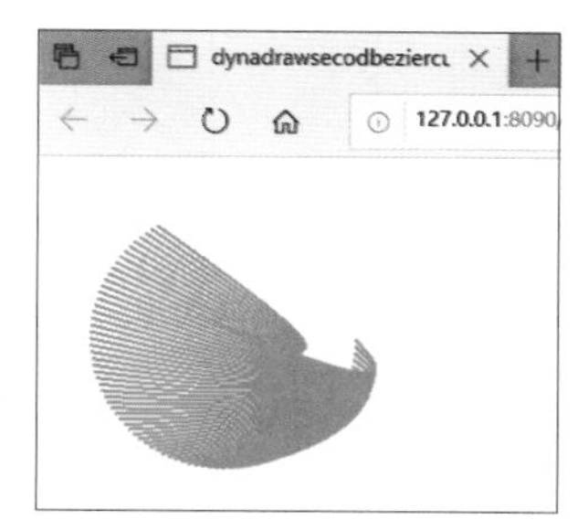

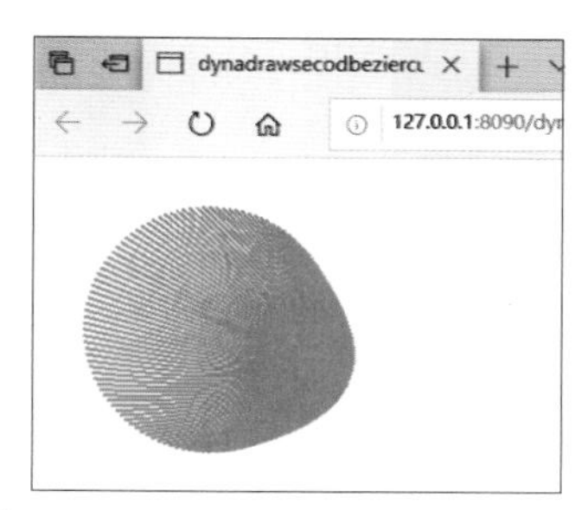

图7.36　二次贝赛尔曲线生成效果图

（2）选择“文件”→“保存”，保存为FLA源文件，并取个合适的文件名。

4. 再画一条曲线

这么有趣，下面再画一条曲线。让像箜篌的贝赛尔曲线也动起来。

一样的实现方法，将下面的画琴弦的for循环语句：

```
for (var i = 1; i < 100; i++) {
    stY=stY+i*1;
    enY=enY+i*1;
    x1=x1+i*0.5
    y1=400-x1;
    x2=x2+i*0.5;
```

```
    y2=1000-x2;
    myG.moveTo(stX, stY);
    myG.bezierCurveTo(x1, y1, x2, y2, enX, enY);
    stage.addChild(myS);
}
```

用如下的tick事件替换：

```
var i = 1;
createjs.Ticker.setFPS(60);
createjs.Ticker.addEventListener('tick', update);
function update(event) {
    stY=stY+i*1;
    enY=enY+i*1;
    x1=x1+i*0.5
    y1=400-x1;
    x2=x2+i*0.5;
    y2=1000-x2;
    myG.moveTo(stX, stY);
    myG.bezierCurveTo(x1, y1, x2, y2, enX, enY);
    i++;
    if(i>200){
        stage.removeChild(myS);
    }
    stage.addChild(myS);
    stage.update();
}
```

测试结果如图7.37所示。

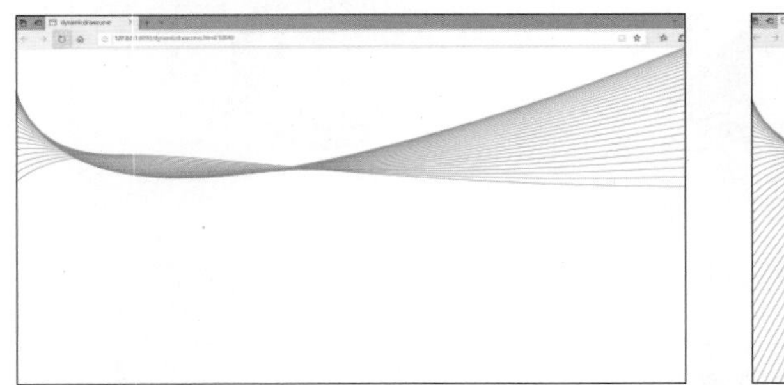

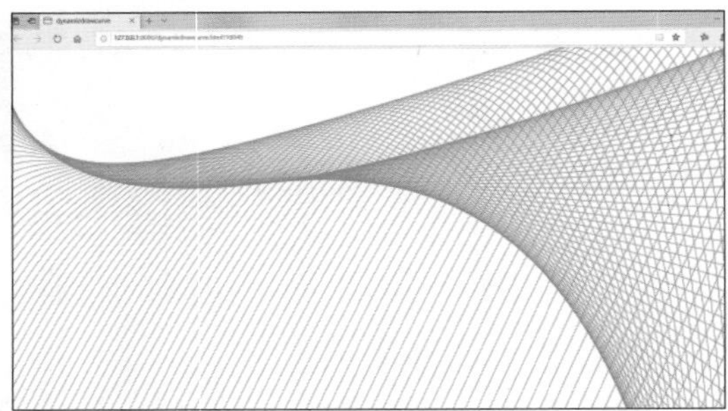

图7.37　贝赛尔曲线效果图

7.4.6　图片轮播

网页里看到最多的就是图片轮播了，商业网站尤其喜欢用它，图片轮播能让人短时间接收大量信息。下面就用我们的方法来做一个图片轮播动画。

首先准备好轮播的图片，将图片放在images文件夹里，如图7.38所示。然后把5张图片放进数组里，这样每一张图片就有一个具体的数组的下标值，再把数组装进容器里，将容器放上舞台。这样，就只需要控制数组元素的x位置就可以了。

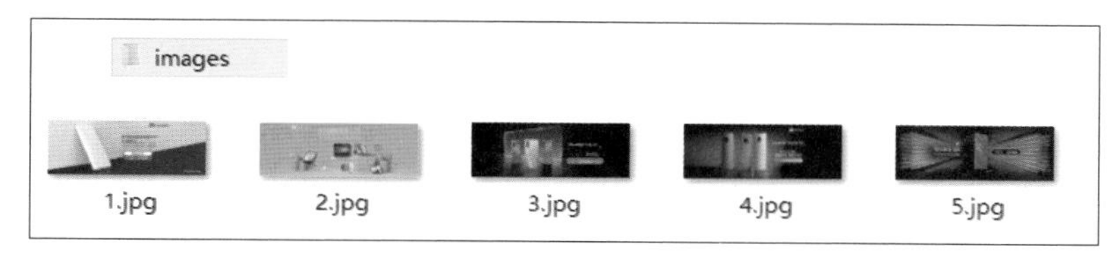

图7.38 轮播效果图

1. 启动An

（1）新建一个平台类型为HTML5 Canvas的文件，舞台大小为1024×768像素。

（2）将图层1改名为actions，在第1帧处添加动作。

2. 编写代码

（1）建数组myArray放图片：myArray[0]放1.jpg， myArray[1]放2.jpg， myArray[2]放3.jpg， myArray[3]放4.jpg，myArray[4]放5.jpg，代码如下：

```
var myArray = new Array();
myArray[0] = new createjs.Bitmap('images/1.jpg');
myArray[1] = new createjs.Bitmap('images/2.jpg');
myArray[2] = new createjs.Bitmap('images/3.jpg');
myArray[3] = new createjs.Bitmap('images/4.jpg');
myArray[4] = new createjs.Bitmap('images/5.jpg');
```

（2）建容器myContain放数组，代码如下：

```
var myContain = new createjs.Container();
```

（3）实现每张图片无缝连接，代码如下：

```
for (var i = 1; i < 5; i++) {
    myArray[i].x = myArray[i - 1].x + 1920;
}
```

（4）实现每张图片右移，移到顶时，首尾相接，代码如下：

```
for (var i =0; i < 5; i++) {
    myArray[i].x -= 10;
}
if (myArray[4].x <=0) {
    myArray[0].x =0;
    for (var i = 1; i < 5; i++) {
        myArray[i].x = myArray[i - 1].x + 1920;
    }
}
```

（5）完整代码如下：

```
    var myArray = new Array();
    myArray[0] = new createjs.Bitmap('images/1.jpg');
    myArray[1] = new createjs.Bitmap('images/2.jpg');
    myArray[2] = new createjs.Bitmap('images/3.jpg');
    myArray[3] = new createjs.Bitmap('images/4.jpg');
    myArray[4] = new createjs.Bitmap('images/5.jpg');
    var myContain = new createjs.Container();
    createjs.Ticker.setFPS(60);
    createjs.Ticker.addEventListener('tick', update);
    myContain.addChild(myArray[0], myArray[1], myArray[2], myArray[3],
myArray[4]);
    myArray[0].x =0;
    for (var i = 1; i < 5; i++) {
        myArray[i].x = myArray[i - 1].x + 1920;
    }
    function update(e) {
        for (var i =0; i < 5; i++) {
            myArray[i].x -= 10;
        }
        if (myArray[4].x <=0) {
            myArray[0].x =0;
            for (var i = 1; i < 5; i++) {
                myArray[i].x = myArray[i - 1].x + 1920;
            }
        }
        stage.addChild(myContain);
        stage.update();
    }
```

3. 测试及保存

（1）测试结果如图7.39所示。

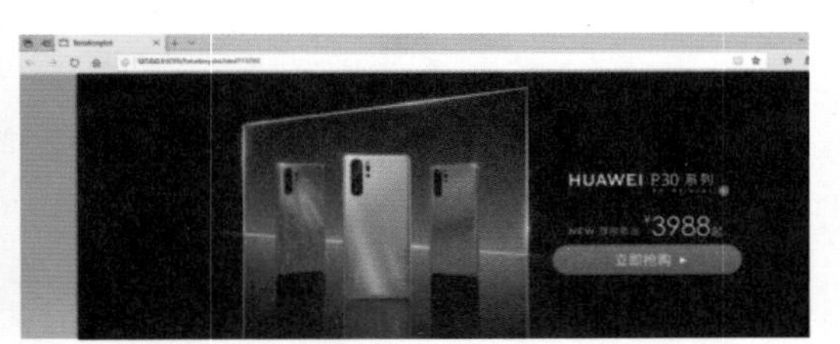

图7.39　轮播效果图

（2）选择“文件”→“保存”，保存为FLA源文件，并取个合适的文件名。

7.4.7 星星鼠标

当鼠标在屏幕上随意地划动时，带着一堆由大到小的星星，有时扭得像一条龙，有时扭得像一条虫，有时像麻花，有时……，这是一件很有趣的事，不妨来试试，效果如图7.40所示。

图7.40 星星拖动效果

1. 启动An

（1）新建一个平台类型为HTML5 Canvas的文件，舞台大小为1024×768像素。

（2）将图层1改名为actions，在第1帧处添加动作。

2. 制作星星元件

新建影片剪辑元件star，链接取名为star，用绘图工具画一个五角星。

3. 编写代码

（1）实现将元件放入容器、导入舞台，代码如下：

```
var myStar = new lib.star();
starContainer.addChild(myStar);
stage.addChild(starContainer);
```

（2）实现制作40个星星，代码如下：

```
for (var i =0; i < 40; i++) {
(1)的代码
}
```

（3）确定起始星星的位置，代码如下：

```
specialstar.x = stage.mouseX;
specialstar.y = stage.mouseY;
```

（4）实现星星的跟随，代码如下：

```
for (var n = 1; n <= numStar; n++) {
    specialstar1 = starContainer.getChildAt(n);
    specialstar1.scaleX = specialstar1.scaleY = n*0.1;
    specialstar2 = starContainer.getChildAt(n - 1);
    specialstar1.x = (specialstar1.x - specialstar2.x)*0.5+3;
    specialstar1.y = (specialstar1.y - specialstar2.y)*0.5;
}
```

（5）完整代码如下：

```
var starContainer = new createjs.Container();
for (var i =0; i < 40; i++) {
    var myStar = new lib.star();
```

```
        starContainer.addChild(myStar);
        stage.addChild(starContainer);
    }
    createjs.Ticker.timingMode = createjs.Ticker.RAF;
    createjs.Ticker.setFPS(60);
    createjs.Ticker.addEventListener("tick", tick);
    function tick() {
        var numStar = starContainer.getNumChildren();
        specialstar = starContainer.getChildAt(0);
        specialstar.x = stage.mouseX;
        specialstar.y = stage.mouseY;
        specialstar.scaleX = specialstar.scaleY =0;
        for (var n = 1; n <= numStar; n++) {
            specialstar1 = starContainer.getChildAt(n);
            specialstar1.scaleX = specialstar1.scaleY = n*0.1;
            specialstar2 = starContainer.getChildAt(n - 1);
            specialstar1.x = (specialstar1.x - specialstar2.x)*0.5+3;
            specialstar1.y = (specialstar1.y - specialstar2.y)*0.5;
        }
        stage.update();
    }
```

4. 测试及保存

（1）测试结果如图7.41所示。

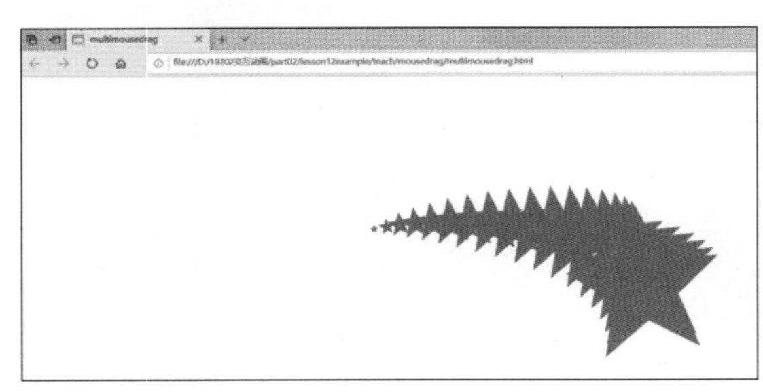

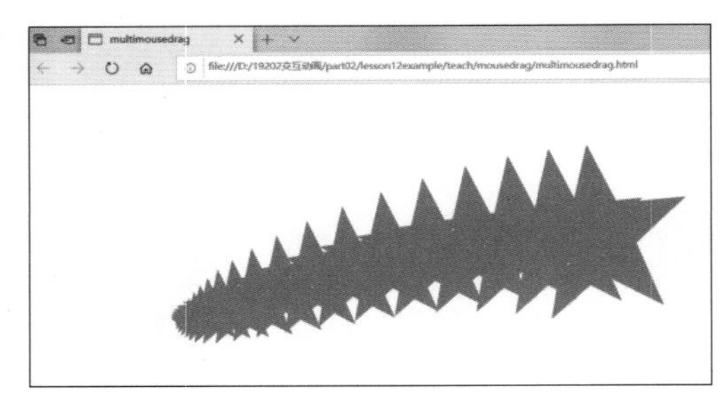

图7.41　测试效果

（2）选择“文件”→“保存”，保存为FLA源文件，并取个合适的文件名。

7.5 鼠标事件

7.4节的内容，如果是鼠标单击时发生，不就实现交互了吗？

大家都用过鼠标，有左右两个键，中间有一个滑轮，能实现的操作包括click（鼠标单击）、dbClick（鼠标双击）、mousedown（鼠标按下）、mouseover（鼠标移过）、mouseout（鼠标移出）、stagemouseup（鼠标在舞台释放）、stagemousemove（鼠标在舞台移过）和stagemousedown（鼠标在舞台按下），当发生这些操作时，也就是鼠标事件。

7.5.1 舞台的鼠标事件

1. 针对舞台的鼠标事件

有三种鼠标事件是专门针对舞台的，它们是stagemouseup（鼠标在舞台释放）事件、stagemousemove（鼠标在舞台移过）事件和stagemousedown（鼠标在舞台按下）事件。

例如，当鼠标在舞台按下时弹出一个警告框，提示NO TUHING，效果如图7.42所示。

图7.42 鼠标在舞台按下效果

只需要在动作上写下如下几行代码，就可以轻松实现。

```
stage.addEventListener("stagemousedown",whatHappen);
function whatHappen(){
    alert("NO THING");
}
```

2. 实例

作为教师最担心的就是到了课室发现没有辅助工具，自己随身带块板真的挺重要，那得先做块板，能在浏览器上运行就成。

思路：解决两个问题，写字的原理和什么时候写。写字的原理就是画线，画线就要有两点：起点和终点。拿鼠标画，则要获取鼠标在屏幕上的位置。什么时候写即事件，鼠标按下开始写、鼠标移动写、鼠标弹起终止写。

1）启动An

（1）新建一个平台类型为HTML5 Canvas的文件，舞台大小为1024×768像素。

（2）将图层1改名为actions，在第1帧处添加动作。

2）编写代码

（1）鼠标按下开始写，代码如下：

```
stage.addEventListener("stagemousedown", startDraw);
function startDraw(e) {
```

```
        var startPointX = e.localX;
        var startPointY = e.localY;
        myDraw.moveTo(startPointX, startPointY);
        stage.addEventListener("stagemousemove", selfDraw);
    }
```

（2）鼠标移动写，代码如下：

```
    function selfDraw(e) {
        var endPointX = e.localX;
        var endPointY = e.localY;
        myDraw.lineTo(endPointX, endPointY);
        stage.addChild(myShape);
    }
```

（3）鼠标弹起终止写，代码如下：

```
    stage.addEventListener("stagemouseup", endDraw);
    function endDraw(e) {
        stage.removeEventListener("stagemousemove", selfDraw);
    }
```

（4）完整代码如下：

```
    var myDraw = new createjs.Graphics();
    myDraw.beginStroke(createjs.Graphics.getHSL(Math.random() * 360,
100, 50));
    myDraw.setStrokeStyle(5);
    var myShape = new createjs.Shape(myDraw);
    stage.addEventListener("stagemousedown", startDraw);
    function startDraw(e) {
        var startPointX = e.localX;
        var startPointY = e.localY;
        myDraw.moveTo(startPointX, startPointY);
        stage.addEventListener("stagemousemove", selfDraw);
    }
    function selfDraw(e) {
        var endPointX = e.localX;
        var endPointY = e.localY;
        myDraw.lineTo(endPointX, endPointY);
        stage.addChild(myShape);
    }
    stage.addEventListener("stagemouseup", endDraw);
    function endDraw(e) {
        stage.removeEventListener("stagemousemove", selfDraw);
    }
```

3）测试及保存

（1）测试结果如图7.43所示。

图7.43 写字板效果图

（2）选择“文件”→“保存”，保存为FLA源文件，并取个合适的文件名。

7.5.2 显示对象的鼠标事件

1. 鼠标事件

目前，我们接触到的显示对象有Bitmap、Container、Shape、Text。它们拥有的鼠标事件有click（鼠标单击）、dbClick（鼠标双击）、mousedown（鼠标按下）、mouseover（鼠标移过）和mouseout（鼠标移出）。

2. 实例

我们用一个Shape来实验一下，当click（鼠标单击）时，弹出一个警告框，显示click，当mouseover（鼠标移过）时，图形显示很清楚，当mouseout（鼠标移出）时，图形不那么清楚。

1）启动An

（1）新建一个平台类型为HTML5 Canvas的文件，舞台大小为1024×768像素。

（2）将图层1改名为actions，在第1帧处添加动作。

2）编写代码

（1）实现检测鼠标的移动，代码如下：

```
    stage.enableMouseOver();
```

（2）画一个有趣的图形，并放上舞台，代码如下：

```
    var testMouse = new createjs.Shape();
    testMouse.graphics.beginFill("#ff9900").drawPolyStar(200, 200, 80,
20,0.6, -90);
    stage.addChild(testMouse);
```

（3）实现当鼠标单击时，弹出一个警告框，显示click，代码如下：

```
    testMouse.addEventListener("click", changeClick);
    function changeClick() {
```

```
        alert("click");
    }
```

（4）实现当鼠标移过时，图形不太清楚，代码如下：

```
    testMouse.addEventListener("mouseover", changeMouseover);
    function changeMouseover() {
        testMouse.alpha =0.5;
    }
```

（5）实现当鼠标移出时，图形清楚，代码如下：

```
    testMouse.addEventListener("mouseout", changeMouseout);
    function changeMouseout() {
        testMouse.alpha = 1;
    }
```

（6）完整代码如下：

```
    stage.enableMouseOver();
    var testMouse = new createjs.Shape();
    testMouse.graphics.beginFill("#ff9900").drawPolyStar(200, 200, 80,
20,0.6, -90);
    stage.addChild(testMouse);
    testMouse.addEventListener("click", changeClick);
    function changeClick() {
        alert("click");
    }
    testMouse.addEventListener("mouseover", changeMouseover);
    function changeMouseover() {
        testMouse.alpha =0.5;
    }
    testMouse.addEventListener("mouseout", changeMouseout);
    function changeMouseout() {
        testMouse.alpha = 1;
    }
```

3）测试及保存

（1）测试结果如图7.44所示。

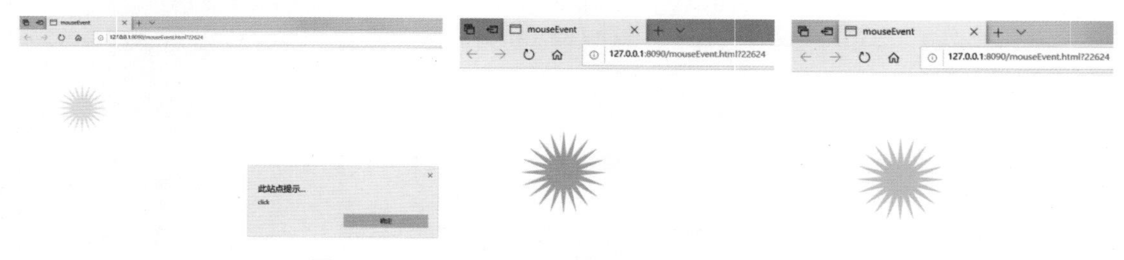

图7.44　click、mouseout、mouseover的效果图

（2）选择“文件”→“保存”，保存为FLA源文件，并取个合适的文件名。

7.5.3 实例

电影《巴山夜雨》里的插曲《我是一颗蒲公英的种子》：“我是一颗蒲公英的种子，谁也不知道我的快乐和忧伤，爸爸妈妈给我一把小伞，让我在广阔的天地间飘荡、飘荡，小伞儿带着我飞翔、飞翔、飞翔。”

其实我根本不记得电影了，也没有记全这首歌，我只是偶然哼起这首记不全的曲子，记忆真的很神奇，我顺着只言片语，搜索一番，才猛然想起来。电影的背景是秋天的原野上，一个小女孩在花丛中鼓起小嘴吹起了蒲公英。那是一个战争年代，作为革命者的父母双双被关押在敌人的监狱里，小女孩思念亲人时，就会轻轻哼起爸爸教给她的歌。战争阻隔了父女的团聚，但无法阻挡小女孩像蒲公英一样顽强地生活。这是一个悲伤而坚强的故事，我把它做成动画，我知道未来总是美好的。

小嘴吹起了蒲公英的这个动作，我把它做成了鼠标单击舞台的动作，单击一下，一颗蒲公英冉冉升起向上方飘去，如图7.45所示。

图7.45 蒲公英实例效果图

1. 启动An

（1）新建一个平台类型为HTML5 Canvas的文件，舞台大小为1024×768像素。

（2）将图层1改名为actions，在第1帧处添加动作。

2. 制作蒲公英元件

新建影片剪辑元件dandelionswing，链接取名为dandelionswing，用绘图工具画一个蒲公英。

3. 编写代码

（1）创建蒲公英对象，代码如下：

```
var flyDandelion = new lib.dandelionswing();
```

（2）实现蒲公英放上舞台，大小任意，代码如下：

```
var sizeModifier = Math.random() *0.8 +0.4;
stage.addChild(flyDandelion);
flyDandelion.x = stage.mouseX;
```

```
flyDandelion.y = stage.mouseY;
flyDandelion.scaleX = flyDandelion.scaleY =0.8 * sizeModifier;
                                                    //随机缩放大小
```

（3）实现蒲公英飞翔，代码如下：

```
var xSpeed = Math.random() * 10;  //随机生成X轴速度
var ySpeed = Math.random() * 10;  //随机生成Y轴速度
flyDandelion.x -= xSpeed;
flyDandelion.y -= ySpeed;
```

（4）单击舞台生成一个会飞的蒲公英，代码如下：

```
stage.addEventListener("click", born);
function born() {
        (2)的代码
    createjs.Ticker.addEventListener("tick", fly);
}
function fly() {
        (3)的代码
    stage.update();
}
```

（5）完整代码如下：

```
createjs.Touch.enable(stage);
var flyDandelion = new lib.dandelionswing();
stage.addEventListener("click", born);
function born() {
    var sizeModifier = Math.random() *0.8 +0.4;
    stage.addChild(flyDandelion);
    flyDandelion.x = stage.mouseX;
    flyDandelion.y = stage.mouseY;
    flyDandelion.scaleX = flyDandelion.scaleY =0.8 * sizeModifier;
                                                //随机缩放大小
    createjs.Ticker.addEventListener("tick", fly);
}
function fly() {
    var xSpeed = Math.random() * 10;     //随机生成X轴速度
    var ySpeed = Math.random() * 10;     //随机生成Y轴速度
    flyDandelion.x -= xSpeed;
    flyDandelion.y -= ySpeed;
    stage.update();
}
```

4. 测试及保存

（1）测试结果如图7.46所示。

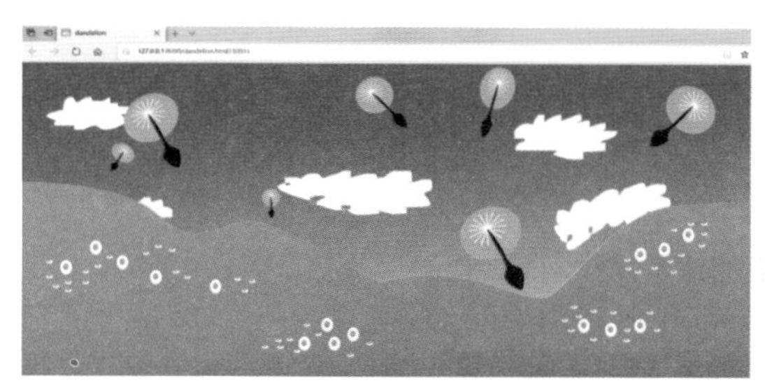
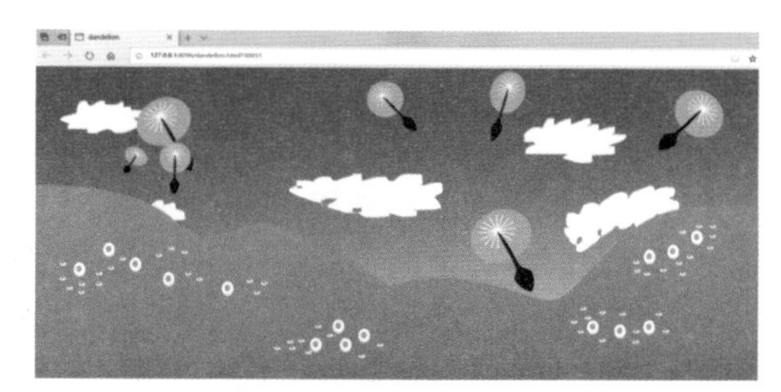

图7.46 蒲公英飞翔的效果图

（2）选择“文件”→“保存”，保存为FLA源文件，并取个合适的文件名。

7.6 小应用

7.6.1 制作相册

这是一个经典的应用。做一个小相册，在每一帧放上相片，然后用按钮控制去到哪一张，可以向前翻，也可以向后翻，可以到第一张，也可以到最后一张，效果如图7.47所示。

图7.47 相册效果图

1. 启动An

（1）新建一个平台类型为HTML5 Canvas的文件，舞台大小为1024×768像素。

（2）将图层1改名为photos。

（3）将图层2改名为button。

（4）将图层3改名为actions，在第1帧处添加动作。

2. 制作相册层

在photos层，选择“文件”→“导入”→“导入到库”，选中“源文件素材”中的4张相片1.jpg、2.jpg、3.jpg、4.jpg，在第1帧拖入一张相片，在第2帧添加空白关键帧，同样拖入一张相片，在第3帧和第4帧用相同的步骤拖入不同的相片。

3. 制作按钮元件

1）制作4个按钮

（1）新建按钮元件，取名为first，画一个蓝色矩形上面写上文本First。

（2）新建按钮元件，取名为prev，画一个蓝色矩形上面写上文本Prev。

（3）新建按钮元件，取名为next，画一个蓝色矩形上面写上文本Next。

（4）新建按钮元件，取名为end，画一个蓝色矩形上面写上文本End。

2）回到舞台

在button层，将做好的4个按钮导入，放在合适的位置，在属性面板为每个按钮输入相应的实例名称：butFirst、butPrev、butNext、butEnd，按钮及图层如图7.48所示。

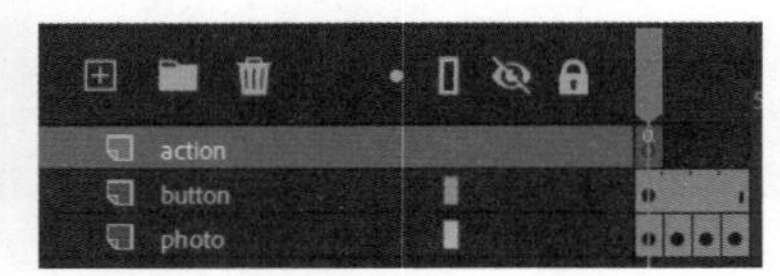

图7.48　按钮及图层

4. 编写代码

（1）单击First实现跳转到第1张，代码如下：

```
this.butFirst.addEventListener("click", fl_first.bind(this));
function fl_first() {
    numframe = this.currentFrame;
    this.gotoAndStop(numframe - numframe);
}
```

（2）单击End实现跳转到最后一张，代码如下：

```
this.butEnd.addEventListener("click", endOperation.bind(this));
function endOperation() {
    this.gotoAndStop(3);
}
```

（3）单击Prev实现跳转到前一张，代码如下：

```
this.butPrev.addEventListener("click", fl_prev.bind(this));
function fl_prev() {
    numframe = this.currentFrame;
    if (numframe == 3) {
        this.gotoAndStop(numframe);
    } else {
        this.gotoAndStop(numframe + 1);
    }
}
```

（4）单击Next实现跳转到后一张，代码如下：

```
this.butNext.addEventListener("click", fl_next.bind(this));
function fl_next() {
    numframe = this.currentFrame;
    this.gotoAndStop(numframe - 1);
}
```

（5）完整代码如下：

```
this.stop();
var numframe;
this.butEnd.addEventListener("click", endOperation.bind(this));
function endOperation() {
     this.gotoAndStop(3);
}
this.butFirst.addEventListener("click", fl_first.bind(this));
function fl_first() {
     numframe = this.currentFrame;
     this.gotoAndStop(numframe - numframe);
}
this.butNext.addEventListener("click", fl_next.bind(this));
function fl_next() {
     numframe = this.currentFrame;
     this.gotoAndStop(numframe - 1);
}
this.butPrev.addEventListener("click", fl_prev.bind(this));
function fl_prev() {
     numframe = this.currentFrame;
     if (numframe == 3) {
          this.gotoAndStop(numframe);
     } else {
          this.gotoAndStop(numframe + 1);
     }
}
createjs.Ticker.setFPS(60);
createjs.Ticker.addEventListener("tick", upDate);
function upDate() {
     stage.update();
}
```

5. 测试及保存

（1）测试结果如图7.49所示。

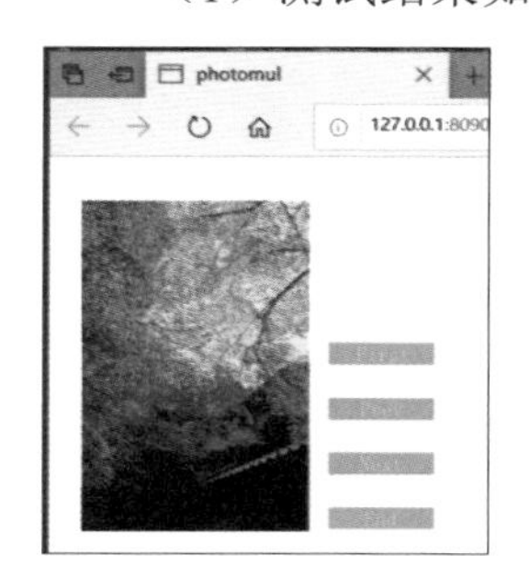
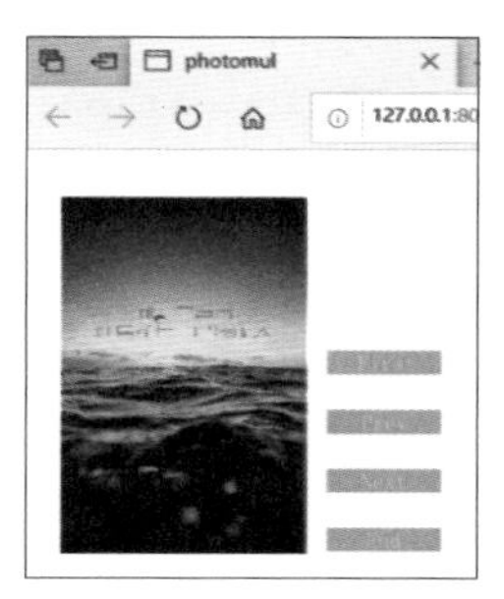
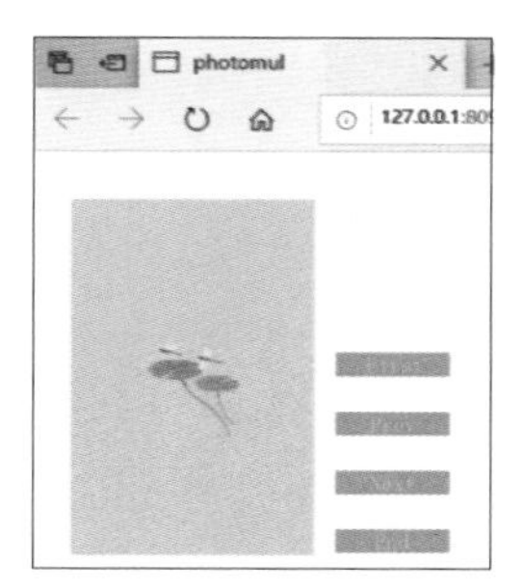
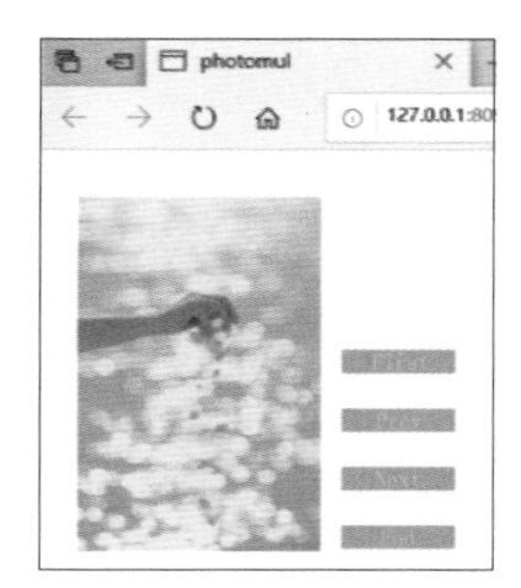

图7.49 点按钮的效果图

（2）选择“文件”→“保存”，保存为FLA源文件，并取个合适的文件名。

7.6.2 制作简易计算器

这也是一个经典的案例。实现一个小的计算器，在文本框里输入数据，单击你要做的运算按钮，在结果文本框会得到运算结果，效果如图7.50所示。

简易计算器

第一个数：

第二个数：

计算结果：

\+ — × ÷

图7.50 计算器效果图

1. 启动An

（1）新建一个平台类型为HTML5 Canvas的文件，舞台大小为1024×768像素。

（2）将图层1改名为bg。

（3）将图层2改名为actions，在第1帧处添加动作。

2. 制作按钮元件

（1）新建按钮元件，取名为subtract，画一个蓝色矩形上面画上减的符号。

（2）新建按钮元件，取名为multiply，画一个蓝色矩形上面画上乘的符号。

（3）新建按钮元件，取名为divide，画一个蓝色矩形上面画上除的符号。

（4）新建按钮元件，取名为add，画一个蓝色矩形上面画上加的符号。

3. 制作背景层

在bg图层，用静态文本写下相应的文字，从组件里调出文本输入框放到舞台上相应的位置，在属性面板为每个文本输入框输入相应的实例名：numOne、numTwo、numResult。

在bg图层，将制作好的4个按钮元件放到舞台上合适的位置处，在属性面板为每个按钮输入相应的实例名称：comAdd、comSub、comMul、comDiv。

按钮及文本输入框如图7.51所示。

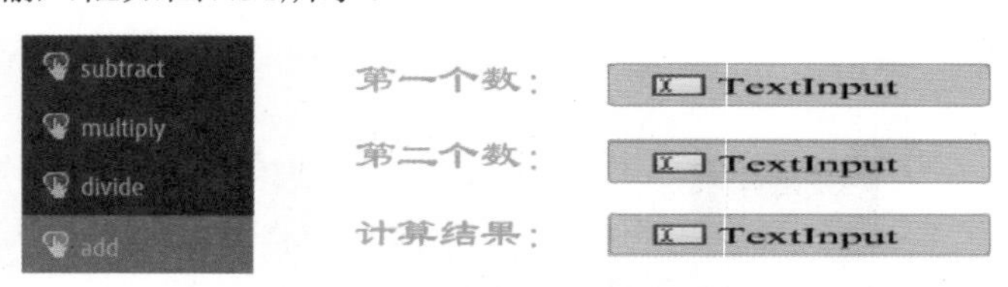

图7.51 按钮及文本输入框

4. 编写代码

（1）实现加法，代码如下：

```
this.comAdd.addEventListener("click", addOperation);
function addOperation() {
```

```
    num1 = Number(this.numOne.value);
    num2 = Number(this.numTwo.value);
    result = num1 + num2;
    this.numResult.value = result;
}
```

（2）实现减法，代码如下：

```
this.comSub.addEventListener("click", subOperation);
function subOperation() {
    num1 = Number(this.numOne.value);
    num2 = Number(this.numTwo.value);
    result = num1 - num2;
    this.numResult.value = result;
}
```

（3）实现乘法，代码如下：

```
this.comMul.addEventListener("click", mulOperation);
function mulOperation() {
    num1 = Number(this.numOne.value);
    num2 = Number(this.numTwo.value);
    result = num1 * num2;
    this.numResult.value = result;
}
```

（4）实现除法，代码如下：

```
this.comDiv.addEventListener("click", divOperation);
function divOperation() {
    num1 = Number(this.numOne.value);
    num2 = Number(this.numTwo.value);
    result = num1 / num2;
    this.numResult.value = result;
}
```

（5）完整代码如下：

```
var num1;
var num2;
var result;
this.comAdd.addEventListener("click", addOperation);
function addOperation() {
    num1 = Number(this.numOne.value);
    num2 = Number(this.numTwo.value);
    result = num1 + num2;
    this.numResult.value = result;
```

```
}
this.comSub.addEventListener("click", subOperation);
function subOperation() {
    num1 = Number(this.numOne.value);
    num2 = Number(this.numTwo.value);
    result = num1 - num2;
    this.numResult.value = result;
}
this.comMul.addEventListener("click", mulOperation);
function mulOperation() {
    num1 = Number(this.numOne.value);
    num2 = Number(this.numTwo.value);
    result = num1 * num2;
    this.numResult.value = result;
}
this.comDiv.addEventListener("click", divOperation);
function divOperation() {
    num1 = Number(this.numOne.value);
    num2 = Number(this.numTwo.value);
    result = num1 / num2;
    this.numResult.value = result;
}
```

5. 测试及保存

（1）测试结果如图7.52所示。

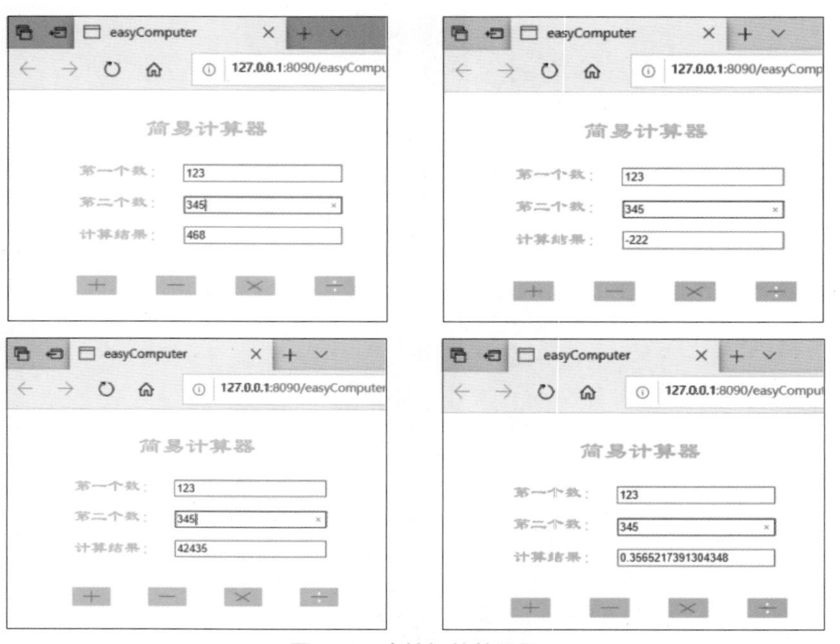

图7.52　点按钮的效果图

（2）选择“文件”→“保存”，保存为FLA源文件，并取个合适的文件名。

7.7 本章小结

本章比较详细地阐述了EaseJS的相关事件，并分类进行了说明。对tick事件的实现特效功能，对鼠标事件都列举了大量的实例进行讲解，所有实例都有说明和制作步骤，而且事件是可以交叉使用的。例如，鼠标事件后实现特效就是一个典型的交叉应用。当然，最重要的是通过这些实例，深刻体会EaseJS的强大功能。

习题7

1. 通常使用什么实现tick事件？
2. 侦听器是什么？
3. 标准坐标系与舞台坐标系的区别在哪里？
4. 弧度和角度的转换公式是什么？
5. 遮罩动画的原理是什么？

第8章 CreateJS基础——TweenJS、ProloadJS、SoundJS

本章涵盖如下内容：

- TweenJS
- ProloadJS
- SoundJS
- 碰撞检测

锦上添花？不，本章绝对是雪中送炭。

为什么会想到锦上添花呢？CreateJS由四大部分组成，在学习完EaselJS之后，你有没有发现做交互动画好像已经得心应手了？

那关键的声音问题呢？缓动呢？真的要借助一条一条代码编写吗？当然不是。

虽然使用EaselJS几乎可以完成所有的开发工作，其余三项可以看作EaselJS的辅助工具。但是，没有这些辅助工具，动画做出来的效果就好像给你的想象打了折，有这些辅助工具再制作动画就更加简单了。

8.1 TweenJS

TweenJS Javascript库提供了一个简单但功能强大的补间动画接口，它支持所有数字对象属性和CSS属性，并且允许你将补间动画和动作连接在一起去创建复杂的动画。

使用TweenJS可以帮助开发者创建较复杂的动画效果，以及通过设置CSS来实现CSS动画。在Ticker动画中，完成一个直线运动的动画比较简单，如果想要比较复杂的动画效果，例如让小球在桌面方形轨迹运动，或实现小球碰到墙之后的弹力效果，使用Ticker实现起来就比较复杂（当然也可以通过一些Math函数，实现一些复杂的运动轨迹）。而使用TweenJS来创建补间动画，则在一定程度上轻松很多，并且可以省去很多代码，简化了操作。

8.1.1 Tween

实现TweenJS依靠的就是Tween对象，所以，我们要对Tween有一个完整的了解。

1. Tween (target,[props])

target：Object类型，描述的是要做补间的对象。

[props]：可选项，Object类型，描述应用于此实例的配置属性（如{loop:-1, paused:true}）。以下是支持的属性列表。这些属性设置在相应的实例属性上，除了指定的地方。

[useTicks=false]：可选项，Boolean 类型，对所有时间段使用刻度，而不是毫秒。这也会改变某些动作（如调用）的行为。改变一个正在运行的吞吐量的值可能会有意想不到的结果。

[ignoreGlobalPause=false]：可选项，Boolean 类型，在全局暂停激活时继续播放这个Tween。例如，如果TweenJS正在使用Ticker，那么将这个设置为 false（默认值）将导致这个Tween 在Ticker 被设置为 true 时暂停。

[loop=0]：可选项，Number / Boolean 类型，表示循环的次数。如果设置为-1，tween就会继续循环。注意，Tween必须至少循环一次，才能看到反弹设置为真时，Tween在两个方向上都在运动。

[reversed=false]：可选项，Boolean 类型，能让Tween反向播放。

[bounce=false]：可选项，Boolean 类型，导致Tween在每个循环结束时反方向。Tween的每个单向表演都算作一次单向弹跳。例如，要播放一个Tween，一次前进，一次后退，要把循环设置为1。

[timeScale=1]：可选项，数字类型，改变了Tween的生长速度。例如，将时间缩放值设置为2将使播放速度增加一倍，设置为0.5将使其播放速度减半。

[pluginData]：可选项，Object 类型，允许用户指定将被安装的插件使用的数据。每个插件使用不同的方法，但是一般来说，你可以通过将数据分配给与插件同名的插件数据属性来指定数据。注意：在许多情况下，当插件为Tween初始化自身时，就会使用这些数据。因此，在大多数情况下，这些数据应该在第一次调用之前设置。

[paused=false]：可选项，Boolean类型，控制Tween是否暂停。

[position=0]：可选项，Number类型，描述的是当前Tween所在的位置，始终是0和持续时间之间的值。直接更改此属性将会产生意外的结果。

[onChange]：可选项，Function 类型，当侦听到一个Change事件时调用一个特殊的函数。

[onComplete] 可选项， Function 类型，当侦听到一个Complete事件时调用一个特殊的函数。

[override=false]：可选项，Boolean 类型，当设置为 true 时，删除目标的所有现有补间。

1）方法

addEventListener，addLabel，advance，calculatePosition，call，dispatchEvent，get static，getLabels，gotoAndPlay，gotoAndStop，hasActiveTweens static，hasEventListener，label，off，on，pause，play，removeAllEventListeners，removeAllTweens static，removeEventListener，removeTweens static，resolve，set，setLabels，setPosition，tick static，to，toString，wait，willTrigger。

2）属性

Bounce，currentLabel，duration，IGNORE static，ignoreGlobalPause，loop，passive， paused，pluginData，position，rawPosition，reversed，target，timeScale，useTicks。

3）事件

Change，complete。

2. 输出补间动画的方法

（1）get (target,[props])：Tween static，返回一个新的Tween实例。

参数含义如下。

target：Object类型，描述的就是目标对象。

[props]：可选项，目标类型，与Tween (target,[props])中的[props]的含义及拥有的属性一样。

例如，让目标对象用半秒的时间运动到x:100处。

```
var tween = createjs.Tween.get(target).to({x:100}, 500);
```

（2）call (callback,[params],[scope])：添加一个动作来调用指定的函数。

参数含义如下。

callback：Function，描述要调用的函数。

[params]：可选项，Array 类型，调用函数的参数。如果被省略了，那么这个函数就会被一个指向这个Tween 的参数调用。

[scope]：可选项，Object 类型，调用函数的范围。如果被忽略，它将在目标的范围内被调用。

例如，一秒后调用myFunction()。

```
createjs.Tween.get().wait(1000).call(myFunction);
```

（3）wait (duration,[passive=false])：增加了一个等待（实际意义仿佛是一个空的Tween）。

参数含义如下。

duration：Number类型，以毫秒（ms）为单位的等待时间（如果 useticks 为真，则以Ticks 为单位）。

[passive=false]：可选项，Boolean类型，在被动等待期间，不会更新两个属性。这对于处于不同时间影响同一目标的多个Tween 的时间轴实例来说非常有用。

（4）to (props,[duration=0],[ease="linear"])：从当前值向指定的属性添加一个间隔。将持续时间设置为0来跳转到这些值。数值属性将从它们的当前值调整到目标值。非数字属性将在指定的持续时间结束时设置。

参数含义如下。

props：Object类型，一个对象，为这个Tween指定属性目标值。{x: 300}会将目标的 x 属性调整到300。

[duration=0]：可选项，Number 类型，以毫秒（ms）为单位的等待时间（如果useticks

为真，则以Ticks为单位）。

[ease="linear"]：可选项，Function，这个Tween要使用的easing功能。Ease class，backIn，backInOut，backOut，bounceIn，bounceInOut，bounceOut，circIn，circInOut，circOut，cubicIn，cubicInOut，cubicOut，elasticIn，elasticInOut，elasticOut，get，getBackIn，getBackInOut，getBackOut，getElasticIn，getElasticInOut，getElasticOut，getPowIn，getPowInOut，getPowOut，linear，none，quadIn，quadInOut，quadOut，quartIn，quartInOut，quartOut，quintIn，quintInOut，quintOut，sineIn，sineInOut，sineOut。

例如，大多数方法都可以直接作为简化函数传递。

```
createjs.Tween.get(target).to({x:100}, 500, createjs.Ease.linear);
```

（5）set (props,[target])：添加一个动作来设置指定目标上的指定属性。如果目标为空，它会使用这个Tween的目标。注意：对于目标对象上的属性，应该考虑使用零持续时间来操作，以便将值注册为调整后的属性。

参数含义如下。

props：Object，要设置的属性（如{visible:false}）。

[target]：可选项，Object类型，目标设置的属性。如果省略，它们将设置给Tween的目标。

例如，为foo设置visible:false。

```
myTween.wait(1000).set({visible:false}, foo);
```

（6）play ([tween])：添加一个动作来播放（解除暂停）指定的Tween，能够顺序播放多个Tween。

参数含义如下。

[tween]：播放的Tween。

例如，半秒的时间运动到x:100处之后播放otherTween。

```
myTween.to({x:100}, 500).play(otherTween);
```

（7）pause ([tween])：添加一个动作来暂停指定的Tween。

例如，暂停otherTween，然后用1s的时间全部展现出来，再播放otherTween。

```
myTween.pause(otherTween).to({alpha:1}, 1000).play(otherTween);
```

（8）label (name)：添加了一个标签，可以与 tween / gotoandplay / tween / gotoandstop 在Tween的当前点使用。

参数含义如下。

name：String类型，描述标签的名称。

例如，从1000ms开始播放。

```
    var tween = createjs.Tween.get(foo).to({x:100},1000).label
("myLabel").to({x:200}, 1000);
    tween.gotoAndPlay("myLabel");
```

3. 常用格式

常用格式代码如下：

```
    createjs.Tween.get().wait().to().call();
```

使用get()获取要添加运动轨迹的元素，如果需要动画循环进行，只需要加上{loop:true}，当然还有其他选项，如override、wait()可以让动画延迟播放，to()用来确定运动的轨迹，只需要指明显示对象要到达的位置坐标即可，TweenJS会自动创建动画过程。to()的第1个参数{x:1000}，指明了x坐标的终点，而且在{}中不只可以改变坐标，alpha:0.5可以改变透明度，scaleX/Y = 2可以改变大小，rotation:360可以改变角度，实现旋转。to()的第2个参数，指明动画的时长，也是x坐标运动到终点所用的时间。这里还有第3个参数createjs.Ease，可以设置运动的轨迹和运动的方式。call()可以在动画结束后调用一个函数，如果不需要的话也可以省略。想让你的元素做连续的复杂运动，只要不断地添加to()就可以了。

例如，让小球做方形轨迹的运动，并且在过程中改变大小和透明度，效果如图8.1所示。

```
    createjs.Tween.get(circle,{loop:true}).to({x:900},2000)
                        .to({y:600,alpha:0.2},2000)
                        .to({x:100,alpha:1, scaleX:1.5,scaleY:1.5},2000)
                        .to({y:100, scaleX:1,scaleY:1},2000);
```

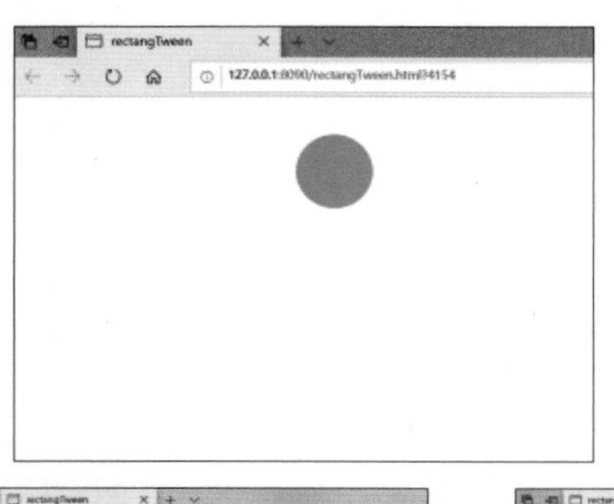
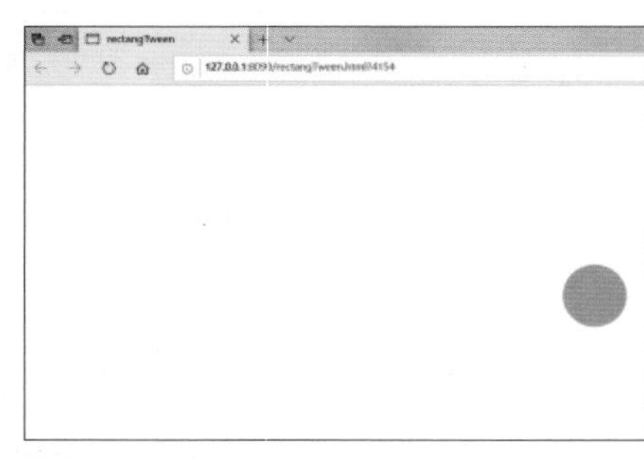
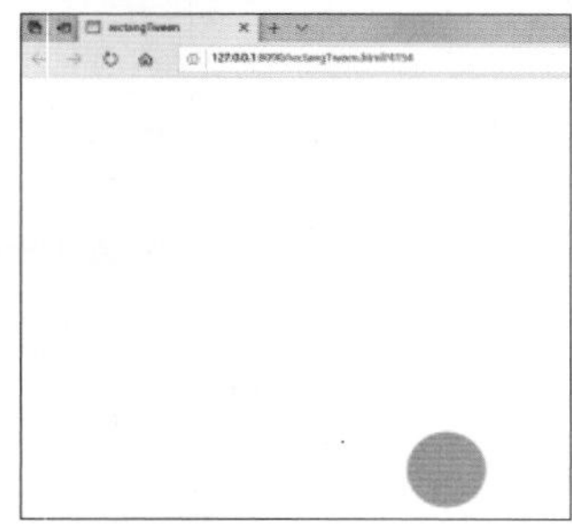

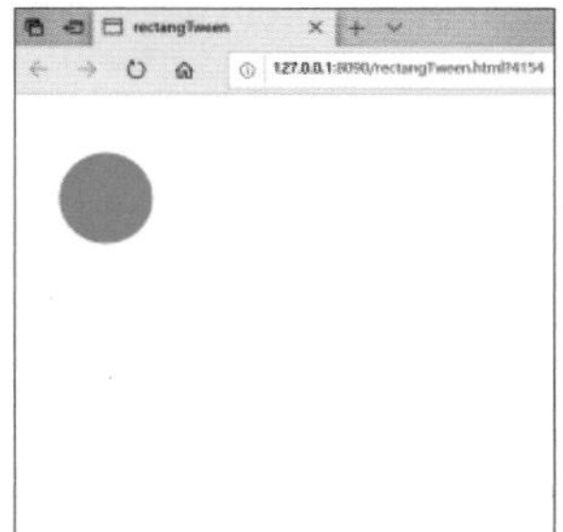

图8.1　球的方形运动

8.1.2 应用

通过8.1.1节的介绍，我们发现实现补间创造缓动变得简单，重点在于透彻分析各个实现方法，效果也是很神奇。例如，那种两球相互滚来滚去的效果，看起来就很美妙。

1. 启动An

（1）新建一个平台类型为HTML5 Canvas的文件，舞台大小为1920×1024像素。

（2）将图层1改名为actions，在第1帧处添加动作。

2. 编写代码

（1）新建两个元件，放上舞台，代码如下：

```
var grey=new lib.grey();
var blue=new lib.blue();
stage.addChild(grey);
stage.addChild(blue);
grey.x=200;
grey.y=300;
blue.x=240;
blue.y=300;
```

（2）实现两球互滚，代码如下：

```
createjs.Tween.get(grey,{loop:true}).to({x:240},2000).to
({x:200},2000).to({x:240},2000);
createjs.Tween.get(blue,{loop:true}).to({x:200},2000).to
({x:240},2000).to({x:200},2000);
```

3. 测试及保存

（1）测试结果如图8.2所示。

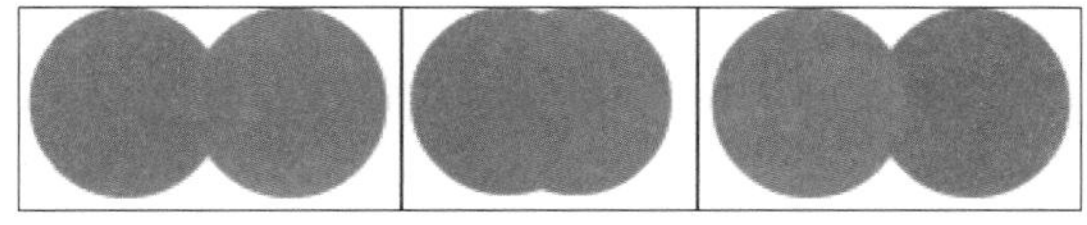

图8.2　两球互撞

（2）选择“文件”→“保存”，保存为FLA源文件，并取个合适的文件名。

4. 扩充

只要在库里将上例中的grey和blue稍加修改，例如，改成两只相对的小鸭，你看，有趣的事情就发生了，两只相亲相爱的小鸭就在舞台上活跃起来，如图8.3所示。

图8.3　两小鸭子互撞

8.2 ProloadJS

PreloadJS用来加载并统一管理图片、JSON文件等资源。

使用PreloadJS导入文件时，首先建立一个LoadQueue，然后即可使用它来载入单个文件，或者载入一个文件列表。

8.2.1 LoadQueue

使用preloadJS主要就是使用里面的LoadQueue。LoadQueue是一个加载管理类，包含preloadJS的主要接口，可以用来加载单个文件或者多个文件。

1. LoadQueue

LoadQueue是负载管理器，可以预载单个文件或文件的队列。它的构造函数如下：

```
LoadQueue ( [preferXHR=true] [basePath=""] [crossOrigin=""] );
```

参数含义如下。

[preferXHR=true]：可选项，Boolean类型，确定预加载实例是倾向于使用xhr (xml http请求)还是使用html 标记加载。如果是 false，队列将在可能的情况下使用标签加载，否则使用 xhr。默认是true，也就是说默认是用XHR（浏览器的API）来加载。

[basePath=""]：可选项，String 类型，在加载队列中所有项的源参数之前预置的路径。这样加载同一个目录下的文件时，可以方便一点。但是，如果url是以协议（如|http://）或者“../”路径开头时，不会添加basePath。

[crossOrigin=""]：可选项，String | Boolean 类型，支持从启用 cors 的服务器加载图像的可选标志。要使用它，请将该值设置为 true，这将默认图像上的交叉点属性为anonymous。注意：crossorigin 参数已被弃用，可用 loaditem.crossorigin 代替。

1）方法

addEventListener，cancel，close，destroy，dispatchEvent，getItem，getItems，getLoadedItems，getResult，getTag，hasEventListener，installPlugin，load，loadFile，loadManifest，off，on，registerLoader，remove，removeAll，removeAllEventListeners，removeEventListener，reset，setMaxConnections，setPaused，setPreferXHR，setTag，toString，unregisterLoader，willTrigger。

2）属性

Canceled，loaded，maintainScriptOrder，next，progress，resultFormatter，stopOnError，type。

3）事件

complete，error，fileerror，fileload，fileprogress，filestart，loadstart，progress。

2. 常用方法

1）loadFile (file,[loadNow=true],[basePath])

loadFile (file,[loadNow=true],[basePath])：加载单个文件。文件会一直追加到当前队列，因此这个方法常被用来多次添加文件。

参数含义如下。

File：LoadItem、 Object 或String类型，描述要引导的文件对象或路径。

[loadNow=true]：可选项， Boolean类型，启动立即加载（true）或等待加载调用（false）。默认值为 true。用setPaused让队列paused，如果值为true，队列将自动恢复。

[basePath]：可选项，String 类型，一个基本路径，将被预置到每个文件。基本路径参数重写构造函数中指定的路径。注意：如果使用类型为 manifest 的文件加载清单，其文件将不使用 basePath 参数。基本路径参数已被弃用，此参数将在未来版本中删除。请在加载队列构造函数中使用基本路径参数，或在清单定义中使用路径属性。

2）loadManifest (manifest,[loadNow=true],[basePath])

loadManifest (manifest,[loadNow=true],[basePath])：加载多个文件。清单中的文件以相同的顺序请求，但是如果使用setMaxConnections将 max 连接设置在1以上，则可能以不同的顺序完成。只要 LoadQueue/maintainScriptOrder 为 true（默认值），脚本就会以正确的顺序加载。

参数含义如下。

Manifest：Array、String 或Object类型，要加载的文件列表。 Loadmanifest 调用支持4种类型的清单。

[loadNow=true]：可选项，Boolean 类型，启动立即加载（true）或等待加载调用（false）。默认值为 true。用setPaused让队列paused，如果值为true，队列将自动恢复。

[basePath]：可选项，String 类型，一个基本路径，将被预置到每个文件。注意：基本路径参数已被弃用。

3. 常用事件

Complete：当队列完成加载所有文件时。

Error：当队列与任何文件遇到错误时。

Progress：对于整个队列进展已经改变。

Fileload：单个文件已完成加载。

Fileprogress：单个文件进度变化。注意：只有文件装载XHR（或可能通过插件）才能使file 事件进展（除了0或100%）。

8.2.2 应用

打开页面，同时加载三张图片，以此来验证文件加载成功。图片通过EaselJS的Bitmap就可以放上舞台，现在我们换一种方法。

1. 启动An

（1）新建一个平台类型为HTML5 Canvas的文件，舞台大小为1920×1024像素。

（2）将图层1改名为actions，在第1帧处添加动作。

2. 编写代码

（1）建立一个LoadQueue，代码如下：

```
var queue = new createjs.LoadQueue();
```

（2）文件导入成功，运行handleComplete()，on是一个事件侦听的简捷方式，代码如下：

```
queue.on("complete", handleComplete);
```

（3）导入单个文件，代码如下：

```
queue.loadFile({id: "myImage2", src: "Autumn.png"});
```

（4）导入多个文件，代码如下：

```
queue.loadManifest([{id:"myImage3", src:"image2.jpg"},{id:"myImage1",
src:"Image1.jpg"}]);
```

（5）用handleComplete()实现导出图像，创建图片显示对象，加到舞台上，调整图片属性，然后放在合适的位置，代码如下：

```
function handleComplete() {
var image1 = queue.getResult("myImage1");
var stageImage1 = new createjs.Bitmap(image1);
stage.addChild(stageImage1);
stageImage1.scaleX=stageImage1.scaleY=0.5;
var image2 = queue.getResult("myImage2");
var stageImage2 = new createjs.Bitmap(image2);
stage.addChild(stageImage2);
stageImage2.scaleX =0.66;
stageImage2.x = 450;
var image3 = queue.getResult("myImage3");
var stageImage3 = new createjs.Bitmap(image3);
stage.addChild(stageImage3);
stageImage3.y = 400;
stageImage3.x = 700;
}
```

3. 测试及保存

（1）测试结果如图8.4所示。

图8.4 测试效果图

（2）选择“文件”→“保存”，保存为FLA源文件，并取个合适的文件名。

8.3 SoundJS

没有SoundJS，我们的动画将是不完整的。

SoundJS库管理在网络上播放的音频。它是通过实际的音频实现插件的抽象，所以在任何平台上播放都是可能的，而不需要特定的设置来播放声音。

要使用SoundJS，就要使用Sound，用Sound安装音频播放插件，包括注册（预压）的声音，创建和播放的声音，主音量，静音，停止所有控件的声音等。

要实现声音控制，就要创造抽象的声音实例，这些实例可以单独控制，如暂停、恢复、搜索、停止等，要能控制声音的音量，静音和平移，能侦听声音实例上的事件，以便在完成、循环或失败时得到通知。

8.3.1 Sound

1. Sound

Sound类是用于创建声音、控制整体的声音水平和管理插件的公共API。在这个类中的所有声音的API都是静态的。

1）方法

addEventListener，createInstance，dispatchEvent，getDefaultPlayProps，hasEventListener，initializeDefaultPlugins，isReady，loadComplete，off，on，play，registerPlugins，registerSound，registerSounds，removeAllEventListeners，removeAllSounds，removeEventListener， removeSound，removeSounds，setDefaultPlayProps，stop，toString，willTrigger。

2）属性

activePlugin，alternateExtensions，capabilities，defaultInterruptBehavior，EXTENSION_MAP，INTERRUPT_ANY，INTERRUPT_EARLY，INTERRUPT_LATE，INTERRUPT_NONE，muted，PLAY_FAILED，PLAY_FINISHED，PLAY_INITED，PLAY_INTERRUPTED，PLAY_SUCCEEDED，SUPPORTED_EXTENSIONS，volume。

3）事件

Fileerror，fileload。

2. 常用方法

1）实例注册和预加载方法

在播放声音之前，必须先注册。可以使用registerSound注册，或者使用registerSound注册多个声音。如果在尝试使用play播放声音或使用createInstance创建声音之前没有注册该声音，那么将自动注册该声源，但是回放将失败，因为该声源还没有准备好。如果使用PreloadJS，则在预加载声音时为用户处理注册问题。建议使用寄存器函数在内部预加载声音，或者使用PreloadJS在外部预加载声音，这样当用户想使用它们时就可以使用它们了。

（1）registerSounds。

registerSounds (sounds,basePath)：Object static，注册一个音频文件阵列，用于加载和声音播放。建议注册所有需要播放的声音，以便正确地准备和预加载它们。需要的时候，声音可以进行内部预压。

参数含义如下。

sounds：Array类型，要加载的对象数组。对象应该是 registersound 所需的格式{ src: srcuri，id: id，data: data }，其中id和data是可选的。还可以传递具有 path 和 manifest 属性的对象，其中 path 是基本路径，manifest 是要加载的对象数组。如果 src 是扩展名标记为 src 属性的对象，则需要 note id。

basePath：String类型，设置一个路径，该路径将在加载时预置到每个 src。当创建、播放或删除 src 加载的基本路径音频时，必须包括基本路径。举例如下：

```
    var assetPath = "./myAudioPath/";
    var sounds = [
        {src:"asset0.ogg", id:"example"},
        {src:"asset1.ogg", id:"1", data:6},
        {src:"asset2.mp3", id:"works"}
        {src:{mp3:"path1/asset3.mp3", ogg:"path2/asset3NoExtension"},
id:"better"}
     ];
     createjs.Sound.alternateExtensions = ["mp3"];      //支持的声音文件类型
     createjs.Sound.on("fileload", handleLoad);
    //当每个声音加载时调用handleLoad
     createjs.Sound.registerSounds(sounds, assetPath);
```

（2）registerSound。

registerSound (src,[id],[data],basePath,defaultPlayProps)：Object static，注册一个音频文件用于加载和声音播放。这是在使用PreloadJS时自动调用的。建议注册所有需要播放的声音，以便正确地准备和预加载它们。需要时，声音可以进行内部预压。例如：

```
    createjs.Sound.alternateExtensions = ["mp3"];
    createjs.Sound.on("fileload", handleLoad);
    createjs.Sound.registerSound("myAudioPath/mySound.ogg", "myID", 3);
    createjs.Sound.registerSound({ogg:"path1/mySound.ogg", mp3:"path2/
mySoundNoExtension"}, "myID", 3);
```

参数含义如下。

src：String或Object类型，源或具有src属性的对象，或具有标记为 src 属性的多个扩展名的对象。

[id]：可选项，String 类型，用户指定的一个 id，以便稍后播放声音。如果 src 是标记为 src 属性的多个扩展，则需要注释 id。

[data]：可选项，Number 或 Object类型，与项目相关联的数据。Sound 使用数据参数作为音频实例的信道数，但是如果“信道”属性用于其他信息，则可以追加到数据对象。如果没有找到值，音频通道将基于插件设置默认值。Sound 还使用 data 属性以下列格式保存 audiosprite 对象数组{ id,starttime,duration }。

id：用来播放声音，就像一个带 id 的声音 src 一样。

Starttime：开始回放和循环的初始偏移量，以毫秒（ms）为单位。

Duration：播放剪辑的时间，以毫秒（ms）为单位。

basePath：String类型，设置一条路径，该路径将被预置为 src 以便加载。

defaultPlayProps：Object 或PlayPropsConfig类型，可选的回放属性将被设置为默认的任何新的抽象表示。

2）播放

要在注册并预加载声音之后播放该声音，请使用play方法。play方法返回一个AbstractSoundInstance，它可以暂停、恢复、静音等。

play (src,props)：播放一个返回的声音AbstractSoundInstance static。如果声音无法播放，仍会返回一个抽象概念，并且返回一个播放失败的播放状态。注意：即使对于播放失败的声音，仍然可以调用 play方法，因为失败可能是由于缺乏可用的通道。如果 src 没有支持的扩展，或者没有可用的插件，那么仍然会返回默认的声音实例，它不会播放任何音频，但是也不会产生错误。

注意：要创建一个尚未注册的audio sprite，需要设置开始时间和持续时间。这只是在创建一个新的audio sprite时，而不是在使用已经注册的audio sprite的 id 播放时。

参数含义如下。

src：String类型，声音的src 或 ID。

props：Object或PlayPropsConfig，包含播放声音的参数。

举例如下：

```
createjs.Sound.on("fileload", handleLoad);
 createjs.Sound.registerSound("myAudioPath/mySound.mp3", "myID", 3);
 function handleLoad(event) {
     createjs.Sound.play("myID");
     // store off AbstractSoundInstance for controlling
     var myInstance = createjs.Sound.play("myID", {interrupt: createjs.
Sound.INTERRUPT_ANY, loop:-1});
 }
```

3）插件

默认情况下，使用WebAudioPlugin或HTMLAudioPlugin（当可用时）插件，尽管开发人员可以更改插件的优先级或添加新的插件（如提供的FlashAudioPlugin）。

registerPlugins (plugins)：Boolean 类型，按优先顺序注册一个声音插件的列表。通过数组中的一个元素注册一个插件。

参数含义如下。

plugins：Array类型，要安装的插件类数组。

举例如下：

```
createjs.FlashAudioPlugin.swfPath = "../src/soundjs/flashaudio/";
createjs.Sound.registerPlugins([createjs.WebAudioPlugin,createjs.
HTMLAudioPlugin, createjs.FlashAudioPlugin]);
```

3. 常用属性

interrupt（中断）：如果最大数量的声音已经播放，如何中断任何当前播放的音频实例与相同的来源。值在Sound类上定义为INTERRUPT_TYPE常量，默认值由defaultInterruptBehavior定义。

delay（延迟）：延迟音频播放开始的时间，以毫秒（ms）为单位。

offset（偏移量）：从音频开始到开始播放的偏移量，以毫秒（ms）为单位。

loop（循环）：音频循环的次数，当它达到播放结束。默认值是0（没有循环），-1可以用于无限回放。

volume（音量）：声音的音量，在0～1。注意：主卷应用于单个卷。

pan（平移）：声音的左右平移（如果支持），介于-1（左）～1（右）。

startTime（开始时间）：创建一个音频精灵（带有持续时间），初始偏移量开始播放和循环，以毫秒（ms）为单位。

duration（持续时间）：创建一个音频精灵（带有startTime），播放剪辑的时间，以毫秒（ms）为单位。

具体实现代码如下：

```
    var props = new createjs.PlayPropsConfig().set({interrupt: createjs.Sound.
INTERRUPT_ANY, loop: -1, volume:0.5})
    createjs.Sound.play("mySound", props);
    // OR
    mySoundInstance.play(props);
```

8.3.2 应用

制作一个音乐播放器，如图8.5所示，可以播放、暂停、继续和停止。

图8.5 音乐播放器

1. 准备

找一个有特色的图片做背景，然后做好4个按钮，分别是playB、stopB、pauseB和continueB，放到舞台上合适的位置，并给它们取实例名playB、stopB、pauseB和continueB。

2. 启动An

（1）新建一个平台类型为HTML5 Canvas的文件，舞台大小为1920×1024像素。

（2）将图层1改名为actions，在第1帧处添加动作。

3. 编写代码

（1）注册声音，代码如下：

```
createjs.Sound.registerSound("../music/M-GameBG.mp3","myS");
```

（2）创建一个声音实例myMusic，代码如下：

```
var myMusic=new createjs.Sound.play("myS");
```

（3）单击按钮实现播放、停止、暂停和继续，代码如下：

```
this.playB.addEventListener("click",playMusic);
function playMusic(){
    myMusic.play();}
this.stopB.addEventListener("click",stopMusic);
function stopMusic(){
    myMusic.stop();
}
```

```
this.pauseB.addEventListener("click",pauseMusic);
function pauseMusic(){
    myMusic._pause();
}
this.continueB.addEventListener("click",contiuneMusic);
function contiuneMusic(){
    myMusic._resume();
}
```

4. 测试及保存

（1）测试结果如图8-6所示。单击播放按钮会响起美妙的音乐，单击暂停按钮会停止播放音乐，单击继续按钮会继续播放音乐，单击停止按钮会停止并回到音乐开始的地方。

图8.6　音乐播放器效果图

（2）选择“文件”→“保存”，保存为FLA源文件，并取个合适的文件名。

8.4 碰撞检测

hitTest用来检测某物体是否与某特定点发生碰撞，如果是则返回结果为true。

碰撞检测hitTest方法的应用广泛，它存在于显示对象的方法中，也就是说文本、图片、形状、舞台、精灵都有碰撞检测方法，也就是都可以做碰撞检测。我们下面进行单独剖析。

8.4.1 基础语句

hitTest (x,y)：Boolean类型，测试显示对象是否与局部坐标中的指定点相交（即在指定位置绘制带有alpha>0的像素）。这将忽略显示对象的 alpha、 shadow、 hitarea、 mask 和 compositeOperation属性。

参数含义如下。

x：Number类型，x 位置来检查显示对象的本地坐标。

y：Number类型，y位置来检查显示对象的本地坐标。

例如，当前鼠标的位置坐标是否与stage中的一个图形Shape发生碰撞，如果鼠标指针在圆形的区域内，则使圆变为不透明状态。更具体一点就是，打开页面是粉色的球，鼠标碰撞后是红色的球。其实可以直接使用circle的hitTest碰撞检测方法circle.hitTest(stage.mouseX, stage.mouseY)。

1. 启动An

（1）新建一个平台类型为HTML5 Canvas的文件，舞台大小为1920×1024像素。

（2）将图层1改名为actions，在第1帧处添加动作。

2. 编写代码

具体实现代码如下：

```
createjs.Ticker.addEventListener("tick", handleTick);
createjs.Ticker.setFPS(60);
circle = new createjs.Shape();
circle.graphics.beginFill("red").dc(100, 100, 50);
stage.addChild(circle);
function handleTick(event) {
    circle.alpha =0.2;
    if (circle.hitTest(stage.mouseX, stage.mouseY)) {
        circle.alpha = 1;
    }
    stage.update();
}
```

3. 测试及保存

（1）测试结果如图8.7所示。打开页面是粉色的球，鼠标碰撞后是红色的球。

图8.7 鼠标碰撞红球效果图

（2）选择“文件”→“保存”，保存为FLA源文件，并取个合适的文件名。

8.4.2 应用

1. 实例一

打开页面是旋转的一堆彩色的不透明的星星，鼠标碰到哪个星星，哪个星星的色彩变深。

1）启动An

（1）新建一个平台类型为HTML5 Canvas的文件，舞台大小为1920×1024像素。

（2）将图层1改名为actions，在第1帧处添加动作。

2）编写代码

（1）利用getHSL()生成彩色的星星，代码如下：

```
    var shape = new createjs.Shape();
                  shape.graphics.beginFill(createjs.Graphics.getHSL(Math.
random() * 360, 100, 50)) .drawPolyStar(0,0,30,8,0.6,-90);
```

（2）创建容器装球，代码如下：

```
    colorCon = stage.addChild(new createjs.Container());
    colorCon.x = colorCon.y = 150;
```

（3）利用for循环生成25个彩色的球，并放入容器，代码如下：

```
    for (var i =0; i < 25; i++) {
        (1)的代码
      shape.x = Math.random() * 300-150;
        shape.y = Math.random() * 300-150;
        colorCon.addChild(shape);
    }
```

（4）让容器旋转，代码如下：

```
    colorCon.rotation += 3;
```

（5）先使用元素的globalToLocal做坐标的转换，然后碰撞检测，代码如下：

```
    var pt = child.globalToLocal(stage.mouseX, stage.mouseY);
    stage.mouseInBounds && child.hitTest(pt.x, pt.y)
```

（6）放入tick事件。

（7）完整代码如下：

```
    colorCon = stage.addChild(new createjs.Container());
    colorCon.x = colorCon.y = 150;
    for (var i =0; i < 50; i++) {
        var shape = new createjs.Shape();
        shape.graphics.beginFill(createjs.Graphics.getHSL(Math.random() *
360, 100, 50)).drawPolyStar(0,0,30,8,0.6,-90);
        shape.x = Math.random() * 600 - 300;
        shape.y = Math.random() * 400 -200;
        colorCon.addChild(shape);
    }
    createjs.Ticker.on("tick", changeColor);
    function changeColor(event) {
        colorCon.rotation += 3;
        var l = colorCon .getNumChildren();
```

```
        for (var i =0; i < 1; i++) {
            var child = colorCon.getChildAt(i);
            child.alpha =0.2;
            var pt = child.globalToLocal(stage.mouseX, stage.mouseY);
            console.log(pt.x, pt.y);
            if (stage.mouseInBounds && child.hitTest(pt.x, pt.y)) {
                child.alpha = 1;
            }
        }
        stage.update(event);
    }
```

3）测试及保存

（1）测试结果如图8.8所示。打开页面是旋转的一堆彩色的不透明的星星，鼠标碰到哪个星星，哪个星星的色彩变深。

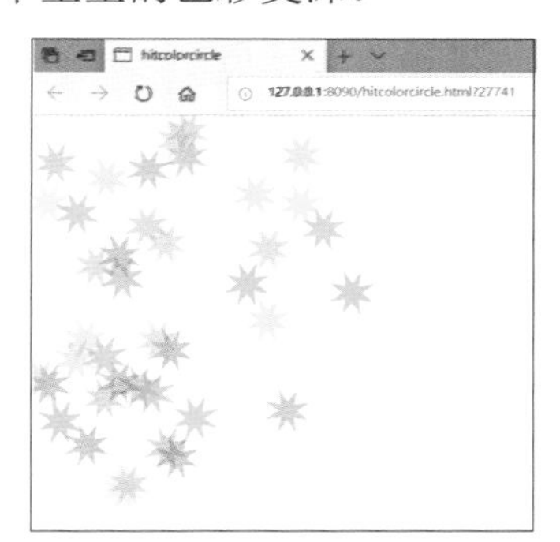
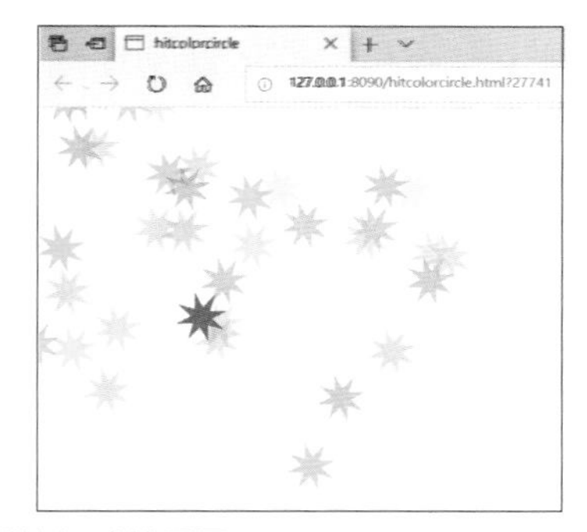

图8.8 鼠标碰撞红球效果图

（2）选择“文件”→“保存”，保存为FLA源文件，并取个合适的文件名。

2. 实例二

打开页面时指挥棒不停地转，转到哪个眼睛，哪个眼睛亮。

1）启动An

（1）新建一个平台类型为HTML5 Canvas的文件，舞台大小为1920×1024像素。

（2）将图层1改名为actions，在第1帧处添加动作。

2）编写代码

（1）画眼睛，放上舞台，代码如下：

```
    targetEye1 = stage.addChild(new createjs.Shape());
    targetEye1.graphics.beginFill("#ffcc33").drawCircle(0,0, 45).
beginFill("white").drawCircle(0,0, 25);
    targetEye1.x = 100;
    targetEye1.y = 180;
    targetEye2 = stage.addChild(new createjs.Shape());
    targetEye2.graphics.beginFill("#ffcc33").drawCircle(0,0, 45).
beginFill("white").drawCircle(0,0, 25);
    targetEye2.x = 200;
```

```
    targetEye2.y = 180;
```

（2）画指挥棒，放上舞台，代码如下：

```
    arm = stage.addChild(new createjs.Shape());
    arm.graphics.beginFill("#ff9933").drawRect(-2, -2, 80, 4).
beginFill("red").drawCircle(80,0, 8);
    arm.x = 150;
    arm.y = 100;
```

（3）使指挥棒旋转，代码如下：

```
    arm.rotation += 5;
```

（4）碰撞检测前，先把指挥棒图形中的某点的坐标与两眼睛做一个转化，代码如下：

```
    var pt1 = arm.localToLocal(100,0, targetEye1);
    var pt2 = arm.localToLocal(100,0, targetEye2);
```

（5）使用转化后的坐标进行检测，判断指挥棒有没打到眼睛，代码如下：

```
                targetEye1.hitTest(pt1.x, pt1.y)
    targetEye2.hitTest(pt2.x, pt2.y)
```

（6）放入tick事件。

（7）完整代码如下：

```
    targetEye1 = stage.addChild(new createjs.Shape());
    targetEye1.graphics.beginFill("#ffcc33").drawCircle(0,0, 45).
beginFill("white").drawCircle(0,0, 25);
    targetEye1.x = 100;
    targetEye1.y = 180;
    targetEye2 = stage.addChild(new createjs.Shape());
    targetEye2.graphics.beginFill("#ffcc33").drawCircle(0,0, 45).
beginFill("white").drawCircle(0,0, 25);
    targetEye2.x = 200;
    targetEye2.y = 180;
    arm = stage.addChild(new createjs.Shape());
    arm.graphics.beginFill("#ff9933").drawRect(-2, -2, 80, 4).
beginFill("red").drawCircle(80,0, 8);
    arm.x = 150;
    arm.y = 100;
    createjs.Ticker.on("tick", eyeOnOff);
    function eyeOnOff(event) {
        arm.rotation += 5;
        targetEye1.alpha =0.2;
        targetEye2.alpha =0.2;
        var pt1 = arm.localToLocal(100,0, targetEye1);
```

```
    var pt2 = arm.localToLocal(100,0, targetEye2);
        if (targetEye1.hitTest(pt1.x, pt1.y)) {
        targetEye1.alpha = 1;
    }
    if (targetEye2.hitTest(pt2.x, pt2.y)) {
        targetEye2.alpha = 1;
    }
    stage.update(event);
}
```

3）测试及保存

（1）测试结果如图8.9所示，打开页面时指挥棒不停地转，转到哪个眼睛，哪个眼睛亮。

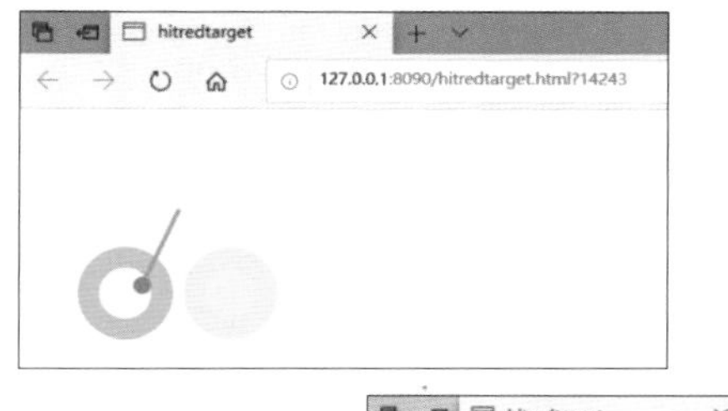

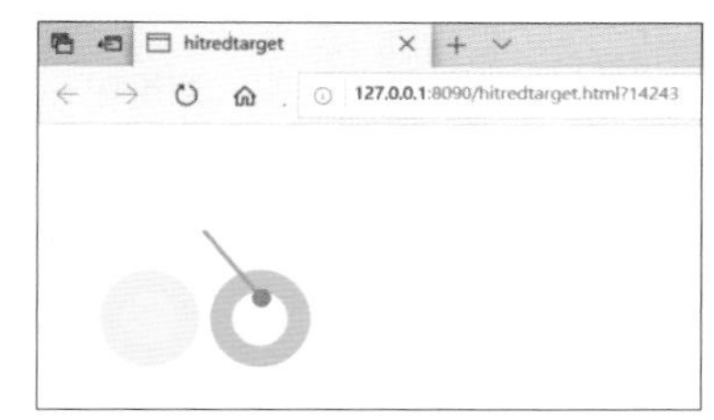

图8.9 指挥棒碰撞效果图

（2）选择“文件”→“保存”，保存为FLA源文件，并取个合适的文件名。

8.5 本章小结

本章将CreateJS的另3个组成TweenJS、ProloadJS、SoundJS做了一个系统的介绍，对常用的方法进行了详细的解释，每一个都有相应的实例辅助理解。对应用中常遇到的碰撞检测进行了细致的分析，并用生动有趣的实例进行了实践。

习题8

1. 什么是TweenJS？
2. 什么是ProloadJS？
3. 什么是SoundJS？
4. hitTest的功能是什么？
5. hitTest的核心是什么？

第9章 小游戏制作

本章涵盖如下内容：

- 制作小游戏
- 制作捕一只蝴蝶的游戏
- 制作捕一群蝴蝶的游戏

检验我们的学习效果，从制作小游戏开始吧。

游戏是一种基于物质需求满足之上的，在一种特定时间、空间范围内遵循某种特定规则，追求精神需求满足的社会行为方式。游戏有智力游戏和活动性游戏之分，可翻译为play，pastime，playgame，sport，spore，squail，games，gamest，hopscotch，jeu，toy。现在的游戏多指各种平台上的电子游戏。

合理适度的游戏允许人们在模拟环境下挑战和克服障碍，可以帮助人们开发智力、锻炼思维和反应能力、训练技能、培养规则意识等，大型网络游戏还可以培养战略战术意识和团队精神。但凡事过犹不及，过度游戏也会对人们的身心健康产生危害。

以上的游戏概念解释得非常全面，是先有概念才有游戏，还是先有游戏才通过总结产生概念的，这个其实已经不重要了，重要的是现在游戏已成为一大行业，分类更加细致，游戏公司遍布全球。

这意味着盈利成为最重要的一点，所以，一款游戏的设计研发过程的第一步就是调研市场，看看哪个人群喜欢玩游戏，这个人群最喜欢什么类型的游戏，要确保游戏制作出来后满足市场需求。第二步是游戏设计，根据调研结果找题材、设关卡，满足市场需求的重点都在这里。第三步是具体的设计。

我们从小游戏开始。

9.1 制作小游戏

9.1.1 什么是小游戏

小游戏通常针对小孩的，我想起来一件小事。

记得儿子小的时候，我陪他玩沙子，开始是看他玩，他用铲子把沙子铲成一堆，然后弄散，然后再铲成一堆，再弄散……总之，他就是在玩而已，单纯地真正意义上理解和实践“玩”。我带着成人的标准和观念进行干涉，例如教他做成个东西，垒个什么形状，他也没有不高兴，他的高兴是因为我参与了他的玩，所以他不排斥我，但是我觉得很累。后来，我就和他一样，开始没有任何目标地玩沙子，那天，玩到天黑，玩到整个操场只有我和他。

对于小孩子来说，游戏就是游戏，其实，对于成人来说，游戏也就是游戏。

目前，对小游戏定义比较模糊，小游戏是相对于体积庞大的单机游戏及网络游戏而言的，泛指所有体积较小、玩法简单的游戏，通常这类游戏以休闲益智类为主，有单机版和网页版。当下小游戏主要是指在线玩的网页游戏，统称小游戏。

对于小游戏，我的理解是，它是放松的、简单的，它没有后果，玩完就算了，不需要注册，不需要玩着玩着就要买装备，玩着玩着要加钱，它对于大人来说是放松的，对于小孩来说就是好玩的。

所以，小游戏的设计制作也变得简单而纯粹。

9.1.2 小游戏制作方法

前面简单描述了游戏的制作过程，游戏的制作是需要团队的。

游戏制作一般主要分为两大块，即程序开发和美术设计。程序开发主要包括服务器端开发和客户端开发。美术设计主要包括场景、角色、次时代、特效、动画等。要完成一个优秀的游戏作品，每一块都需有专业人员负责。

例如，一部分人负责调研市场，写需求报告；一部分人负责做游戏策划，根据市场及针对的人群确立游戏的思路及关卡的设计；一部分人根据市场调研人员和游戏策划人员提交的报告进行美术设计；一部分人将美术设计在电脑上实现，也就是场景、角色及动画实现；一部分人从事关卡的逻辑实现，这部分人就是编程人员；还有一部分计算机专业人士根据游戏未来可能的规模进行服务器配置。

制作小游戏就很简单了，画个流程图就可以开始了。因为本课程的重点在交互方面，所以场景和角色并不是设计重点。

基于这样的一个想法，我们先做个网页版的小游戏，试试手。

9.2 设计思路

想法很重要。

想到孩子，无数词汇冒出来，天真烂漫、活泼可爱、冰雪聪明、天资聪颖、柔软细嫩、灿烂、活泼等，与这些相配套的场景就会冒出来。

我想到了春天的花和花上纷飞的蝴蝶。

那，就做一个捕蝴蝶的游戏。

9.2.1 捕蝴蝶设计思路

花丛中上下飞舞着一群蝴蝶，小孩嫩嫩的小手捉到一只放在捕蝶网里，看着记分牌上分数加1，屏幕下方出现“欢迎来捕蝴蝶”，然后放飞它，接着，可以看着蝴蝶没有规律地飞，也可以再捉一只放在捕蝶网里，看着记分牌上分数加1，屏幕下方出现“欢迎来捕蝴蝶”，……如此循环往复，乐此不疲。

这样想着的时候，我仿佛听到了快乐的笑声。

9.2.2 制作捕蝴蝶流程

下面我们为捕蝴蝶小游戏制作一个流程图，如图9.1所示。

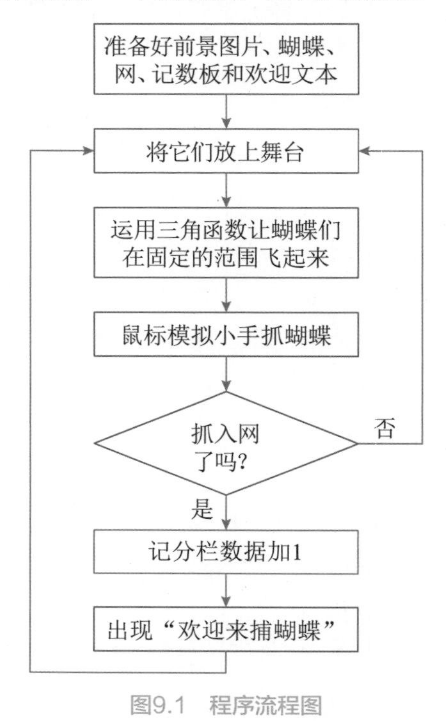

图9.1 程序流程图

9.3 制作捕蝴蝶小游戏

9.3.1 制作捕一只蝴蝶小游戏

先制作捕一只蝴蝶的小游戏吧。

1. 启动An

（1）新建一个平台类型为HTML5 Canvas的文件，舞台大小为1920×1024像素。

（2）将图层1改名为actions，在第1帧处添加动作。

2. 制作蝴蝶元件

（1）新建一个影片剪辑元件butterfuly11，将蝴蝶图片拖进去，按Ctrl+B快捷键打散，用工具箱里的魔棒工具选中白色的背景并删除，在库的链接里为它取名为purpleButterfuly，如图9.2所示。

（2）新建一个影片剪辑元件blaket，用工具箱里的工具画一个捕蝴蝶的网，在库的链接里为它取名为blanket，如图9.3所示。

图9.2 butterfuly11元件

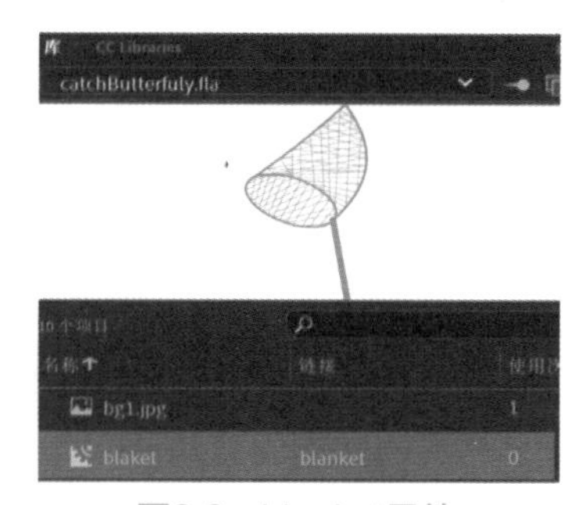

图9.3 blanket元件

3. 编写代码

（1）将蝴蝶、网放上舞台，代码如下：

```
var pButterfuly = new lib.purpleButterfuly();
stage.addChild(pButterfuly);
var blanketButterfuly = new lib.blanket();
blanketButterfuly.x = 800;
blanketButterfuly.y = 100;
stage.addChild(blanketButterfuly);
```

（2）将记数板放上舞台，代码如下：

```
var num =0;
var numS = new createjs.Text("捕了:", " 50px 隶书", "#33A59B");
stage.addChild(numS);
```

（3）蝴蝶根据角度的变化，位置发生变化，产生乱飞的效果，代码如下：

```
pButterfuly.x = Math.sin(changeAngleX) * 50+400 ;
pButterfuly.y = Math.sin(changeAngleY) * 50+200 ;
```

（4）按下鼠标左键时蝴蝶会在按下的状态下移动stagemousemove和弹起stagemouseup，所以，侦听顺序的代码如下：

```
pButterfuly.addEventListener("mousedown", startDrag);
function startDrag(e) {
stage.addEventListener("stagemousemove", moveButterfuly);
stage.addEventListener("stagemouseup", outButterfuly);
}
```

（5）按下鼠标左键时会让蝴蝶的位置变成鼠标的位置，鼠标移动则蝴蝶移动，产生蝴蝶被抓的效果，代码如下：

```
function moveButterfuly(e) {
            pButterfuly.x = e.localX;
            pButterfuly.y = e.localY;
}
```

（6）实现“欢迎来捕蝴蝶”文字出现然后渐渐消失，代码如下：

```
var welTxt = new createjs.Text("欢迎来捕蝴蝶", " 50px 隶书", "#33A59B");
        stage.addChild(welTxt);
        welTxt.x = 300;
        welTxt.y = 600;
        createjs.Tween.get(welTxt, {
            loop: false
        }).to({
            alpha:0
        }, 4000);
```

（7）碰撞检测及计数，代码如下：

```
var pt = blanketButterfuly.globalToLocal(stage.mouseX, stage.mouseY);
        if (pButterfuly.hitTest(pt.x, pt.y)) {
            num += 1;
            numS.text ="捕了:"+ String(num)+"只";
stage.removeEventListener("stagemouseup", outButterfuly);
        }
```

（8）松开鼠标左键时，如果蝴蝶被放入捕蝶网，则计数，并出现文字提示，然后文字提示消失（注意：一定要移除侦听），代码如下：

```
function outButterfuly(e) {
    (6)的代码
    (7)的代码
    stage.removeAllEventListeners();
}
```

（9）完整代码如下：

```
var pButterfuly = new lib.purpleButterfuly();
stage.addChild(pButterfuly);
var blanketButterfuly = new lib.blanket();
blanketButterfuly.x = 800;
blanketButterfuly.y = 100;
stage.addChild(blanketButterfuly);
var num =0;
var numS = new createjs.Text("捕了:", " 50px 隶书", "#33A59B");
stage.addChild(numS);
var changeAngleX =0;
var changeAngleY =0;
createjs.Ticker.addEventListener('tick', testRotation);
function testRotation() {
    changeAngleX +=0.5;
```

```
        changeAngleY +=0.8;
        if (changeAngleX < Math.PI * 2) {
            pButterfuly.x = Math.sin(changeAngleX) * 50+400 ;
        } else {
            changeAngleX =0;
        }
        if (changeAngleY < Math.PI * 2 ) {
            pButterfuly.y = Math.sin(changeAngleY) * 50+200 ;
        } else {
            changeAngleY =0;
        }
    }
    pButterfuly.addEventListener("mousedown", startDrag);
    function startDrag(e) {
        stage.addEventListener("stagemousemove", moveButterfuly);
        function moveButterfuly(e) {
            pButterfuly.x = e.localX;
            pButterfuly.y = e.localY;
        }
        stage.addEventListener("stagemouseup", outButterfuly);
        function outButterfuly(e) {
            var welTxt = new createjs.Text("欢迎来捕蝴蝶", " 50px 隶书",
"#33A59B");
            stage.addChild(welTxt);
            welTxt.x = 300;
            welTxt.y = 600;
            createjs.Tween.get(welTxt, {
                loop: false
            }).to({
                alpha:0
            }, 4000);
            var pt = blanketButterfuly.globalToLocal(stage.mouseX,stage.
mouseY);
            if (pButterfuly.hitTest(pt.x, pt.y)) {
                num += 1;
                numS.text ="捕了:"+ String(num)+"只";
                stage.removeEventListener("stagemouseup", outButterfuly);
            }
            stage.removeAllEventListeners();
        }
    }
```

4. 测试及保存

（1）测试结果如图9.4所示。

图9.4 “一只蝴蝶”效果

（2）选择“文件”→“保存”，保存为FLA源文件，并取个合适的文件名。

9.3.2 制作捕一群蝴蝶小游戏

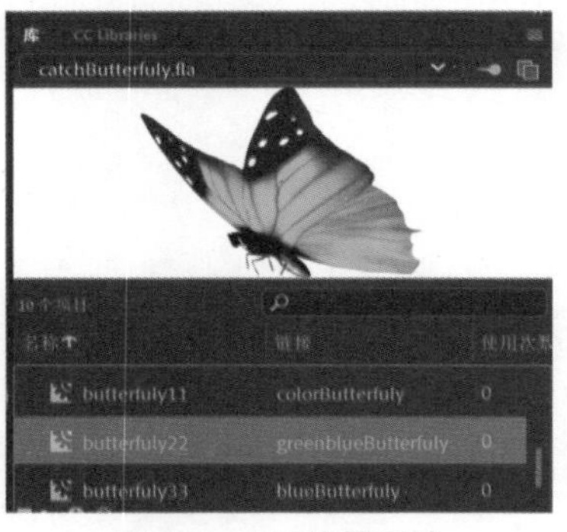

图9.5 三只蝴蝶元件

再多添加两只蝴蝶上去就更好了，制作方法和思路与制作一只蝴蝶是一样的，这里就不重复了。下面给出过程元件名称，完整代码和测试效果。

1. 三只蝴蝶元件

如图9.5所示，蝴蝶元件butterfuly11，链接名colorButterfuly；蝴蝶元件butterfuly22，链接名greenblueButterfuly；蝴蝶元件butterfuly33，链接名blueButterfuly。

2. 完整的代码

制作捕一群蝴蝶小游戏的完整代码如下：

```
var pButterfuly = new lib.colorButterfuly();
stage.addChild(pButterfuly);
var rButterfuly = new lib.greenblueButterfuly();
stage.addChild(rButterfuly);
var bButterfuly = new lib.blueButterfuly();
stage.addChild(bButterfuly);
var blanketButterfuly = new lib.blanket();
blanketButterfuly.x = 800;
blanketButterfuly.y = 100;
stage.addChild(blanketButterfuly);
var numButterfuly =0;
```

```
    var numButterfulyS = new createjs.Text("捕了:", " 50px 隶书", "#33A59B");
    stage.addChild(numButterfulyS);
    var changeAngleX =0;
    var changeAngleY =0;
    createjs.Ticker.addEventListener('tick', testRotation);
    function testRotation() {
        changeAngleX +=0.5;
        changeAngleY +=0.8;
        if (changeAngleX < Math.PI * 2) {
            pButterfuly.x = Math.sin(changeAngleX) * 10+200+Math.random
()*650 ;
            rButterfuly.x = Math.sin(changeAngleX) * 5+200+Math.random()
*350 ;
            bButterfuly.x = Math.sin(changeAngleX) * 15+200+Math.random
()*350 ;
        } else {
            changeAngleX =0;
        }
        if (changeAngleY < Math.PI * 2 ) {
            pButterfuly.y = Math.sin(changeAngleY) * 10+100+Math.random
()*400 ;
            rButterfuly.y = Math.sin(changeAngleY) * 5+100+Math.random
()*200 ;
            bButterfuly.y = Math.sin(changeAngleY) * 15+100+Math.random
()*200 ;
        } else {
            changeAngleY =0;
        }
    }
    pButterfuly.addEventListener("mousedown", startDrag1);
    function startDrag1(e) {
        stage.addEventListener("stagemousemove", moveButterfuly1);
        function moveButterfuly1(e) {
            pButterfuly.x = e.localX;
            pButterfuly.y = e.localY;
        }
        stage.addEventListener("stagemouseup", outButterfuly1);
        function outButterfuly1(e) {
            var welTxt = new createjs.Text("欢迎来捕蝴蝶", " 50px 隶书",
"#33A59B");
            stage.addChild(welTxt);
            welTxt.x = 300;
            welTxt.y = 600;
            createjs.Tween.get(welTxt, {
                loop: false
```

```
            }).to({
                alpha:0
            }, 4000);
            var pt = blanketButterfuly.globalToLocal(stage.mouseX, stage.
mouseY);
            if (pButterfuly.hitTest(pt.x, pt.y)) {
                numButterfuly += 1;
                numButterfulyS.text ="捕了:"+ String(numButterfuly)+"只";
                stage.removeEventListener("stagemouseup", outButterfuly1);
            }
            stage.removeAllEventListeners();
        }
    }
    rButterfuly.addEventListener("mousedown", startDrag2);
    function startDrag2(e) {
        stage.addEventListener("stagemousemove", moveButterfuly2);
        function moveButterfuly2(e) {
            rButterfuly.x = e.localX;
            rButterfuly.y = e.localY;
        }
        stage.addEventListener("stagemouseup", outButterfuly2);
        function outButterfuly2(e) {
            var welTxt = new createjs.Text("欢迎来捕蝴蝶", " 50px 隶书",
"#33A59B");
            stage.addChild(welTxt);
            welTxt.x = 300;
            welTxt.y = 600;
            createjs.Tween.get(welTxt, {
                loop: false
            }).to({
                alpha:0
            }, 4000);
            var pt = blanketButterfuly.globalToLocal(stage.mouseX, stage.
mouseY);
            if (rButterfuly.hitTest(pt.x, pt.y)) {
                numButterfuly += 1;
                numButterfulyS.text ="捕了:"+ String(numButterfuly)+"只";
                stage.removeEventListener("stagemouseup", outButterfuly2);
            }
            stage.removeAllEventListeners();
        }
    }
    bButterfuly.addEventListener("mousedown", startDrag3);
    function startDrag3(e) {
        stage.addEventListener("stagemousemove", moveButterfuly3);
```

```
        function moveButterfuly3(e) {
            bButterfuly.x = e.localX;
            bButterfuly.y = e.localY;
        }
        stage.addEventListener("stagemouseup", outButterfuly3);
        function outButterfuly3(e) {
            var welTxt = new createjs.Text("欢迎来捕蝴蝶", " 50px 隶书",
"#33A59B");
            stage.addChild(welTxt);
            welTxt.x = 300;
            welTxt.y = 600;
            createjs.Tween.get(welTxt, {
                loop: false
            }).to({
                alpha:0
            }, 4000);
            var pt = blanketButterfuly.globalToLocal(stage.mouseX, stage.
mouseY);
            if (bButterfuly.hitTest(pt.x, pt.y)) {
                numButterfuly += 1;
                numButterfulyS.text ="捕了:"+ String(numButterfuly)+"只";
                stage.removeEventListener("stagemouseup", outButterfuly3);
            }
            stage.removeAllEventListeners();
        }
    }
```

3. 测试效果

测试效果如图9.6所示。

图9.6　一群蝴蝶效果

图9.6　一群蝴蝶效果（续）

9.4 本章小结

本章简要介绍了游戏制作的思路和方法以及小游戏的概念及制作方法，通过捕蝴蝶游戏详细讲解如何用CreateJS实现交互。CreateJS可以将网页小游戏做得很漂亮。

习题9

1. 什么是游戏？
2. 游戏的开发流程是什么？
3. 捕蝴蝶小游戏的设计思路是什么？

第10章 动画短片制作

本章涵盖如下内容：

- 动画短片
- 剧本
- 分镜
- “六一礼物”短片制作

本书从故事开始，由故事结束。

动画片是孩子们的最爱了，想想我陪儿子看过的《海尔兄弟》《唐老鸭和米老鼠》《葫芦娃》《大头儿子小头爸爸》等，他可以翻来覆去地看。

动画片是需要一个团队通力合作才能制作出来的，如非常知名的迪斯尼、皮克斯、上海美术电影制片厂等都是知名的制作团队。从剧本、场景、角色设计到制作，需要策划人员、美工人员（原画师、动画师、角色制作人员）等，工作量是巨大的。

我们做个儿童节礼物的短片，一个人也可以完成，最主要是要有交互，旨在充分地认识CreateJS。

10.1 剧本

尽管是短片，剧本也还是要的。

无论是电影也好，话剧也罢，动画片也行，总之，所有搬上舞台的最终成片的作品，都是按剧本来制作的，可见剧本是多么重要。

剧本非常独特，它就是一个由画面讲述出来的故事。剧本是一种文学形式，但它绝对有别于小说、散文、诗歌等文学体裁，它很自由，有各种叫法，有的把它叫作脚本，有的叫作演出本或演出文本，格式也是五花八门。

但是有一些内容是共通的，因为舞台需要场景、人物角色、对话、背景音乐等，只有这些因素全了，才能产生画面感，才能还原真实的世界。

所以，无论你用什么格式，都要能描述出在哪？谁？干什么？也就是说，场景描写（scene）、人物或角色（character）、对话（dialogue）和动作描写（action）。

10.1.1 故事

儿童节让我想起的不只是动画片，还有我小时候看过的格林童话，想起应该给孩子们送礼物，于是想到了小红帽，那个去外婆家撞上大灰狼的小姑娘。

故事有了。

乐乐是一个快乐的小男孩，非常机灵，六一儿童节来了，他爸爸答应了送他礼物，但是他得自己去外婆家找。然后在六一这天，他高高兴兴地走去外婆家，推开门，屋里没人，于是，他拿着小木棍到处敲，桌子上的盒子、相册后面、罐子，等等，当敲到罐子时，罐子破了，一本书掉了出来。

10.1.2 剧本内容

第一幕：

时间：六一儿童节

地点：大山地

人物：乐乐

[幕启]

绿色的大山地，鲜花盛开，白云飘飘，在蓝天上有“六一快乐”四个字，乐乐出场，眼珠滴溜溜地转。

[幕落]。

第二幕：

时间：六一儿童节

地点：去外婆家的路上

人物：远处的木屋

[幕启]

一条小路，路尽处是外婆家的小木屋，周围山川秀丽。画面响起的是乐乐的脚步声，每走一步，木屋近一点（也就是大一点），直到木屋大到就在眼前的感觉，然后响起门开的声音。

[幕落]。

第三幕：

时间：六一儿童节

地点：外婆家里

人物：小木棍

[幕启]

屋子的内景，窗户下的条桌上，摆放着罐子、盒子，墙上挂着相框，小木棍在这些物件上敲打，会响起声音和移动，终于在敲到罐子时罐子破了，从里面掉出来一本书《动画交互技术》，响起胜利的声音及终结画面。

[幕落]。

10.2 分镜剧本

分镜头剧本是将文字转换成立体视听形象的中间媒介。说白了，就是对剧本的切割，按照剧本的进程，采取合理的视角设计整个场景分镜，主要任务是根据解说词和电视文学脚本来设计相应画面，配置音乐音响，把握片子的节奏和风格等。

分镜是针对镜头而言的，所谓镜头是指摄影机从开始拍摄到停止拍摄之间所拍下来的一段连续画面。所谓连续拍摄，是指不论镜头有多长，调度如何复杂，只要中间不间断，仍为一个镜头。每当摄影机的位置被改变，就得到了一个新的镜头。

关于分镜的说法也有很多。在拍电影时，导演会根据剧本内容和自己的总体构思，画成分镜头剧本或故事板，所以，影片的分镜会解说一个场景如何构成，人物以多大的比例收入镜头成为构图、做出什么动作，摄影机要从哪个角度切入或带出，摄影机本身怎么移动，录映多少时间等。在制作动画时，则是指画面的初步布局、时间长度、对白、特效等。

10.2.1 动画分镜

动画分镜基本是用画面来表达的，画面分镜把整个故事细分成一个一个的画面来描述，说简单点就是把脚本最初视觉效果化，所以，做分镜稿时要注意的是构图，一般用设计性构图，就是强调整体画面，不动的那种，注意远景、全景、中景、特写和大特写；画面的处理可以很随意，只要把意思表达出来就可以了；做动画分镜时特别注意镜头感，也就是注意镜头角度，如鸟瞰镜头、俯视镜头、平视镜头、仰视镜头、倾斜镜头，还要注意镜头运动，如推、拉、摇、移产生的效果，以及镜头的组接技巧，如切入切出、化出化入、淡入淡出、划入划出和圈入圈出等。

动画分镜里对角色、背景的设计也至关重要。角色一般有主角、配角、副角和反角之分，每个角色的性格、表演表情都要在分镜里有体现；背景一般分为普通背景和气氛背景两种，气氛背景是指那些诸如流线、渐变和眩晕等没有使用具象的实物，而是使用各种肌理效果来烘托人物情绪变化的虚幻背景，是为了强化某一种目的而设计制作的。

10.2.2 分镜稿

“六一礼物”这个短片，在处理分镜时，没有那么复杂，表演就可以省略。我们借用一个常用的格式，用图片来代替绘画将它表述出来，如表10.1所示。

表10.1 “六一礼物”分镜

镜头	画面	内容	镜头的组接	声效	动作	秒
第一个镜头（第一幕）		绿色的大山地，鲜花盛开，白云飘飘，在蓝天上有“六一快乐”四个字，乐乐出场，眼珠滴溜溜地转	首先是第一幕，10s后，第一幕暗下来	无	鼠标移动，会让眼珠跟着它走，白云也会左右飘移	10s
第二个镜头（第二幕）		一条小路，路尽处是外婆家的小木屋，周围山川秀丽。画面响起的是乐乐的脚步声，每走一步，木屋近一点（也就是大一点），直到木屋大到就在眼前的感觉，然后响起门开的声音	首先是暗的，等第一幕暗下来之后，第二幕亮起来	走路的脚步声、开门声	鼠标变成了光影，一点就会有脚步声响起并且房子会变大，意味着向小屋走去	动作停下后2s

续表

镜头	画面	内容	镜头的组接	声效	动作	秒
第三个镜头（第三幕）	动画交互技术 礼物 送给小朋友们的 Animate cc+CreateJS	屋子的内景，窗户下的条桌上，摆放着罐子，墙上挂着相框，小木棍在这些物件上敲打，会响起声音和移动，终于在敲到罐子时罐子破了，从里面掉出来一本书《动画交互技术》，响起胜利的声音及终结画面	首先是暗的，等第二幕暗下来之后，第三幕亮起来	小木棍敲打东西的声音、打到相框发出的声音、打到罐子发出的声音及找到礼物发出的胜利的声音	鼠标由光影变成了小木棍，可以在屋里到处点，象征乐乐在找东西	动作时长

10.3 第一幕制作

新建一个平台类型为HTML5 Canvas的文件，舞台大小为700×600像素，每一幕大小为700×200像素。把第一幕做在一个元件里，取名为segment01，如图10.1所示，完成后导入舞台，放在最上方。

图10.1 第一幕场景

10.3.1 第一幕场景制作

1. 制作元件

（1）新建元件，取名为lefteye，绘制过程就不详述了，结果如图10.2所示。

（2）新建元件，取名为boy，眼睛来自lefteye，因为接下来做交互，要单独对它进行旋转。绘制过程就不详述了，结果如图10.3所示，背景色是整个文件的背景色。

图10.2 lefteye元件

图10.3 boy元件

（3）新建元件，取名为flower，绘制过程就不详述了，结果如图10.4所示。

（4）新建元件，取名为text，绘制过程就不详述了，结果如图10.5所示，背景色是整个文件的背景色。

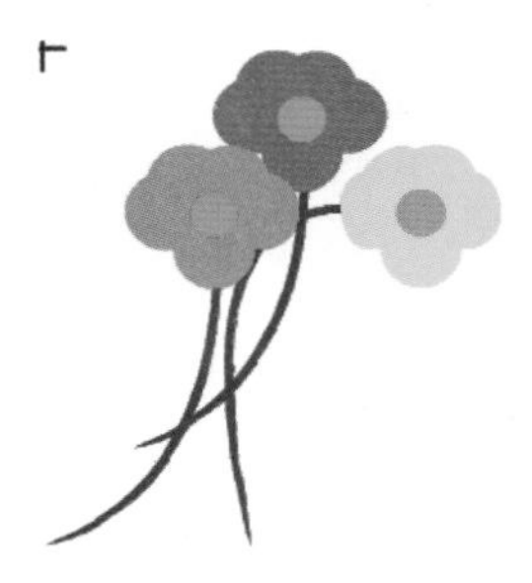

图10.4 flower元件

图10.5 text元件

（5）新建元件，取名为whitecloud，绘制过程就不详述了，结果如图10.6所示，背景色是整个文件的背景色。

图10.6 whitecloud元件

（6）新建元件，取名为darken，绘制一个黑色的700×200像素的矩形，调整它的透明度，用来罩在各幕上，起到变暗的效果，如图10.7所示。

（7）新建元件，取名为flashlight，绘制一个椭圆，用径向渐变填充，用来替换鼠标，如图10.8所示，背景色是整个文件的背景色。

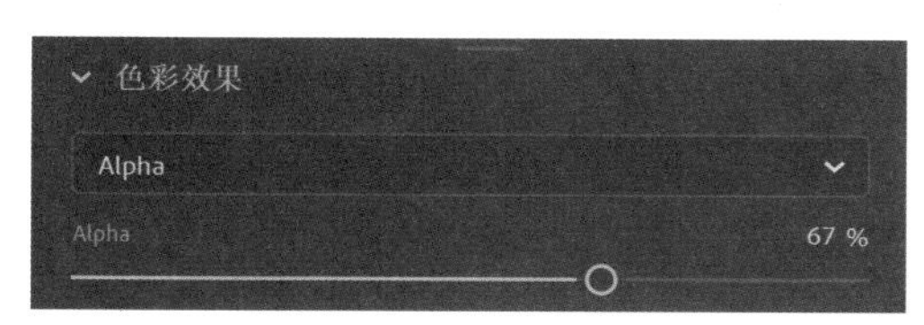

图10.7 darken元件

图10.8 flashlight元件

2. 制作segment01

新建元件，取名为segment01，新建8个图层，分别是背景（bg）、花（flower）、男孩（boy）、云（cloud1、cloud2）、文字（text）、暗层（darken）和光影（flashlight），在背景层里画上大山、草坪和蓝天，其他层依层将做好的相应元件放在舞台合适的位置，如图10.9所示。

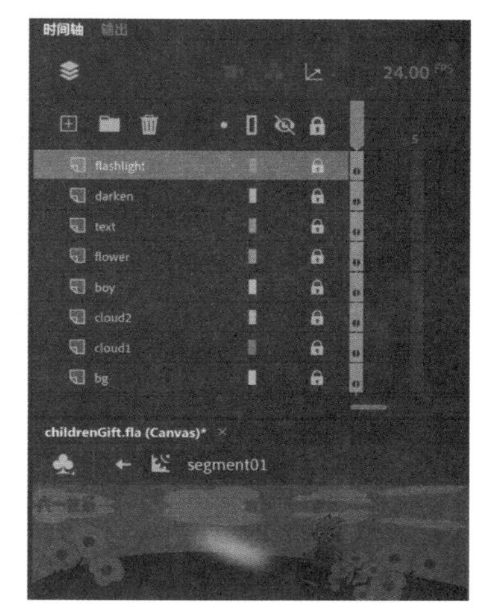

图10.9 segment01图层图

10.3.2 第一幕交互

segment01元件里面是没有交互代码的，所有的交互是写在主场景的Action图层的动作里的，在tick事件中，也可以写在单击segment01里。

1. 实现云彩的飘移

设一个左右移动量newX，让它是舞台中点与鼠标位置的差，利用Tween实现左右移动，关键代码如下：

```
    var midpoint = root.stage.canvas.width / 2;
    var bushRestX = root.segment01.cloud1.x;
    newX = (midpoint - e.stageX) / 20;
    createjs.Tween.get(root.segment01.cloud1, {override: true}).to({x:
bushRestX + newX}, 1000, createjs.Ease.quintOut);
```

2. 实现眼珠转动

算出弧度，转换成角度，将男孩的左、右眼的旋转属性设为该值。

```
    var leftRadian = Math.atan2(e.stageY - root.segment01.boy.y, e.stageX -
root.segment01.boy.x);
        var leftAngle = leftRadian * (180 / Math.PI);
        root.segment01.boy.lefteye.rotation = leftAngle;
        root.segment01.boy.righteye.rotation = leftAngle;
```

3. 实现转入下一幕

利用setTimeout()函数实现一定时间后转到相应的函数，其中第一个参数是相应的函数，第二个是时间。

```
    setTimeout(function () {
```

```
        switchState(2);
    }, 10000);
```

10.4 第二幕制作

将第二幕做在一个元件里，取名为segment02。完成后导入舞台上，放在中间，如图10.10所示。

图10.10　第二幕场景

10.4.1　第二幕场景制作

1. 制作元件

新建元件，取名为house，绘制过程就不详述了，结果如图10.11所示，背景色是整个文件的背景色。

2. 制作segment02

新建元件，取名为segment02，新建5个图层，分别是背景（bg）、小路（path）、屋（house）、暗层（darken）和光影（flashlight），在背景层里画上大山草坪和树木，其他层依层将做好的相应元件放在舞台合适的位置，如图10.12所示。

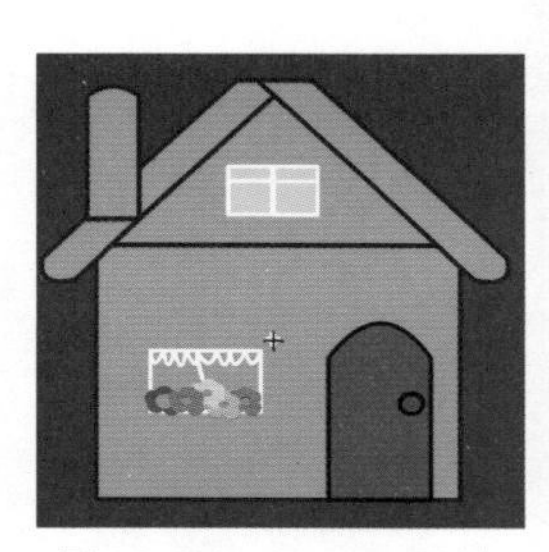

图10.11　house元件

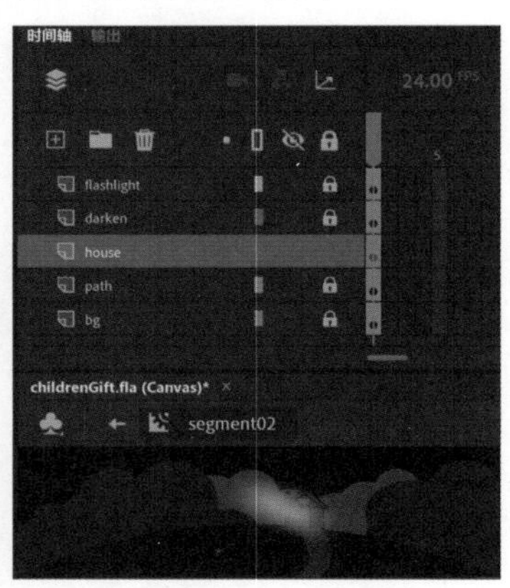

图10.12　segment02图层

10.4.2　第二幕交互

segment02元件里面是没有交互代码的，所有的交互是写在主场景的Action图层的动作里的，也可以写在单击segment02里。

1. 实现控制房子大到整个画面，则响起门开的声音

```
root.segment02.contents.scaleX >0.5
createjs.Sound.play("door");
```

2. 实现成比例放大房子，并响起脚步声

```
var s = root.segment02.contents.scaleX * 1.1;
    createjs.Tween.get(root.segment02.contents).to({
        scaleX: s,
        scaleY: s
    }, 600);
    createjs.Sound.play("walking");
```

3. 实现2s转入下一幕

```
setTimeout(function () {
                                    switchState(3);
                                }, 2000);
```

10.5 第三幕制作

将第三幕做在一个元件里，取名为segment03，如图10.13所示。

图10.13 第三幕场景

10.5.1 第三幕场景制作

1. 制作元件

（1）新建元件，取名为littleF，绘制过程就不详述了，结果如图10.14所示，背景色是整个文件的背景色。

图10.14 littleF元件

（2）新建元件，取名为window，将littleF放进来，绘制过程就不详述了，结果如图10.15所示，背景色是整个文件的背景色。

（3）新建元件，取名为photo，做一个补间动画，在第一帧上写上this.stop();，两个关键帧上的内容及图层如图10.16所示，绘制过程就不详述了，背景色是整个文件的背景色。

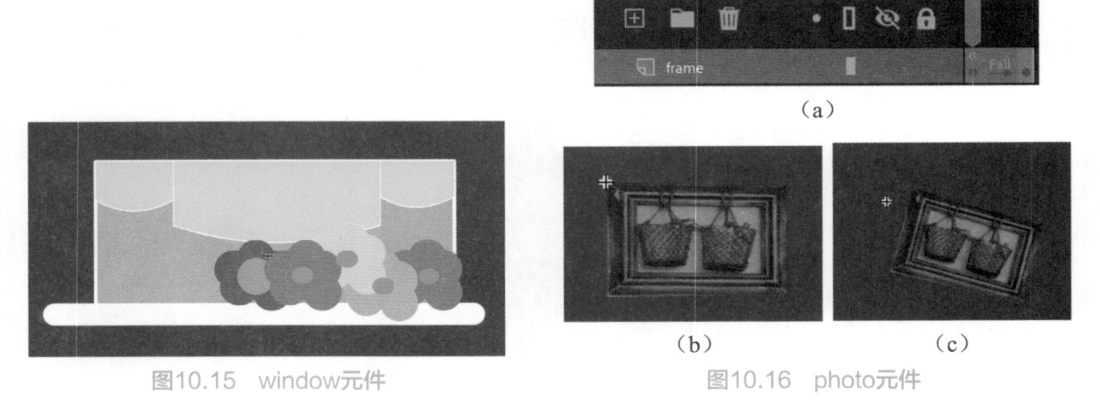

图10.15　window元件　　图10.16　photo元件

（4）新建元件，取名为stick，做一个补间动画，在第1帧上写上this.stop();，3个关键帧上的内容及图层如图10.17所示，绘制过程就不详述了，背景色是整个文件的背景色。

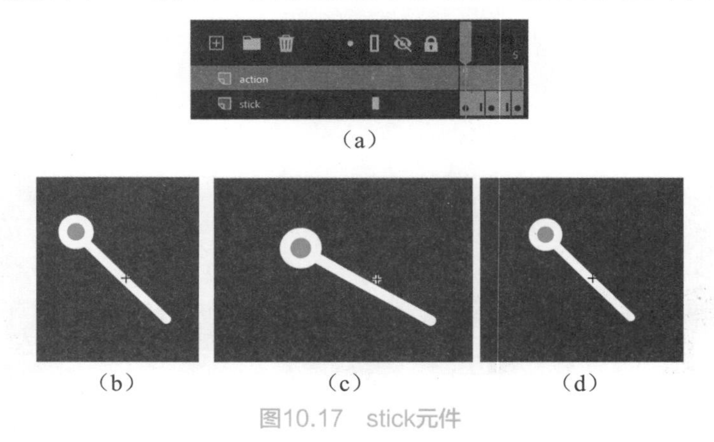

图10.17　stick元件

（5）新建元件，取名为jar，做一个补间动画，在第1帧上写上this.stop();，3个关键帧上的内容及图层如图10.18所示，绘制过程就不详述了，背景色是整个文件的背景色。

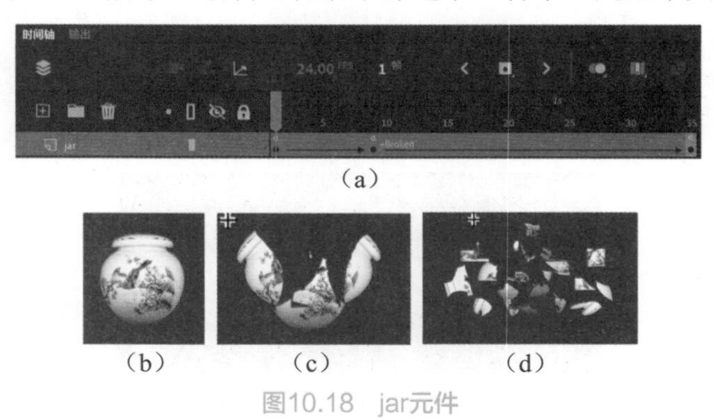

图10.18　jar元件

2. 制作segment03

新建元件，取名为segment03，新建6个图层，分别是背景（bg）、桌子（table）、罐子（jar）、棍子（stick）、暗层（darken）和光影（flashlight），在背景层里画墙，将窗户元件拉进来放在合适的位置，在桌子层画一个桌子，其他层依次将做好的相应元件放在舞台合适的位置，如图10.19所示。

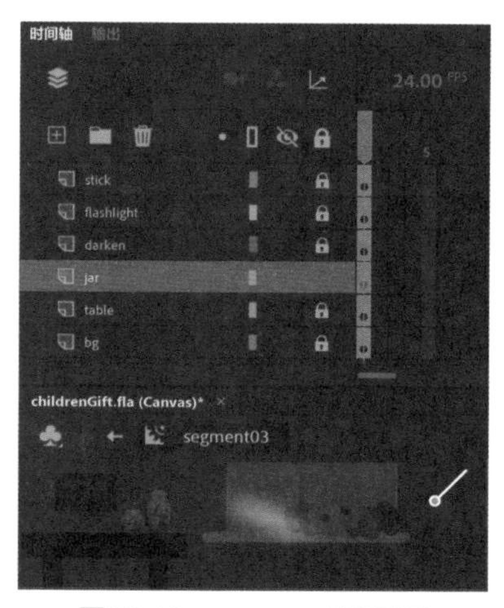

图10.19 segment03图层

10.5.2 第三幕交互

segment03元件里面是没有交互代码的，所有的交互是写在主场景的Action图层的动作里的，也可以写在单击segment03里。

1. 实现光影换成小木棍

利用hasAxe为真表示拿的是小木棍，为假则拿的是光影。

```
g21 = root.segment03.globalToLocal(stage.mouseX, stage.mouseY);
              if (hasAxe == false) {
                   root.segment03.flashlight.x = g21.x;
                   root.segment03.flashlight.y = g21.y;
              } else {
                   root.segment03.axe.x = g21.x;
                   root.segment03.axe.y = g21.y;
              }
```

2. 实现小木棍缩小一半

```
root.segment03.axe.scaleX =0.5;
           root.segment03.axe.scaleY =0.5;
           hasAxe = true;
```

3. 实现碰撞小罐子检测

实现碰撞小罐子检测。碰到就打碎，并发出声音。

```
    var j2g21 = root.segment03.jar2.globalToLocal(stage.mouseX, stage.
mouseY);
    if (root.segment03.jar2.hitTest(j2g21.x, j2g21.y)) {
          if (root.segment03.jar2.currentFrame ==0) {
               root.segment03.jar2.gotoAndPlay("Broken");
               createjs.Sound.play("crunch");
          }
    }
```

4. 实现碰撞大罐子检测

实现碰撞大罐子检测。碰到就打碎，发出打碎的声音crunch，发出胜利的声音win，并弹出胜利的画面。

```
    if (root.segment03.jar1.hitTest(j1g21.x, j1g21.y)) {
              if (root.segment03.jar1.currentFrame ==0) {
                  root.segment03.jar1.gotoAndPlay("key");
                  createjs.Sound.play("crunch");
                  createjs.Sound.play("win");
                  root.winner.visible = true;
                  stage.removeEventListener("stagemousedown", swingAxe);
              }
      }
```

5. 实现碰撞相框检测

实现碰撞相框检测。碰到就有相册移动的画面和声音。

```
       var frameg21 = root.segment03.Frame.globalToLocal(stage.mouseX, stage.
mouseY);
       if (root.segment03.jar2.hitTest(frameg21.x, frameg21.y)) {
            if (root.segment03.Frame.currentFrame ==0) {
                root.segment03.Frame.gotoAndPlay("Fall");
   }
   }
```

10.6 制作“六一”礼物

当打开“六一”礼物短片页面时，第一幕是亮的，鼠标移动小男孩的眼睛时眼珠会跟着转，白云会飘。10s后第二幕点亮，光标成了光影，单击鼠标时脚步声响起，小屋变大，大到充满第二幕时，响起门开的声音。第三幕亮起，光标变成小木棍，单击到罐子时，响起破碎的声音，礼物弹出来，如图10.20所示。

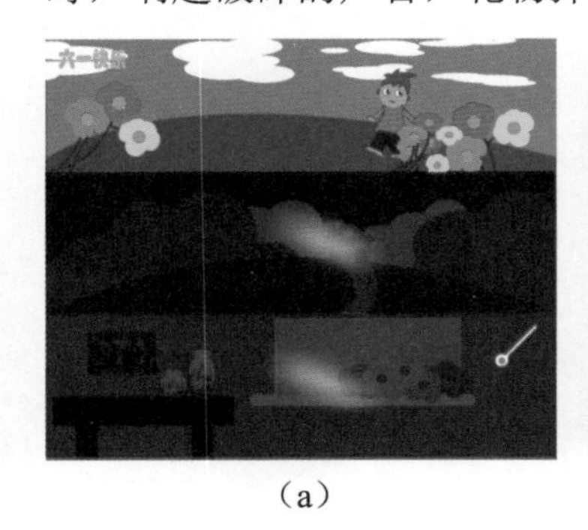

（a）

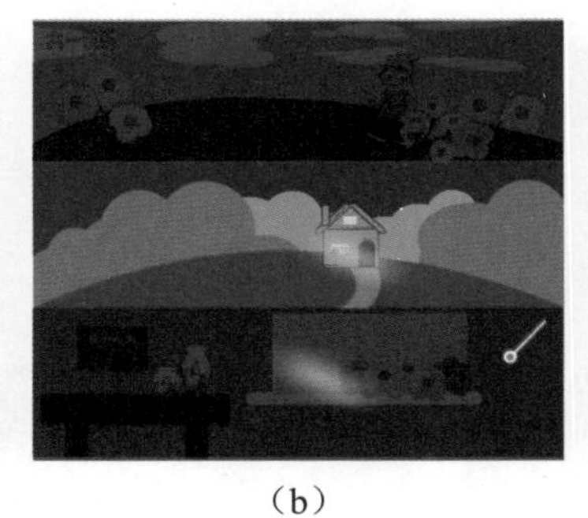

（b）

（c）

图10.20 “六一”礼物的三幕场景

10.6.1 “六一”礼物场景制作

1. 新建元件

新建元件，取名为win，如图10.21所示，绘制过程就不详述了，背景色是整个文件的背景色。

2. 回到舞台

回到舞台，新建2个图层，分别是背景（bg）和动作（action），在背景层里将做好的segment01、segment02、segment03及win拉入，如图10.22所示。

图10.21　win元件

图10.22　主场景舞台及图层

10.6.2 “六一”礼物交互

1. 初始化

（1）准备声音、用到的变量等，其中state用来决定去哪一幕。

```
createjs.Sound.registerSound("../sound/crunch.mp3", "crunch");
createjs.Sound.registerSound("../sound/door.mp3", "door");
createjs.Sound.registerSound("../sound/Reveal.mp3", "Reveal");
createjs.Sound.registerSound("../sound/swish.mp3", "swish");
createjs.Sound.registerSound("../sound/walking.mp3", "walking");
createjs.Sound.registerSound("../sound/win.mp3", "win");
createjs.Touch.enable(stage);
stage.enableMouseOver(1);
stage.cursor = "none";
var root = this;
var state =0;
```

（2）初始化函数。

```
function init() {
```

```
    root.winner.visible = false;   //胜利的元件先隐藏
    switchState(1);                //初始状态是segment01
}
function switchState(s) {
    state = s;
    switch (state) {
        case 1:
            点亮segment01
            break;
        case 2:
            点亮segment02,激活单击segment02时要处理的函数
            break;
        case 3:
            点亮segment03,激活单击segment03时要处理的函数
            break;
    }
}
```

2. 确认默认条件下每一幕的情况

```
createjs.Ticker.addEventListener("tick", handleTick);
function handleTick(e) {
    switch (state) {
        case 1:
            第一幕
            break;
        case 2:
            第二幕
            break;
        case 3:
            第三幕
            break;
    }
}
```

10.6.3 编写完整代码

```
createjs.Sound.registerSound("../sound/crunch.mp3", "crunch");
createjs.Sound.registerSound("../sound/door.mp3", "door");
createjs.Sound.registerSound("../sound/Reveal.mp3", "Reveal");
createjs.Sound.registerSound("../sound/swish.mp3", "swish");
createjs.Sound.registerSound("../sound/walking.mp3", "walking");
createjs.Sound.registerSound("../sound/win.mp3", "win");
createjs.Touch.enable(stage);
stage.enableMouseOver(1);
stage.cursor = "none";
```

```
    var root = this;
    var midpoint = this.stage.canvas.width / 2;
    var scaleFactor = stage.scaleX;
    var state =0;
    var hasAxe = false;
    function init() {
        root.winner.visible = false;
        switchState(1);
    }
    init();
    createjs.Ticker.addEventListener("tick", handleTick);
    function handleTick(e) {
        var g21;
        switch (state) {
            case 1:
                g21 = root.segment01.globalToLocal(stage.mouseX, stage.mouseY);
                root.segment01.flashlight.x = g21.x;
                root.segment01.flashlight.y = g21.y;
                var m = Math.round(stage.mouseX) / scaleFactor;
                stage.mouseMoveOutside = true;
                root.stop();
                var midpoint = root.stage.canvas.width / 2;
                var bushRestX = root.segment01.cloud1.x;
                this.stage.addEventListener("stagemousemove", function (e) {
                    var newX =0;
                    if (e.stageX < midpoint) {
                        newX = (midpoint-e.stageX) / 20;
                    } else {
                        newX = ( midpoint-e.stageX) / 20;
                    }
                    createjs.Tween.get(root.segment01.cloud1, {
                        override: true
                    }).to({
                        x: bushRestX+newX
                    }, 1000, createjs.Ease.quintOut);
                    createjs.Tween.get(root.segment01.cloud2, {
                        override: true
                    }).to({
                        x: bushRestX+(newX/2)
                    }, 1000, createjs.Ease.quintOut);
                    var leftRadian = Math.atan2(e.stageY-root.segment01.boy.
y, e.stageX-root.segment01.boy.x);
                    var leftAngle = leftRadian * (180 / Math.PI);
                    root.segment01.boy.lefteye.rotation = leftAngle;
                    root.segment01.boy.righteye.rotation = leftAngle;
```

```
            });
                root.segment01.flashlight.visible = false;
                setTimeout(function () {
                    switchState(2);
                }, 10000);
            break;
        case 2:
            g21 = root.segment02.globalToLocal(stage.mouseX, stage.mouseY);
            root.segment02.flashlight.x = g21.x;
            root.segment02.flashlight.y = g21.y;
            if (root.segment02.contents.scaleX >0.5) {
                createjs.Sound.play("door");
                root.segment02.flashlight.visible = false;
                root.segment02.removeEventListener("click", shedClick);
                setTimeout(function () {
                    switchState(3);
                }, 2000);
            }
            break;
        case 3:
            g21 = root.segment03.globalToLocal(stage.mouseX, stage.mouseY);
            if (hasAxe == false) {
                root.segment03.flashlight.x = g21.x;
                root.segment03.flashlight.y = g21.y;
            } else {
                root.segment03.axe.x = g21.x;
                root.segment03.axe.y = g21.y;
            }
            break;
    }
}
function switchState(s) {
    state = s;
    switch (state) {
        case 1:
            root.segment01.darken.visible = false;
            root.segment02.darken.visible = true;
            root.segment03.darken.visible = true;
            break;
        case 2:
            root.segment02.addEventListener("click", shedClick);
            root.segment01.darken.visible = true;
            root.segment02.darken.visible = false;
            root.segment03.darken.visible = true;
            break;
```

```
            case 3:
                root.segment03.addEventListener("click", axeClick);
                root.segment01.darken.visible = true;
                root.segment02.darken.visible = true;
                root.segment03.darken.visible = false;
                break;
        }
    }
    function shedClick(e) {
        var s = root.segment02.contents.scaleX*1.1;
        createjs.Tween.get(root.segment02.contents).to({
            scaleX: s,
            scaleY: s
        }, 600);
        createjs.Sound.play("walking");
    }
    function axeClick(e) {
        root.segment03.removeChild(root.segment03.flashlight);
        root.segment03.axe.scaleX =0.5;
        root.segment03.axe.scaleY =0.5;
        hasAxe = true;
        root.segment03.removeEventListener("click", axeClick);
        stage.addEventListener("stagemousedown", swingAxe);
    }
    function swingAxe(e) {
        root.segment03.axe.gotoAndPlay("swing");
        createjs.Sound.play("swish");
        var j1g2l = root.segment03.jar1.globalToLocal(stage.mouseX, stage.
mouseY);
        if (root.segment03.jar1.hitTest(j1g2l.x, j1g2l.y)) {
            if (root.segment03.jar1.currentFrame ==0) {
                root.segment03.jar1.gotoAndPlay("key");
                createjs.Sound.play("crunch");
                createjs.Sound.play("win");
                root.winner.visible = true;
                stage.removeEventListener("stagemousedown", swingAxe);
            }
        }
        var j2g2l = root.segment03.jar2.globalToLocal(stage.mouseX, stage.
mouseY);
        if (root.segment03.jar2.hitTest(j2g2l.x, j2g2l.y)) {
            if (root.segment03.jar2.currentFrame ==0) {
                root.segment03.jar2.gotoAndPlay("Broken");
                createjs.Sound.play("crunch");
            }
```

```
        }
        var frameg21 = root.segment03.Frame.globalToLocal(stage.mouseX, 
stage.mouseY);
        if (root.segment03.jar2.hitTest(frameg21.x, frameg21.y)) {
            if (root.segment03.Frame.currentFrame ==0) {
                root.segment03.Frame.gotoAndPlay("Fall");
            }
        }
    }
```

运行上述代码，最终效果如图10.23所示。

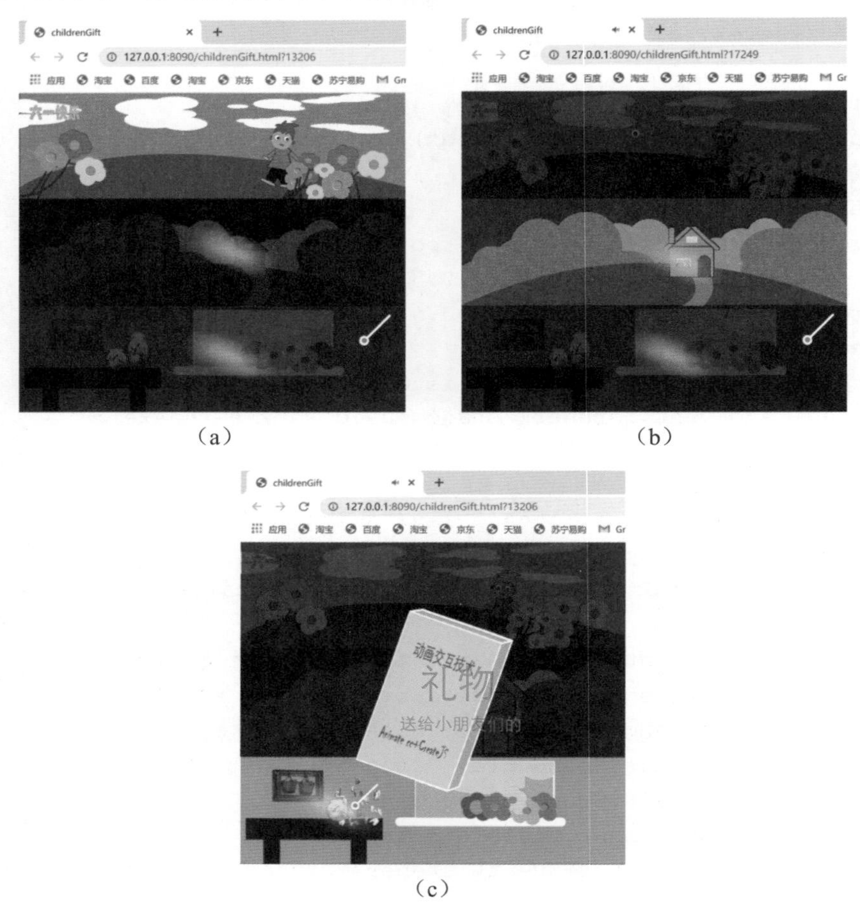

（a） （b）

（c）

图10.23 “六一礼物”运行效果图

10.7 本章小结

本章以“六一礼物”短片为例，从剧本、分镜到完整实现过程做了通俗易懂的阐述，从中我们不难看出，以An为平台，结合CreateJS是典型的强强合作，开发效率高，效果不一般。

本章是本书的最后一章，有一些重要的话，要在这里说一说。

如果大家稍有留意会发现，本书所有案例的测试都是直接在Animate CC2020下完成的，案例网页地址都是以“127.0.0.1 8090”开头的，然后是要测试文件，如××.html文件，这说明Animate CC2020在计算机上搭建了一个服务器，本机即为127.0.0.1，8090是端口号，启动Animate CC2020就相当于启动了服务器。

在以An为平台进行动画交互设计时，我们未考虑的东西很多，其中也包括数据资源的存放，所以，当离开An环境，要在本机上以绝对路径文件的格式进行运行时可能会遇到错误，解决的方法很简单，可以在本机上搭建服务器，也可以找一个服务器，将发布好的文件放上去，然后就可以以URL的形式对文件进行访问。

习题10

1. 什么是“剧本”？
2. 分镜是什么？
3. “六一礼物”的剧本是什么样的？
4. “六一礼物”在制作时，将三个场景做成了什么？
5. “六一礼物”是如何实现三个场景的转接的？

参考文献

[1] 李岩岩，秦广菊. 中文版Animate CC 2018动画制作实用教程[M]. 北京：清华大学出版社，2018.

[2] DAVID GEARY. HTML5 Canvas核心技术图形、动画与游戏开发[M]. 爱飞翔，译. 北京：机械工业出版社，2013.

[3] BILLY AMBERTA. HTML5+JavaScript动画基础（中文完整版）[M]. 徐宁，李强，译. 北京：人民邮电出版社，2013.

[4] ADAM FREEMAN. HTML5权威指南[M]. 谢延晟，牛化成，刘美英，译. 北京：人民邮电出版社，2014.

[5] ELIZABETH CASTRO，BRUCE HYSLOP. HTML and CSS:Visual QuickStart Guide[M]. 8th ed. 北京：人民邮电出版社，2014.

[6] STEVE FULTON，JEFF FULTON. HTML5 Canvas：网站本地化交互和动画设计[M]. 2版，影印版. 南京：东南大学出版社，2014.

[7] 李刚. 疯狂HTML 5+CSS 3+JavaScript讲义[M]. 北京：电子工业出版社，2017.

[8] 高思. 动画剧本创作[M]. 北京：清华大学出版社，2018.

[9] NICHOLAS ZAKAS. 高性能JavaScript[M]. 丁琛，译. 北京：电子工业出版社，2015.

[10] W3Cschool. JavaScript正则表达式[OL]. [2020-04-02]. https://www. w3cschool. cn/javascript/js-regexp. html.

[11] Adobe. Adobe Animate 学习和支持[OL]. [2020-01-06]. https://helpx. adobe. com/cn/support/animate. html?promoid=W6K8JWBB&mv=other.

[12] CreateJS. A Suite of JavaScript Libraries and Tools Designed for Working with HTML5[OL]. [2020-05-21]. https://www. createjs. com/.

[13] JAMES TYNER. Using CreateJS - EaselJS. [DB/OL]. [2020-03-18]. https://code. tutsplus. com/tutorials/using-createjs-easeljs--net-34840.

[14] _成雨_. createjs打飞机[OL]. [2020-05-16]. https://blog. csdn. net/weixin_42883636/article/details/86425994?utm_medium=distribute. pc_relevant_right. none-task-blog-BlogCommendFromMachineLearnPai2-2. nonecase&depth_1-utm_source=distribute. pc_relevant_right. none-task-blog-BlogCommendFromMachineLearnPai2-2. nonecase.

附　录

习题1参考答案：

1. Animate CC不是一个新鲜事物，它的前身是Flash，是由Macromedia公司推出的交互式矢量图和Web动画的标准。一些开发人员用Flash做出了非常精美的作品，人们称他们为“闪客”，这些作品既漂亮又拥有可改变尺寸的导航界面以及其他效果。Flash的前身是Future Wave公司的Future Splash，是世界上第一个商用的二维矢量动画软件，用于设计和编辑Flash文档。1996年11月，美国Macromedia公司收购了Future Wave，并将其改名为Flash。也许因为Flash在网页制作三剑客中占据动画界的首位，2005年12月Adobe公司收购Macromedia公司。2015年，Adobe公司宣布将Flash Professional更名为Animate CC。其在支持Flash SWF文件的基础上，加入了对HTML5的支持，并于2016年1月份发布新版本时正式更名为Adobe Animate CC，缩写为An。

2. 帧是“时间轴”上的时间度量。在“时间轴”上利用圆圈表示关键帧，并且表示“舞台”内容中的变化。

3. 由于在“工具”面板中同时有太多的工具要显示，就把一些工具组合在一起，并且只显示该组中的一种工具（最近使用的工具就是显示的工具）。在一些工具图标上出现了小三角形，表示有隐藏的工具可用。要选择隐藏的工具，可以单击并按住显示的工具图标，然后从中选择隐藏的工具。

4. “舞台”是用户观看影片播放时所看到的矩形区域。它包含出现在屏幕上的文本、图像和视频。存储在“舞台”外面的粘贴板上的对象不会出现在影片中。

5. 元件可以是图形、按钮或影片剪辑，在An中只需创建它们一次，然后就可以在整个文档或其他文档中重用它们。所有元件都存储在“库”面板中。实例是位于“舞台”上的元件的副本。

习题2参考答案：

1. 逐帧动画就是在时间轴的每一帧上绘制不同的图片，或处理不同的效果。总之，就是由于每帧上的内容不同，当连续播放时产生的动态效果，我们称为逐帧动画。

2. 补间动画是通过为第1帧和最后一帧之间的某个对象属性指定不同的值来创建的。对象属性包括位置、大小、颜色、效果、滤镜及旋转。在创建补间动画时，可以选择补间中的任一帧，然后在该帧上移动动画元件。An 会自动构建运动路径，以便为第1帧和下一个关键帧之间的各个帧设置动画。

3. 在形状补间中，可以在时间轴中的一个特定帧上绘制一个矢量形状。然后更改该形状，或在另一个特定帧上绘制另一个形状。最后，An 为这两帧之间的帧内插入这些中间形状，创建从一个形状变形为另一个形状的动画效果。

4. 让想看见的地方看得见，不想看见的地方看不见。

5. 分两步自动创建嘴形同步。第一步：在图形元件内设置发音嘴型；第二步：选择包含所需要同步音频的图层。

6. 观看An制作的全景动画，支持鼠标移动。

习题3参考答案：

1. 在此帧处停止。时间轴将在插入此代码的帧处停止/暂停。也可用于停止/暂停影片剪辑的时间轴。

2. 停止影片剪辑停止舞台上的指定影片剪辑。将此代码用于当前正在播放的影片剪辑。

3. this.one.x+=100; 实现的是对象往右移动了100。

```
this.addEventListener("tick", fl_AnimateHorizontally.bind(this));
function fl_AnimateHorizontally(){
    this.one.x+=10;
}
```

实现的是对象不停地往右移动。

4. 画了一条从(5, 35)到(110, 75)的红色的线段。

5. 不是，有专门的组件控件。

6. 能。

习题4参考答案：

1. JavaScript是一种运行在浏览器中的解释型编程语言。

2. var sum =0;

```
for (var i = 1; i < 101; i++) {
    sum = sum + i;
}
```

3. (x<10&&y>1)为true。

4. push(ele)：元素入栈，返回入栈后数组的长度。pop()：元素出栈，返回出栈的数组元素。

习题5参考答案：

1. CreateJS是基于HTML5开发的一套模块化的库和工具。基于这些库，可以非常快捷地开发出基于HTML5的游戏、动画和交互应用。

2. EaselJS：用于 Sprites、动画、向量和位图的绘制，创建 HTML5 Canvas 上的交互体验（包含多点触控），同时提供 An 中的“显示列表”功能。简单来说，就是用来处理HTML.5的canvas。

3. TweenJS：一个简单的用于制作类似 An 中“补间动画”的引擎，可生成数字或非数字的连续变化效果。简单来说，就是用来处理HTML 5的动画调整和JavaScript属性。

4. SoundJS：一个音频播放引擎，能够根据浏览器性能选择音频播放方式。将音频文件作为模块，可随时加载和卸载。简单来说，就是用来帮助简化处理音频相关的API。

5. PrloadJS：帮助简化网站资源预加载工作，无论加载内容是图形、视频、声音、JS、数据……简单来说，就是管理和协调程序加载项的类库。

6. 将文本放上舞台只需三步：创建显示对象、设置属性调用方法（如果有要求）、放上舞台。

7. drawCircle (x,y,radius)、bezierCurveTo (cp1x,cp1y,cp2x,cp2y,x,y)和lineTo (x,y)。

8. 容器，就像它的名称一样，里面可以装很多东西，好处就是方便控制，如移动、缩放、透明度等操作都可以一次性完成，需要注意的是容器里的显示对象的位置，它的位置就是相对于容器而言的。

习题6参考题答案：

1. sourceRect属性。

2. 图片.shadow。

3. 数组描述滤镜属性及定义缓存区。

4. EaselJS中的Sprite通过Sprite的实例来显示一帧或一系列的帧（动画）。

5. data参数：包含使用的图像源（单个图像或多个图像）、单个图像帧的位置、组成动画的帧序列（可选）和目标的播放帧率（可选）。

习题7参考答案：

1. Ticker。

2. 侦听器是实现事件侦听的方法，用addEventListener()。

3. 标准坐标系以x轴作为水平坐标，以y轴作为垂直坐标，canvas 元素也遵循同样的方式。不过，通常情况下(0,0)坐标会显示在空间的正中心，随后x轴的坐标值向右以正数形式不断增大，向左以负数形式不断变小，而y轴的坐标值向上以正数形式不断增大，向下以负数形式不断变小。而canvas元素却是基于视频画面的坐标系，其中(0,0)处在空间的左上角。x轴的坐标值从左往右不断增大，而y轴的坐标值的变化与标准坐标系相反，向下以正数形式不断增大，向上以负数形式不断变小。

4. 如果我们用radians 代表弧度，用degrees代表角度，那么它们的转换公式如下：

radians= degrees×Math. PI/180

degrees=radians×180/Math. PI。

5. 让图片的属性mask所指的图形动起来。

习题8参考答案：

1. TweenJS帮助开发者创建较复杂的动画效果。

2. PreloadJS用来加载并统一管理用到的资源、图片、JSON文件等。

3. SoundJS库管理在网络上播放的音频。

4. hitTest用来检测某物体是否与某特定点发生碰撞，如是则返回结果为true。

5. 某物体与某点的检测。

习题9参考答案：

1. 游戏是一种基于物质需求满足之上的，在一种特定时间、空间范围内遵循某种特定规则的，追求精神需求满足的社会行为方式。

2. 第一步就是调研市场，看看哪个人群的钱好赚，这个人群最喜欢什么，要确保游戏出来后不亏本。第二步才是游戏设计，根据调研结果找题材、设关卡，赚钱的重点都在这里。第三步才是具体的设计。

3.

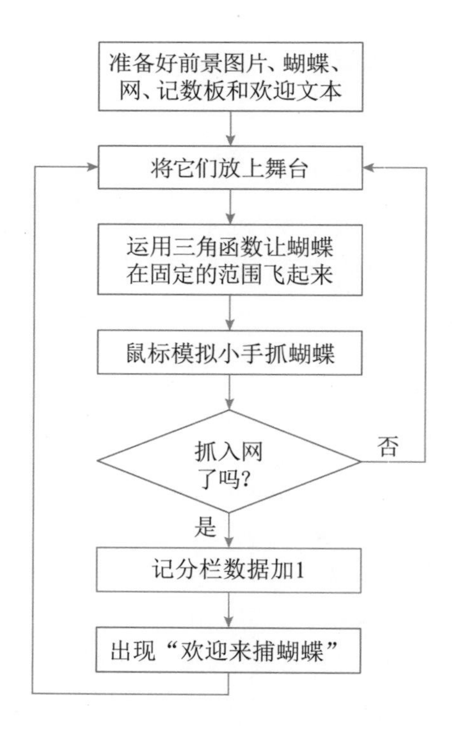

习题10参考答案：

1. 剧本非常独特，它就是一个由画面讲述出来的故事。剧本是一种文学形式，但它绝对有别于小说、散文、诗歌等文学体裁，它很自由，有各种叫法，有的把它叫作脚本，有的叫作演出本或演出文本，格式也是五花八门。

2. 分镜头剧本是将文字转换成立体视听形象的中间媒介。

3. 第一幕：

时间：六一儿童节

地点：大山地

人物：乐乐

[幕启]

绿色的大山地，鲜花盛开，白云飘飘，在蓝天上有“六一快乐”四个字，乐乐出场，眼珠滴溜溜地转。

[幕落]。

第二幕：

时间：六一儿童节

地点：去外婆家的路上

人物：远处的木屋

[幕启]

一条小路，路尽处是外婆家的小木屋，周围山川秀丽。画面响起的是乐乐的脚步声，每走一步，木屋近一点（也就是大一点），直到木屋大到就在眼前的感觉，然后响起门开的声音。

[幕落]。

第三幕：

时间：六一儿童节

地点：外婆家里

人物：小木棍

[幕启]

屋子的内景，窗户下的条桌上，摆放着罐子、盒子、墙上挂着相框，小木棍在这些物件上敲打，会响起声音和移动，终于在敲到罐子时罐子破了，从里面掉出来一本书《动画交互技术》，响起胜利的声音及终结画面。

[幕落]。

4. 元件。

5. 设计一个state变量，state=1去第一幕，state=2去第二幕，state=3去第三幕。